実用ロボット開発のための

ROS
プログラミング

西田　健・森田　賢・岡田浩之・原　祥尭
山崎公俊・田向　権・垣内洋平・大川一也　共著
齋藤　功・田中良道・有田裕太・石田裕太郎

森北出版株式会社

> **サンプルファイルのダウンロードについて**
>
> 本書のサンプルファイルは以下の URL からダウンロードできます.
>
> https://github.com/Nishida-Lab/rosbook_pkgs

● 本書のサポート情報を当社Webサイトに掲載する場合があります.
下記のURLにアクセスし, サポートの案内をご覧ください.

https://www.morikita.co.jp/support/

● 本書の内容に関するご質問は, 森北出版 出版部「(書名を明記)」係宛
に書面にて, もしくは下記のe-mailアドレスまでお願いします. なお,
電話でのご質問には応じかねますので, あらかじめご了承ください.

editor@morikita.co.jp

● 本書により得られた情報の使用から生じるいかなる損害についても,
当社および本書の著者は責任を負わないものとします.

■ 本書に記載している製品名, 商標および登録商標は, 各権利者に帰属
します.

■ 本書を無断で複写複製 (電子化を含む) することは, 著作権法上での
例外を除き, 禁じられています. 複写される場合は, そのつど事前に
(一社)出版者著作権管理機構 (電話03-5244-5088, FAX03-5244-5089,
e-mail:info@jcopy.or.jp) の許諾を得てください. また本書を代行業者
等の第三者に依頼してスキャンやデジタル化することは, たとえ個人や
家庭内での利用であっても一切認められておりません.

まえがき

ROS という名を耳にするようになって，それほど長くありません．しかし，またたく間に ROS はロボット研究の業界地図を塗り替えてしまいました．2018 年現在，世界中の多くのロボット研究室が ROS を利用し，ROS にライブラリを提供し，ROS に依存するようになっています．さまざまなロボット競技会に出場するロボットが ROS を搭載し，素晴らしい成果を挙げています．ROS は煩雑で大量のロボットシステムを統括，可視化し，素早いデバッグを可能にするための強力なフレームワークです．また同時に，世界中の研究者から提供される最新の成果を閉じ込めたパッケージ群を，すぐに試すことができる環境も提供します．

ROS の情報の多くは，インターネットページの「ROS Wiki」[†1] を調べれば知ることができます．しかし，その記述は英語で専門用語が多く，ロボットの初心者が読み下すには敷居が高いのが現実です．日本語の翻訳のページ[†2] も用意されていてとても助かるのですが，腰を据えて取り組む意欲がなければ，なかなか奥まで入っていけないかもしれません．ROS に興味をもつ多くの人たちは，「自分のロボットをつくりたい」という夢をもっているかもしれませんが，インターネットの情報がそこまで導いてくれるとは限りません．

そこで本書では，まず第 1 章で「ROS でどんなことが実践できるのか」を概観して，興味をもってもらいたいと思います．興味が出たところで，第 2 章では「ROS を自分のパソコンにインストールする手続き」を紹介します．そして，第 3 章と第 4 章では「ROS の作法」について紹介します．第 5 章から第 13 章は，ロボットの具体的な機能を実装するための方法を，実践的な例を示しながら説明していきます．そこでは，ロボットのデバイスを使いこなすための具体例を通じて，ROS の基本的な動作を体験します．また，実際に自分のロボットを設計してシミュレータに登場させる方法，それを動作させる方法を体験します．自動で走行するための方法なども第 9 章に収録しました．第 5 章から第 13 章は，読者が興味をもったところから読み始めることができます．また，多くのユーザがいる MATLAB® を ROS と連動させる方法も第 14 章に掲載しています．現在の ROS は Linux で動作しますが，どうしても Windows 環境で ROS を利用したいという読者もいることでしょう．この章では，そういった読者が Windows 環境と ROS を繋ぐ一つの解決策を解説します．そして第 15 章では，実際のロボットを題材に，ROS で構成する複雑なシステムを連動させる方法を解説しました．この本の構成を iii ページに示しました．

[†1] http://wiki.ros.org/

[†2] http://wiki.ros.org/ja

本書は，企業で産業ロボットを利用する技術者やロボットメーカの技術者，大学の研究室や学校のロボットサークルに所属する学生などを対象にしています．本書を手に取ることで，「自分でも移動ロボットがつくれる」ことをわかってほしいと思っています．

　本書は多くの具体的な内容を含んでいるので，インターネットのページからソースコードをコピーして，「へー，動くんだ」と感じるだけだった方々が，「自分のロボットをつくったよ！」という達成感を得るまでの飛躍をお手伝いできればと考えています．

　ロボット工学に新たな創造をもたらすためには，過去の知見を追試し，再構築する苦労が必要だと考える人がいるかもしれません．しかし，ROS によって世界中の最先端技術を簡単に取り込むことができるようになれば，独創的・創造的なロボット技術が加速度的に誕生するようになるでしょう．

平成 30 年 7 月吉日　著者ら記す

まえがき　iii

ROSの準備はこれでOK！

第1章　ROSとは何か？
ROSの世界的な広がりと導入のメリットがわかります。

第2章　ROSの準備
ROSをパソコンにインストールします。

第3章　ROSの仕組み
ROSの基本的な扱い方を知ります。

第4章　可視化とデバッグ
ROSのツールで可視化やデバッグができます。

ロボットが動き回る！

第9章　ナビゲーション
ロボットが地図をつくって自律走行します。

第10章　ロボットの行動監視と制御
さまざまな行動を切り替えて複雑な作業をします。

ロボットアプリケーションを世界にリリース！

第11章　プラグインの開発
ROSの新しい機能をつくることができます。

第12章　テストコードの作成
つくった新しい機能のバグチェックができます。

第13章　Travis CIとの連携
つくった新しい機能の品質を改善します。

ロボットのデバイスを組み合わせてオリジナルロボットを誕生させよう！

第5章　センサとアクチュエータ
さまざまなセンサとモータをROSにつなげます。

第6章　3Dモデリングと制御シミュレーション
物理シミュレータ内にロボットを誕生させます。

ロボットが世界を見る！

第7章　コンピュータビジョン
ロボットに画像処理を行わせます。

第8章　ポイントクラウド
ロボットに三次元点群の処理を行わせます。

ロボットシステムをつなげよう！

第14章　MATLABとの統合
WindowsやMacのロボットプログラムと連携します。

第15章　システム統合（ロボットを使ってみよう）
何台ものパソコンが連携する複雑なロボットをつくります。

本書の構成

目　次

第 1 章　ROS とは何か？	**1**
1.1　ROS の広がり	1
1.2　ライセンス	4
1.3　ROS と連動するソフトウェア	4
1.4　ROS2	11
第 2 章　ROS の準備	**13**
2.1　ROS の実行環境	13
2.1.1　ROS をインストールできる OS	13
2.1.2　Ubuntu のインストール	13
2.2　ROS のインストール	14
2.3　ウェブ情報の調べ方	17
第 3 章　ROS の仕組み	**21**
3.1　ROS のファイルシステム	21
3.1.1　ワークスペースの作成と設定	21
3.1.2　パッケージ（package）................................	22
3.2　ROS のデータ通信	24
3.2.1　ノード（node）...	24
3.2.2　トピック（topic）......................................	25
3.2.3　メッセージ（message）................................	25
3.2.4　サービス（service）...................................	26
3.2.5　ROS マスタ（ROS master）..........................	27
3.2.6　パラメータサーバ（parameter server）.............	27
3.2.7　名前空間（namespace）...............................	27
3.2.8　リマップ（remap）.....................................	28
3.2.9　通信の仕組みのまとめ	28
3.3　ROS を操作するコマンドラインツール	29
3.3.1　rosbash コマンド	30

	3.3.2	起動コマンド	31
	3.3.3	情報取得コマンド	33
3.4		ROS 通信の実行例	38
	3.4.1	サンプルプログラム	38
	3.4.2	launch ファイルによる起動	42
3.5		Git の導入とサンプルプログラムの取得	45

第 4 章 可視化とデバッグ 47

4.1		ROS の可視化とデバッグのツール	47
	4.1.1	ノードの状態を可視化する rqt_graph	48
	4.1.2	メッセージのグラフをプロットする rqt_plot	48
	4.1.3	三次元データを可視化する RViz	50
	4.1.4	ROS メッセージを記録して再生する rosbag	52
4.2		ROS プログラムのデバッグ	55

第 5 章 センサとアクチュエータ 57

5.1		USB カメラ	57
	5.1.1	ドライバのインストール	57
	5.1.2	ノードの起動	58
	5.1.3	ノードのパラメータ設定	58
5.2		RGB-D カメラ	60
	5.2.1	ドライバのインストール	60
	5.2.2	ノードの起動	61
5.3		LiDAR	62
	5.3.1	ドライバのインストール	62
	5.3.2	ノードの起動	63
5.4		ジョイパッド	64
	5.4.1	ドライバのインストール	64
	5.4.2	ジョイパッドでシミュレーションのロボットを動かす	65
	5.4.3	ノードの起動	66
	5.4.4	RViz によるセンサ情報の可視化	67
5.5		サーボモータの制御	68
	5.5.1	ドライバのインストール	68
	5.5.2	サーボモータをパソコンに接続する	68
	5.5.3	パン・チルトユニットの制御	69
	5.5.4	ジョイパッドでサーボモータを動かす	72
	5.5.5	ノードの起動	73

vi 目 次

第 6 章　3D モデリングと制御シミュレーション　　　75

6.1　ロボットの三次元設計 ・・・・・・・・・・・・・・・・・・・・・・・・・・・・・・・・・・・・・ 75

　　6.1.1　ROS で使う 3D CAD データ ・・・・・・・・・・・・・・・・・・・・・・・・ 75

　　6.1.2　COLLADA ファイルをつくる ・・・・・・・・・・・・・・・・・・・・・・・・ 76

　　6.1.3　COLLADA ファイルを組み合わせてエクスポート ・・・・・・・・・ 80

　　6.1.4　URDF とは？ ・・・・・・・・・・・・・・・・・・・・・・・・・・・・・・・・・・・・ 81

　　6.1.5　URDF の記述 ・・・・・・・・・・・・・・・・・・・・・・・・・・・・・・・・・・・・ 82

　　6.1.6　簡単な例 ・・ 83

　　6.1.7　COLLADA を用いた簡単な例 ・・・・・・・・・・・・・・・・・・・・・・・・ 84

　　6.1.8　Gazebo との連携 ・・・・・・・・・・・・・・・・・・・・・・・・・・・・・・・・・ 85

6.2　Gazebo と ROS ・・・・・・・・・・・・・・・・・・・・・・・・・・・・・・・・・・・・・・・ 89

　　6.2.1　hardware_sim と ros_control を使うと何がよいのか ・・・・・・ 89

　　6.2.2　ros_control の詳細 ・・・・・・・・・・・・・・・・・・・・・・・・・・・・・・・ 94

　　6.2.3　基本ソフトウェア構成 ・・・・・・・・・・・・・・・・・・・・・・・・・・・・・ 95

　　6.2.4　HardwareInterface ・・・・・・・・・・・・・・・・・・・・・・・・・・・・・・ 95

6.3　tf による座標変換 ・・・・・・・・・・・・・・・・・・・・・・・・・・・・・・・・・・・・・・ 104

　　6.3.1　tf とは？ ・・・・・・・・・・・・・・・・・・・・・・・・・・・・・・・・・・・・・・・ 104

　　6.3.2　tf の動作概念 ・・・・・・・・・・・・・・・・・・・・・・・・・・・・・・・・・・・ 105

　　6.3.3　位置と方向のデータ形式 ・・・・・・・・・・・・・・・・・・・・・・・・・・・ 106

　　6.3.4　tf のブロードキャスタ ・・・・・・・・・・・・・・・・・・・・・・・・・・・・・ 106

　　6.3.5　tf のリスナ ・・・・・・・・・・・・・・・・・・・・・・・・・・・・・・・・・・・・・ 109

　　6.3.6　時間管理 ・・・・・・・・・・・・・・・・・・・・・・・・・・・・・・・・・・・・・・・ 110

　　6.3.7　tf_static とは？ ・・・・・・・・・・・・・・・・・・・・・・・・・・・・・・・・・ 112

　　6.3.8　フレームの可視化 ・・・・・・・・・・・・・・・・・・・・・・・・・・・・・・・・ 112

第 7 章　コンピュータビジョン　　　115

7.1　ROS で OpenCV を使うための基本的な設定 ・・・・・・・・・・・・・・・・・・ 115

7.2　OpenCV の利用 ・・・・・・・・・・・・・・・・・・・・・・・・・・・・・・・・・・・・・・・ 117

　　7.2.1　OpenCV における画像のデータ構造 ・・・・・・・・・・・・・・・・・・ 117

　　7.2.2　画像のパブリッシュとサブスクライブ ・・・・・・・・・・・・・・・・・ 120

　　7.2.3　画像への描画とイベント検出 ・・・・・・・・・・・・・・・・・・・・・・・ 123

7.3　画像処理 ・・ 126

　　7.3.1　エッジ検出 ・・・・・・・・・・・・・・・・・・・・・・・・・・・・・・・・・・・・・ 126

　　7.3.2　キーポイントの抽出と照合 ・・・・・・・・・・・・・・・・・・・・・・・・・ 130

　　7.3.3　機械学習 ・・・・・・・・・・・・・・・・・・・・・・・・・・・・・・・・・・・・・・・ 136

　　7.3.4　画像と空間 ・・・・・・・・・・・・・・・・・・・・・・・・・・・・・・・・・・・・・ 140

第8章	**ポイントクラウド**	**143**

8.1	PCL と ROS の連携の概要 ………………………………	143
	8.1.1 PCL による処理の基本 ……………………………	143
	8.1.2 ROS API ………………………………………………	144
8.2	サンプルパッケージの設定 ………………………………	145
	8.2.1 インストール …………………………………………	145
	8.2.2 パッケージの作成 ……………………………………	146
	8.2.3 CMakeLists.txt の編集 ……………………………	146
8.3	サンプル 1：ポイントクラウドのマッチング …………	147
	8.3.1 ポイントクラウドの作成と保存 …………………	147
	8.3.2 ポイントクラウドの読み込みとマッチング ……	152
8.4	サンプル 2：ポイントクラウドのクラスタリング ……	160
	8.4.1 サンプル 2 のノードでの共通事項 ………………	161
	8.4.2 フィルタリング ……………………………………	164
	8.4.3 ダウンサンプリング ………………………………	167
	8.4.4 ポイントクラウドからの平面セグメンテーション ………	169
	8.4.5 クラスタリング ……………………………………	174

第9章	**ナビゲーション**	**177**

9.1	自律走行のためのロボット設定 …………………………	177
	9.1.1 ロボットの構成 ……………………………………	178
	9.1.2 センサ設置位置の配信 ……………………………	178
	9.1.3 センサデータの取得と配信 ………………………	179
	9.1.4 車体コントローラの入出力 ………………………	180
	9.1.5 ジョイパッドによる速度指令 ……………………	180
9.2	slam_gmapping メタパッケージの設定と実行 …………	181
	9.2.1 手動走行の各種ノードの起動 ……………………	182
	9.2.2 bag ファイルへのセンサデータの記録 …………	183
	9.2.3 bag ファイルの再生と地図生成 …………………	183
	9.2.4 地図の保存 …………………………………………	185
9.3	navigation メタパッケージの設定と実行 ………………	185
	9.3.1 設定ファイルの作成 ………………………………	186
	9.3.2 起動ファイルの作成 ………………………………	189
	9.3.3 自律走行の実行 ……………………………………	191
9.4	navigation と slam_gmapping のパッケージ構成 ……	193
9.5	自己位置推定，SLAM のアルゴリズム …………………	194
9.6	経路・動作計画のアルゴリズム …………………………	196

viii 目 次

9.7	navigation, slam_gmapping ができないこと ‥‥‥‥‥‥‥‥‥‥‥‥	198
9.8	自律移動ロボットの開発例 ‥‥‥‥‥‥‥‥‥‥‥‥‥‥‥‥‥‥‥‥‥‥	199

第 10 章　ロボットの行動監視と制御　　　　　　　　　　　　　　　　　　　203

10.1	中断可能なサーバプログラムの構成 ‥‥‥‥‥‥‥‥‥‥‥‥‥‥‥‥	203
	10.1.1　actionlib とは？ ‥‥‥‥‥‥‥‥‥‥‥‥‥‥‥‥‥‥‥	203
	10.1.2　SimpleActionClient/Server ‥‥‥‥‥‥‥‥‥‥‥‥‥‥	205
	10.1.3　action 定義ファイル ‥‥‥‥‥‥‥‥‥‥‥‥‥‥‥‥‥	205
10.2	サンプルプログラム ‥‥‥‥‥‥‥‥‥‥‥‥‥‥‥‥‥‥‥‥‥‥‥	206
	10.2.1　actionlib サーバ ‥‥‥‥‥‥‥‥‥‥‥‥‥‥‥‥‥‥‥	206
	10.2.2　actionlib クライアント ‥‥‥‥‥‥‥‥‥‥‥‥‥‥‥‥	210
10.3	状態遷移を用いたロボットの動作記述 ‥‥‥‥‥‥‥‥‥‥‥‥‥‥	212
	10.3.1　smach による状態遷移ベースのプログラムの自動実行 ‥‥‥	212
	10.3.2　smach のサンプルプログラム ‥‥‥‥‥‥‥‥‥‥‥‥‥	213
	10.3.3　smach を使ってロボットを動かす ‥‥‥‥‥‥‥‥‥‥‥	216

第 11 章　プラグインの開発　　　　　　　　　　　　　　　　　　　　　　　219

11.1	pluginlib とは？ ‥‥‥‥‥‥‥‥‥‥‥‥‥‥‥‥‥‥‥‥‥‥‥‥	219
11.2	pluginlib の活用例 ‥‥‥‥‥‥‥‥‥‥‥‥‥‥‥‥‥‥‥‥‥‥‥	220
11.3	本章で作成する pluginlib_arrayutil の概要 ‥‥‥‥‥‥‥‥‥‥‥	221
11.4	pluginlib_arrayutil の開発 ‥‥‥‥‥‥‥‥‥‥‥‥‥‥‥‥‥‥	222
	11.4.1　pluginlib_arrayutil プラグインパッケージの作成 ‥‥‥‥‥	222
	11.4.2　pluginlib のベースクラス ArrayUtil の作成 ‥‥‥‥‥‥‥	223
	11.4.3　pluginlib のサブクラスの作成 ‥‥‥‥‥‥‥‥‥‥‥‥‥	225
	11.4.4　プラグインのリストの確認 ‥‥‥‥‥‥‥‥‥‥‥‥‥‥‥	228
11.5	pluginlib_arrayutil_client の開発 ‥‥‥‥‥‥‥‥‥‥‥‥‥‥	229
	11.5.1　pluginlib_arrayutil_client クライアントパッケージの作成 ‥‥	229
	11.5.2　PluginlibArrayutilClient の作成 ‥‥‥‥‥‥‥‥‥‥‥‥	230
	11.5.3　client_node の実装ファイルの作成 ‥‥‥‥‥‥‥‥‥‥‥	233
	11.5.4　client_node の動作確認 ‥‥‥‥‥‥‥‥‥‥‥‥‥‥‥‥	234

第 12 章　テストコードの作成　　　　　　　　　　　　　　　　　　　　　　237

12.1	rostest とは？ ‥‥‥‥‥‥‥‥‥‥‥‥‥‥‥‥‥‥‥‥‥‥‥‥‥	237
12.2	本章で作成するテストコードの概要 ‥‥‥‥‥‥‥‥‥‥‥‥‥‥‥	238
12.3	C++ の gtest を利用したテストコードの作成 ‥‥‥‥‥‥‥‥‥‥	238
	12.3.1　gtest による単体テストの実装ファイルの作成 ‥‥‥‥‥‥	238
	12.3.2　rostest ファイルの作成 ‥‥‥‥‥‥‥‥‥‥‥‥‥‥‥‥	242

目　次　ix

12.3.3	package.xml の編集	242
12.3.4	CMakeLists.txt の編集	243
12.3.5	テストの実行	243
12.4	Python の unittest を利用したテストコードの作成	244
12.4.1	arrayutil_python パッケージの Python スクリプトの作成	245
12.4.2	unittest による単体テストのスクリプトの作成	246
12.4.3	rostest ファイルの作成	248
12.4.4	package.xml の編集	249
12.4.5	CMakeLists.txt の編集	249
12.4.6	テストの実行	249

第13章　Travis CI との連携　　　251

13.1	Travis CI とは？	251
13.2	industrial_ci とは？	252
13.3	pluginlib_arrayutil_ci パッケージと industrial_ci の連携	253
13.3.1	ROS パッケージの作成	253
13.3.2	GitHub と Travis CI の連携	253
13.3.3	.travis.yml ファイルの作成	255
13.3.4	Travis CI でのテスト実行および結果の確認	257
13.4	industrial_ci のオプション機能	259
13.4.1	wstool の設定	260
13.4.2	テスト前後に処理を実行させたい場合の設定	262
13.5	ローカルでの industrial_ci の利用	264
13.5.1	Docker のインストール	264
13.5.2	industrial_ci の実行	265

第14章　MATLAB との統合　　　267

14.1	MATLAB とは？	267
14.2	ROS Toolbox とは？	267
14.3	Windows 上での MATLAB と ROS の連携	268
14.3.1	仮想マシンのセットアップ	268
14.3.2	MATLAB から ROS への接続	270
14.4	Simulink との連携	274
14.4.1	ROS との連携	274
14.4.2	サンプル Simulink モデルの適用	276
14.4.3	Simulink からのコード生成	278

第 15 章　システム統合（ロボットを使ってみよう） 279

15.1　ロボットの構成 …………………………………………… 279

15.2　大規模なシステム構築例 ………………………………… 280

15.3　Tips 1: 複数のパソコンに跨るシステムの管理 ………… 281

　15.3.1　ROS–ROS のシステム統合 ……………………… 281

　15.3.2　ROS – 非 ROS のシステム統合 ………………… 282

15.4　Tips 2: デバイス・フレームワークの追加 …………… 283

15.5　Tips 3: 演算負荷の管理 ………………………………… 283

索　引 285

第1章
ROS とは何か？

　ロボットの開発を始めるにあたって、「どのようなミドルウェアを利用するのか」を決断するのは、とても重要な作業です．もし、ROS を導入するかどうか迷っているのなら、この章を読んでみてください．どのようにして ROS が誕生して世界中に広まったのか、これからどのように発展していくのか、どのようなことができるのか、ROS ユーザは何を望んでいるのかなどを知ることができるでしょう．そして、ROS を取り巻くロボット開発者がつくり上げてきたコミュニティについて知ることができます．ROS は数多くのソフトウェア開発者を巻き込んできました．さまざまなソフトウェアとストレスなく連動することができます．さらに、ROS は無料で入手できるのに、これをもとにして開発したソフトウェアを販売することが可能です．産業領域で活躍するロボットエンジニアも、ROS のポテンシャルに驚かされることでしょう．

1.1　ROS の広がり

　ROS（Robot Operating System）は、ロボット開発に必要なソフトウェアモジュールを世界中で共有し、使いやすく提供するためのオープンソースソフトウェア（OSS）です．「OS」と名前が付いているため誤解されがちですが、本来これはミドルウェアとよぶべきものです[†1]．

　ROS の開発は 2007 年にスタンフォード大学で始まり、その後は Willow Garage 社が中心となって開発を続けてきました．ROS という名称は Willow Garage 社で生まれました．現在は、同社出身者が設立した Open Source Robotics Foundation（OSRF）が主体となって開発を行っています．開発状況は GitHub[†2]で公開されており、世界中で 5 万人以上がそれを閲覧し、利用していると推測されます．動力学シミュレータやセンサ情報の可視化ツール、自動地図生成モジュールなど、数千ものパッケージ[†3]が公開されており、ROS を利用すれば、それらの機能を即座に実行することが可能です．

　2015 年に開催されたロボットの競技会「DARPA Robotics Challenge（DRC）」では、出場

[†1] ミドルウェアとは、オペレーティングシステム（OS）とアプリケーションソフトの中間的な動作をするもので、共通して利用される機能を種々のソフトウェアに提供するものです．ロボット用のミドルウェアで有名なものとしては OpenRTM などがあります．

[†2] Git（ギット）は、ソフトウェアのバージョン管理を行うためのツールです．GitHub（ギットハブ）は、Git を用いた開発をサポートしてくれる機能を備えているネットワーク上のサービスです．

[†3] 特定の機能をもつソフトウェアモジュールをパッケージとよびます．

23 チーム中 18 チームが ROS を利用しました．ROS はもはや，ロボットの研究開発になくては
ならない道具になったことが垣間見られた出来事でした．

　ロボット向けソフトウェアはほかにも存在しますが，公開されているパッケージの数や種類，品
質などの点で ROS は突出しています．ROS のパッケージでモデルが提供されているロボッ
トの種類が多いことにも特長があります．たとえば，Rethink Robotics 社の「Baxter」や，
Ascending Technologies 社のドローン「Hummingbird」，国際宇宙ステーションで稼働中の
NASA の「Robonaut 2」，川田工業の「NEXTAGE OPEN」，トヨタ自動車の「HSR」，ソフ
トバンクロボティクスの「Pepper」などがあります．その数と種類はどんどん増えています．

　さらに，研究開発用途で出発した ROS ですが，最近では産業用ロボットへの適用も急速に拡大
しています．Southwest Research Institute，安川電機の米国法人，Willow Garage 社などが共
同で，ROS を産業用ロボットで利用するための OSS プロジェクト「ROS–Industrial（ROS–I）」
を 2012 年に開始しています．すでに，安川電機，ファナック，ABB 社，KUKA 社，Universal
Robots 社などの産業用ロボットが ROS–I に対応しています．ほかにも，大手企業が OSRF へ
の出資を表明するなど，その利活用の広がりは続いています．

■ ROS の構成要素

　「ロボット」といっても，その種類は多岐にわたります．たとえば，車輪型移動ロボット，歩行
ロボット，マニピュレータ，ドローンのような飛翔ロボット，自動運転車，水中ロボット，ヒュー
マノイドなどがあり，それらに求められる能力や構成は千差万別です．それらを実際に動作させ，
継続的にメンテナンスし，改良および発展させるためには，膨大なソフトウェア開発と管理が必
要になります．通常のロボット開発では，数百から数千の関数群を管理しながら進行しなければ
なりません．さらに，個別の機能の洗練だけではなく，ソフトウェアとハードウェアの両面のメ
ンテナンス性や拡張性に配慮しながら開発を行うことは，大変な作業であると同時に，継続性に
問題を生じるケースが多いのも実情です．大学の研究室で開発しているロボットなどでは，その
ソースコードを先輩から引き継ぐだけでも至難の業です．

　ROS は，それらの作業の効率を劇的に向上させることが可能です．それを可能にする ROS の
機能の構成要素は，大きく四つに分類できます．

1. 通信ライブラリ
2. 開発・操作ツール
3. 高機能ライブラリ
4. エコシステム（開発コミュニティ）

以下では，これらの特長を順に説明していきましょう．

　ROS の**通信ライブラリ**はもっとも基盤となる部分であり，HTTP をもとにした「XML RPC」
で提供されています．用途に応じて，多対多や一対多などの通信形態を選択できます．ROS はこの
通信ライブラリの明確さと多機能性によって，モジュールの独立性を保ちつつ，迅速なロボットシ
ステムの構築を可能にします．ただし，このような通信の仕組みは従来から「publish/subscribe」

型とよばれて存在するものであり，ほかのロボット向けミドルウェアと比べて，ROSが特段勝っているわけではありません．実は，ROSの本質はもっと別の点にあります．

開発・操作ツールは，ROSの人気を支える最大の機能です．可視化ツール（ビューア）の「RViz」や三次元動力学シミュレータの「Gazebo」，各種の設定，ビルド，リリース，起動，監視，ログ取得などの，ロボット開発工程を支える多様なツールが揃っています．図1-1には，「RViz」を利用して産業用ロボットのさまざまな処理を可視化した例を示しています．とくに近年，格段に充実してきたのがソースコードパッケージ管理とリリースの仕組みです．ソフトウェアプロジェクトの開始・運用における面倒な設定について統一的な手法を提供することで，ROSによる開発のハードルが大幅に下がりました．具体的には，パッケージ間の依存関係を自動的に解決できる「rosdep」，複数のパッケージを一括してコンパイルできる「catkin」，バイナリパッケージ生成作業の多くを自動化する「bloom」，手元のソースコード群をネット上で管理される最新版に一括更新する「wstool」といったツールが非常に便利です．

ROSには，ロボットを動作させるソフトウェアの基本機能の大半が収められています．移動ロボットによる自己位置推定と地図生成を行う機能を利用すれば，簡単なプログラムによって部屋

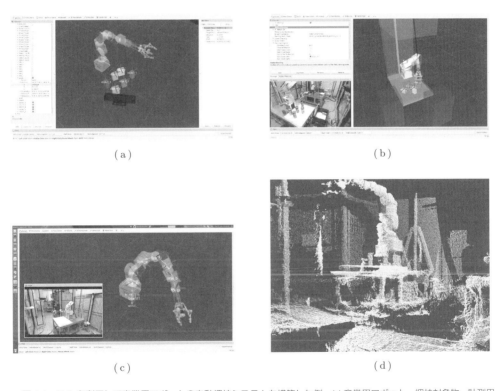

図1-1 RVizを利用して産業用ロボットの自動把持システムを構築した例．(a) 産業用ロボット，把持対象物，計測用センサを三次元空間に投影した例．(b) 対象物の認識と姿勢計測結果を表示した例．(c) 実物の動作をRVizのモデルに投影し，各関節の座標軸を表示した例．(d) 実際に計測された三次元点群を表示した例．

の地図を完成させることもできます．多関節ロボットの動作計画のツールを利用すれば，難解な逆運動学の数式や確率的探索アルゴリズムを記述しなくても，わずか数行の Python コードで多関節ロボットの作業がプログラムできます．これらの**高機能ライブラリ**も，ROS が人気を集めている大きな要因です．

さらに，OSS が普及する際には，エコシステム（**開発コミュニティ**）への配慮が重要です．ソフトの問題報告や改善が自発的に生じ，コミュニティの「自浄作用」によってソフトウェアの質を高めるような，意識の高い管理人が必要です．ROS は，この点にも多大な労力が割かれています．質問用ウェブサイトには新規の質問が 1 日平均 17 件寄せられ，質問者が満足する回答を得ている割合は 7 割に及びます．ROS Wiki の閲覧数は，1 日 3 万件に達します．

1.2　ライセンス

ROS の主要な部分は BSD（Berkeley Software Distribution）ライセンスです．BSD ライセンスでは，「著作権表示／BSD ライセンス条文／無保証」の旨をソースコード内に記載すれば，ソースコードを自由に使用することができます．再配布時にソースコードを開示する義務は発生しないため，商用製品へも適用しやすい形式です．ROS を利用した商品開発も，さまざまな企業によって進められています．

1.3　ROS と連動するソフトウェア

ここでは，ROS で利用できるソフトウェアの概要を紹介します．以下で紹介するソフトウェアには，ROS パッケージをフルインストールした場合に標準的にすべての機能が利用可能なもの，一部しか機能が利用できないもの，別にインストールする必要があるものなどがあることに注意が必要です．また，ROS のバージョンごとに必要となる関連パッケージのバージョンも変化します．それぞれの関連ソフトウェアの開発されてきた歴史的経緯が異なるため，さまざまなプログラミング言語が混在していることにも注意が必要です．

■OpenCV

OpenCV（Open Source Computer Vision Library）は，コンピュータビジョンの標準的なライブラリで，広く利用されています．これはカメラを搭載するロボットを扱うときには必須のライブラリで，二次元画像処理だけではなく，ステレオカメラを用いる立体視の機能や，機械学習による物体認識まで，幅広く先端的な機能が実装されています．また，カメラで撮影した画像に処理結果や文字を上書きする機能も充実しており，ロボットの視覚を利用した遠隔操縦システム（テレオペレーション），仮想現実（VR），拡張現実（AR）などの機能の実装の際にも活躍します．主要なコンピュータビジョンのアルゴリズムが多く実装されており，C/C++，Python，Java といった複数の言語での開発が可能です．また，マルチプラットフォームに対応しているという特長があります．OpenCV の開発は ROS とは独立しており，頻繁なバージョンアップによ

り，学際的な最先端の研究成果が反映されていることにも特長があります．さらに，OpenCVの利用のための解説書やインターネットでのソースコード例も豊富です．

ただし，OpenCVの機能を完全に利用するためには，ROSとは別にインストールする必要があることに注意が必要です．ROSではOpenCVの機能を利用するために「vision_opencv」というメタパッケージ†を提供しており，OpenCVの機能をROSで容易に扱うことができます．このメタパッケージは，「cv_bridge」「image_geometry」というパッケージから構成されています（図1-2）．「cv_bridge」は，ROSのメッセージ形式とOpenCVのデータ形式であるMatクラスを相互に変換するためのパッケージで，「vision_opencv」のなかでも中核的な役割を担っています．「image_geometry」は，三次元座標上の物体を二次元画像上に投影する機能をもち，カメラパラメータのキャリブレーションなどに活用されます．OpenCVについては第7章で詳しく解説します．

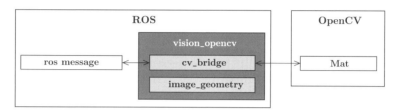

図1-2 OpenCV関連のROSパッケージ

■ PCL（Point Cloud Library）

PCL（Point Cloud Library）は，三次元点群処理のライブラリです．近年，ロボットが空間を計測して認識するためのセンサが多数開発されており，それらが取得するデータは三次元空間内の点の集合である場合が多くあります．空間内の多数の三次元点の集合を可視化するとまるで雲のように見えることから，それらを「ポイントクラウド（点群）」とよびます．カメラ画像と三次元計測結果を画像化したものは同様のものと捉えられることもありますが，それらの処理過程は大きく異なり，一般に三次元データを扱うほうが計算量も増加します．OpenCVも三次元点群データを取り扱う機能を一部実装してはいますが，PCLを利用するほうが便利です．点群に関するさまざまなデータ構造や主要な点群処理アルゴリズムが搭載されており，最先端の3D計測技術を容易に利用できる環境を提供します．図1-3には，PCLを用いた三次元点群処理の例を示しています．

ROSでは「perception_pcl」メタパッケージが提供されています．このメタパッケージは，「pcl_conversions」「pcl_ros」パッケージなどから構成されています．「pcl_conversions」は，ROSのメッセージ形式とPCLのデータ形式を相互に変換します．「pcl_ros」はPCLのデータ形式を変換せずにそのままROSのメッセージとして使えるようにする役割をもちます．アプリケーション側の仕様に合わせて，これらのパッケージを使い分けます．PCLについては第8章で詳しく解説します．

---

† 複数のパッケージのまとまりをメタパッケージとよびます．

（a）カメラ画像

（b）ポイントクラウド

（c）床と壁の除去

（d）法線ベクトル

図 1-3 PCL を利用して机に置かれた物体の三次元点群処理を行った例

■OpenSLAM

　OpenSLAM は，移動ロボットの自己位置推定と地図生成を同時に行う SLAM（Simultaneous Localization and Mapping）のソースコードを公開するためのプラットフォームを提供しており，さまざまな SLAM 手法が実装されています．SLAM は，確率ロボティクスとよばれる分野で活発に研究や応用が行われています．したがって，カルマンフィルタやパーティクルフィルタなどの確率的フィルタリング手法が使用されることが多いです．図 1-4 と図 1-5 には，これらの機能を利用して生成した地図を示しています．また，地図を利用する自律走行（ナビゲーション）機能とも連携させることができます．

　ROS で SLAM を行う場合に一般的に用いられる「slam_gmapping」メタパッケージは，OpenSLAM の「gmapping」のラッパー[†]です．また，「slam_gmapping」と連携して自律走行を実現する「navigation」メタパッケージが提供されています．これは「move_base」（移動タスク実行），「amcl」（自己位置推定），「map_server」（地図の管理）などのパッケージから構成されています（図 1-6）．これらのパッケージの詳細については第 9 章で解説します．

[†] あるプログラムをほかのソフトウェア環境で呼び出して利用できるようにするプログラムのこと．

1.3 ROSと連動するソフトウェア 7

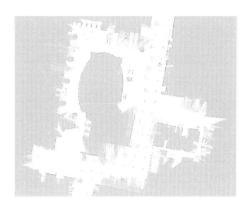

図1-4 二次元LiDARで「slam_gmapping」を利用して生成した市街地の二次元地図の例（約190m×150m）

図1-5 三次元LiDARを用いて生成した森林の三次元地図の例

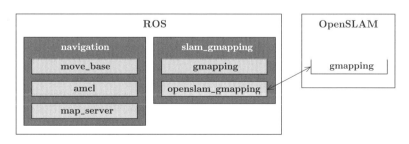

図1-6 OpenSLAM関連のROSパッケージ

■MoveIt!

　MoveIt!は，多関節ロボットの動作プログラミングに関する機能を統括するROS専用のパッケージです．ユーザインタフェースとして，C/C++，Pythonといったプログラミングベースの API と，直感的な操作を可能にする可視化ツール **RViz** による GUI が用意されています．さらに，ユーザが用意した多関節ロボットを MoveIt! で操作する場合の設定を容易にする「**MoveIt! Setup Assistant**」というツールが提供されています（図1-7）．

　多関節ロボットの動作計画を立てる際には，ロボットのモデルや三次元作業空間内の環境情報をもとにして，動作計画，把持計画，運動学，衝突判定などの機能を利用します．動作を実行する際には，生成された動作計画をもとに算出された関節軌道をロボットに送信します．このようなさまざまな機能を実現するために，MoveIt! は数多くのパッケージで構成されています．

　また，動作計画や逆運動学の解法はユーザプラグインに対応しています．動作計画のデフォルトプラグインでは OMPL（Open Motion Planning Library）という動作計画のライブラリが使用されており，逆運動学のデフォルトプラグインでは数値的な解法が適用されています．これらは自作のプラグインに置き換えることができ，とくに逆運動学のプラグインとしては OpenRAVE がよく用いられます．

 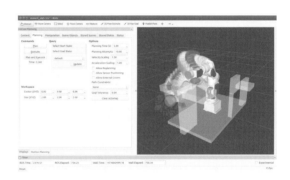

図1-7　MoveIt! の開始画面とロボットアームの軌道シミュレーションの例

■OpenRAVE

　OpenRAVE（Open Robotics Automation Virtual Environment）は，ロボットの動作計画や把持計画を支援する強力な開発環境であり，とくに多関節ロボットの知的マニピュレーションを実現するツールとして，世界中でさまざまなロボットに適用されています．MoveIt! は ROS 専用の統合支援パッケージであるのに対して，OpenRAVE はスタンドアロンの開発環境である点が大きく違います．

　また，OpenRAVE は IKFast とよばれる逆運動学コンパイラを備えており，これはロボットの構造を分析することで，逆運動学の解析的な方程式の導出および C++ 形式のコード生成までを自動で行います．出力されるコードは，最適化法による解法と比較して，非常に高速で安定して

動作することが知られています．OpenRAVE を ROS で活用する場合には，IKFast によって出力されたコードを MoveIt! 用のプラグインに変換して利用します．

OpenRAVE と連携するための ROS パッケージに「moveit_ikfast」があります（図 1-8）．「moveit_ikfast」は，IKFast によって出力されたコードを MoveIt! 用のプラグインに変換するパッケージです．また，IKFast を利用するためには，ロボットのモデルを汎用の 3D CAD フォーマットである COLLADA（Collaborative Design Activity）形式で準備する必要がありますが，ROS で標準的に用いられるロボット記述フォーマットは URDF（Unified Robot Description Format）です．これらのフォーマット間の自動変換を行うのが，「urdf_to_collada」で，実際に IKFast を利用する際には必須です．

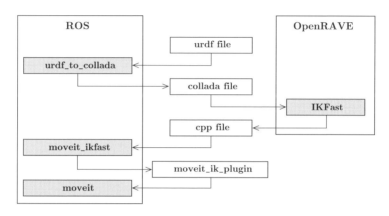

図 1-8 OpenRAVE 関連の ROS パッケージ

■ Gazebo

Gazebo は，オープンソースのロボット用三次元動力学シミュレータです．ROS とは独立したスタンドアロンのシミュレータですが，ROS の基本シミュレータとして推奨されており，多くの ROS 利用者が標準的に使用しています．開発したアルゴリズムを事前検証する場合や，システムの動作テストを目的に使用する場合が多く，ソフトウェアの不完全な実装に起因するハードウェアの損壊を防ぐことができます．また，開発効率の向上と開発コストの削減を実現させる意味でも価値の高い役割を担っています．さらに，ロボット技術を独習したい人にとっては高価なハードウェアの購入が障壁となる場合があるため，シミュレータでロボットをリアルに動作させることができるというのは大変魅力的です．図 1-9 には，Gazebo の操作画面の例を示しています．

主な特長は，ODE（Open Dynamics Engine）をはじめとした動力学エンジン，三次元グラフィックス，各種センサのシミュレーション機能が標準で搭載されている点です．さらに，公開されているさまざまなロボットモデルを自由に利用でき，独自に作成したロボットの登録や，プラグインによる機能拡張にも対応しており，柔軟なカスタマイズも可能です．

ROS 関連のメタパッケージとして，Gazebo との連携を可能とする「gazebo_ros_pkgs」メタ

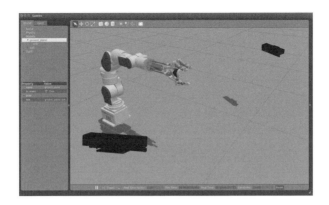

図 1-9　Gazebo の GUI 画面の例

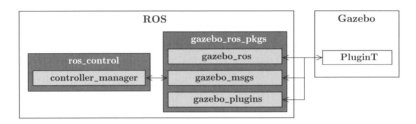

図 1-10　Gazebo 関連の ROS パッケージ

パッケージが提供されています（図 1-10）．これを構成するパッケージとして，「gazebo_ros」「gazebo_msgs」「gazebo_plugins」があります．まず「gazebo_ros」は，ROS と Gazebo を連携するための中核的な仕組みを管理するパッケージです．ROS と Gazebo 間のメッセージ通信を管理したり，ROS で定義したロボットモデルを Gazebo に出現させたりする大変重要な役割を担っています．また「gazebo_plugins」には，センサプラグインやロボットコントローラなどのサンプルが格納されており，すぐに利用可能な状態で提供されています．ソースコードを読むととても勉強になります．

ROS–Industrial

ROS–Industrial は，産業界で広く利用されている多関節ロボットに ROS を適用するための環境を提供しています．アメリカやヨーロッパを中心[†]として設立された ROS–Industrial コンソーシアムが主体となり，ROS–Industrial の普及活動を牽引しています．オープンソースの特長を活かした，スピーディでコストパフォーマンスの高い開発環境の実現が期待されています．長年にわたり製造現場で培われた安定性・安全性の高い産業用技術と，ROS に搭載された最先端の知能化技術を融合させた，高度な産業用途アプリケーションの創出を促したり，大学などの研究機関で容易に産業用ロボットを適用できるようにすることで開発を加速させたりすることが狙いです．

[†] 2017 年にアジアパシフィックコンソーシアムが設立されました．

ROS–Industrial のソフトウェア構成面での特長は，ROS アプリケーションレイヤとコントローラレイヤとの間にインタフェースレイヤが存在することです．そのインタフェースをロボットメーカが提供することで，技術資産を保護しながら ROS アプリケーションとの連携を実現する配慮がなされています．当然，前述した MoveIt! や OpenRAVE を活用したアプリケーションの機能をそのまま適用することができます．すでにさまざまな産業用ロボットメーカが ROS–Industrial のパッケージを公開しており，それらは GitHub から入手できるようになっています．

■MATLAB

MATLAB®は MathWorks 社が販売しているソフトウェアです．データ解析やアルゴリズム開発から，それらのアルゴリズムの配布・実装までを実現できる開発環境として，世界中の多くの科学者や研究者，技術者が利用しています．MATLAB は「Toolbox」という形で多くのライブラリを実装しており，ロボティクスの分野でよく用いられる画像処理や制御，統計解析から近年注目を集めている機械学習まで，非常に幅広いアプリケーションを取り扱うことができる環境を提供しています．また，MATLAB はインタプリタ言語でコンパイルが不要なため，コマンドを打ち込んでその都度実行して結果を確認することが可能です．ロボティクス分野で用いられるアルゴリズムが年々複雑化しているなかで，同一環境上でさまざまなアルゴリズムの組合せを試したり，コンパイル不要ですぐに結果が確認できる環境というのは非常に魅力的です．MATLAB のユーザのなかにも，ROS との連携に大きな興味がある読者も多いのではないでしょうか．

ROS との連携には「ROS Toolbox™」という製品が準備されており，MATLAB に ROS との IO インタフェースを追加できます．これを利用すると，MATLAB そのものを ROS のノードとして動作させることが可能になります．この機能によって，MATLAB で開発したアルゴリズムを他言語に書き換えることなく，ROS ネットワークに直接接続して既存の ROS ノードと連携させた検証を行うことができます．具体的な使い方については第 14 章で解説します．

1.4 ROS2

現在，ROS のコア部分に大幅な仕様変更を加えた次世代バージョンの開発が進められており，「ROS2」とよばれています．ROS2 の開発が開始された最大の要因は，x86 系の潤沢な計算資源を有するコンピュータだけでなく，組み込み系のマイコンなどのさまざまな環境への対応の要請です．

従来の ROS の通信モジュールは，高性能なロボットや，オフィス内などのような潤沢な通信環境では安定して動作します．一方で，通信品質確保（QoS）やリアルタイム通信の機能がなく，低品質な環境では ROS の通信がシステム全体のボトルネックになることがあります．

そこで ROS2 では，新たに「DDS（Data Distribution Service）」という仕組みが採用されます．この採用理由は，

- オープンソースの実装が存在すること

- 従来の ROS と同じ「publish/subscribe」型の仕組みであること
- 通信品質確保（QoS）やリアルタイム通信の機能が標準でサポートされていること
- OMG で標準仕様が規定されており，ドキュメントが豊富なので，企業ユーザが評価しやすいこと

などが挙げられます．そのなかでも最大の理由は，低品質なネットワーク環境への対応です．

　ROS2 は 2014 年から開発が開始され，2017 年には最初の正式版がリリースされました．種々の改良が予定されている ROS2 は，2018 年現在，安定して利用できる状況になってきたものの，現行版の ROS のユーザがすぐに乗り換えや本格採用するような段階にありませんが，いまから注目しておくのもよいことだと思います．

第 2 章
ROS の準備

　さあ，これから ROS を使ってみましょう．そのためには，「Ubuntu」という Linux のディストリビューションをパソコンにインストールする必要があります．この章では，本書を通じて前提となる Ubuntu の設定や ROS の初期設定を，簡単に説明します．すでに環境構築が終わっている読者は読み飛ばしてもかまいません．もしうまく動作しない場合には，この章に戻ってインストール内容をチェックしてみてください．最新のインストールに関する情報は，インターネット上に多く存在しますし，わかりやすい書籍も多いので，それらを調べるのもよいでしょう．「Ubuntu を使うのは初めて」という方は，Ubuntu でよく使用するコマンドを勉強しておくことをお勧めします．

2.1　ROS の実行環境

　まず，ROS を操作するための環境構築について解説します．ROS のインストール方法は複数ありますが，ここでは本書が前提としている環境のインストール方法を述べます．もしインストール方法で迷った場合には，ROS Wiki[†] が参考になります．

2.1.1　ROS をインストールできる OS

　ROS は，いくつかのオペレーティングシステム（OS）にインストールできます．公式にサポートされている OS は Ubuntu ですが，Debian，Arch Linux，Fedora，OS X などにもインストールできます．本書では，「Ubuntu 16.04」と「ROS Kinetic」のバージョンを対象として説明します．Ubuntu 16.04 と ROS Kinetic は，2021 年 4 月までサポートされる予定です．また，本書の説明の多くは，「Ubuntu 14.04」と「ROS Indigo」または「Ubuntu 18.04」と「ROS Melodic」のバージョンでも有効です．今後リリースされる新しい Ubuntu と ROS に対しても，本書の内容は役立つでしょう．

2.1.2　Ubuntu のインストール

　ROS を契機に Ubuntu にチャレンジする読者もいることでしょう．Ubuntu のインストールは，ほかの Linux よりも比較的簡単です．

[†] 最新版は英語ですので，英語版（http://wiki.ros.org/ROS/Installation）を参照しましょう．日本語版（http://wiki.ros.org/ja/ROS/Installation）は情報が古い場合があります．

Ubuntu 16.04 のインストールディスクを入手できた場合には，それを使ってインストールします．インストールディスクがない場合には，以下の URL から Ubuntu 16.04 の ISO イメージをダウンロードします．

　　　　https://www.ubuntu.com/download/desktop

　また，Japanese Team が作成している Ubuntu 日本語 Remix イメージは，以下の URL からダウンロードできます．

　　　　https://ubuntulinux.jp/download/ja-remix

　ダウンロードした ISO イメージを DVD-ROM などに書き込むことで，Ubuntu のインストールディスクを作成できます．Ubuntu のインストール方法については，書籍やサイトなど多くの情報があるのでそれらを参照してください．

2.2　ROS のインストール

　さて，Ubuntu をインストールできたら，次は ROS です．前述した ROS Wiki のページを参照しながらインストールすると便利です．たとえば，インストールのためのさまざまなコマンドをコピー & ペーストで実行することが可能で，コマンドの入力ミスを防ぐことができます．

■インストールの設定

　ROS をインストールするためには，Ubuntu のリポジトリの設定が必要です．「システム設定」のアイコンをクリックし，Ubuntu リポジトリの「main」「universe」「restricted」「multiverse」を許可する設定にしておきます．

　「システム設定」のアイコンは，図 2-1 にある歯車とスパナが描かれたアイコンです．これをクリックすると，図 2-2 のウィンドウが開かれます．

　開かれたウィンドウの左下に「ソフトウェアとアップデート」というアイコン（図 2-2 の枠で囲まれたアイコン）があるので，そのアイコンをダブルクリックすると，新しいウィンドウが開き

図 2-1　システム設定のアイコン

図 2-2　システム設定のウィンドウ

ます．新しいウィンドウには複数のタブがありますが，一番左の「Ubuntu のソフトウェア」を選択します．そのタブで，以下の三つの項目の□にチェックが付いていることを確認します．なお，デフォルトでチェックがついているかもしれません．

□ Canonical によってサポートされるフリー／オープンソースソフトウェア（main）
□ コミュニティによってメンテナンスされるフリー／オープンソースソフトウェア（universe）
□ デバイス用のプロプライエタリなドライバ（restricted）

■ROS リポジトリの登録

ROS のさまざまなパッケージが管理されているリポジトリを登録することで，ROS パッケージのインストールが可能になります．以下のコマンドで登録します．2 行表記になっていますが，1 行で入力してください．

```
$ sudo sh -c 'echo "deb http://packages.ros.org/ros/ubuntu $(lsb_release -sc) main"
    > /etc/apt/sources.list.d/ros-latest.list'
```

エンターキーを押すと，「[sudo] *** のパスワード：」(*** はユーザ名) が表示されることがあります．この場合，*** のユーザのパスワードを入力（パスワードは表示されない）した後，エンターキーを押します．以降も，このメッセージが出た場合は同様の手順を実行します．

■ROS パッケージ入手用の公開鍵の登録

続いて，ROS リポジトリからパッケージを入手するための公開鍵を登録します．以下のコマンドで登録します．2 行表記になっていますが，1 行で入力してください．

```
$ sudo apt-key adv --keyserver hkp://ha.pool.sks-keyservers.net:80
    --recv-key 421C365BD9FF1F717815A3895523BAEEB01FA116
```

公開鍵のサーバに接続する際に問題が生じる場合には，上記コマンドの URL 部分を hkp://pgp.mit.edu:80 または hkp://keyserver.ubuntu.com:80 に変更して試してください．「インポートしました」の表示が出て，コマンドが入力できる状態になっていれば，正常に鍵が入手できています．

■パッケージ情報のアップデート

以下のコマンドを実行して，パッケージ情報をアップデートします．

```
$ sudo apt update
```

しばらくメッセージが表示され，最終的に「パッケージリストを読み込んでいます... 完了」の表示が出て，コマンドが入力できるようになっていれば，アップデートが完了です．

16 第 2 章　ROS の準備

■ROS のインストール

　ROS には多種多様なパッケージがありますが，ここでは ROS 開発者が推奨している，デスク
トップ環境向けのパッケージ群のインストール方法を説明します．これにより ROS，RViz，各
種のライブラリ，2D/3D シミュレータ，ナビゲーション，2D/3D 認識などのパッケージがイン
ストールされます．ほかに必要なソフトウェアがある場合は，必要に応じてパッケージを追加し
てください．

　ROS Kinetic を使用する場合は，以下のコマンドでインストールします．ROS Indigo を使用
する場合は，「kinetic」の部分を「indigo」に読み替えてください．

```
$ sudo apt install ros-kinetic-desktop-full
```

　「続行しますか？ [Y/n]」の表示が出たら，「y」キーを押すことでインストールが始まります．
コマンドが入力できるようになれば，インストールは完了しています．

■rosdep の初期化

　ROS を使用する前に，「rosdep」を初期化する必要があります．「rosdep」は，ソースコード
からコンパイルするパッケージの依存関係を解決し，必要となる ROS 外部のライブラリなどを
インストールするツールです．その初期化のため，以下のコマンドを実行します．

```
$ sudo rosdep init
```

　「rosdep update」が表示され，コマンドが入力できるようになっていれば，正常に初期化でき
ています．次に，以下のコマンドを実行して，「rosdep」のキャッシュ情報をアップデートをし
ます．

```
$ rosdep update
```

　「updated cache in /home/***/.ros/rosdep/sources.cache」（*** はユーザ名）が表示され，
コマンドが入力できるようになっていれば完了です．

■環境変数の設定

　いつでも ROS を使えるようにするためには，ROS の環境変数を自動的に読み込むように設
定しておくと便利です．ROS Kinetic を使用する場合は，以下のコマンドで設定します．ROS
Indigo を使用する場合は，「kinetic」の部分を「indigo」に読み替えてください．

```
$ echo "source /opt/ros/kinetic/setup.bash" >> ~/.bashrc
$ source ~/.bashrc
```

■wstool のインストール

「wstool」は，ROS パッケージのソースツリーを，容易にダウンロード・更新するためのツールです．2.3 節で説明する，Git などのリポジトリで管理されている ROS パッケージを利用する際に役立ちます．以下のコマンドでインストールします．

```
$ sudo apt install python-wstool
```

「続行しますか？[Y/n]」の表示が出たら，「y」キーを押すことでインストールが始まります．コマンドが入力できるようになれば，インストールは完了しています．

■ROS のインストール完了の確認

以下のコマンドを実行します．

```
$ roscd
$ pwd
```

「roscd」は，環境変数で設定された ROS のディレクトリに移動するコマンドです．ROS Kinetic の場合は「/opt/ros/kinetic」に，ROS Indigo の場合は「/opt/ros/indigo」に移動していれば，正常にインストールできているでしょう．

2.3　ウェブ情報の調べ方

ROS を使用していると，多くの情報が必要になってきます．本書では，ROS のさまざまな機能について説明していますが，すべては書き切れません．また，ROS 自体の開発も日々進んでおり，新しい機能も追加されていきます．

ROS に関する情報収集には，以下のウェブサイトが役立ちます．これらの情報源を調べることで，必要な情報にたどり着けるでしょう．また，このようなエコシステム（開発コミュニティ）が整備されていることが，ROS の強みの一つです．

- ROS.org[1]
  全体のポータルサイト
- ROS Wiki[2]
  共同編集マニュアル
- ROS Answers[3]
  質問掲示板

---

[1] http://www.ros.org/
[2] http://wiki.ros.org/
[3] http://answers.ros.org/

18　第2章　ROS の準備

- ROS Discourse[†1]
  フォーラム掲示板
- GitHub Organizations[†2]
  ソースコードリポジトリ，イシュー（課題）トラッカー
- C++/Python API Documentation[†3]
  Doxygen/Sphinx 生成文章
- ROS Index[†4]
  パッケージ情報まとめ（ベータ版）

　ROS.org は，ROS 全体のポータルサイトです．Wiki などへのリンクのほかに，パッケージリストやニュースが掲載されています．

　ROS Wiki は，開発者やユーザによる共同編集マニュアルです．ROS のインストール手順やチュートリアル，各パッケージの使用方法や機能の説明などが書かれています．まず最初に Wiki を調べるとよいと思います．もっとも使用する頻度が高いでしょう．英語だけでなく日本語のページもありますが，日本語ページは情報が古い場合も多いので，できるだけ英語ページを参照しましょう．

　ROS Answers は，開発者やユーザの質問掲示板です．何か ROS に関する問題が発生した場合はここで質問すると，解決方法を回答してもらえるかもしれません．また，解決方法をウェブ検索した際に，ここの回答が見つかることも多いです．

　ROS Discourse は，開発者やユーザで議論するフォーラムです．以前のメーリングリストから移行されました．新しいパッケージや機能の更新などの情報もここに投稿されています．

　日本の ROS コミュニティである ROS Japan Users Group は，Discourse にカテゴリ[†5]をもっています．また，ほかのコミュニケーションの場として，Slack のチャット[†6]や勉強会[†7]もあります．これらの場所では，日本語でやり取りができます．情報共有に活用してください．

　GitHub Organizations には，開発者のソースコードリポジトリやイシュートラッカーがあります．GitHub は，バージョン管理システムである Git のホスティングサービスのひとつです．近年，多くのオープンソースソフトウェア（OSS）は GitHub 上で開発されており，ROS もここを使用するようになりました．ROS では，パッケージの種類ごと（知覚，計画など）に GitHub Organizations を組織しています．各 Organizations には，関連するパッケージの Git リポジトリがあります．また GitHub が提供するイシュートラッカーやプルリクエストなどの機能も付属しています．なおパッケージによっては，Bitbucket などのほかのホスティングサービスにリポジトリを設置している場合もあります．

[†1] http://discourse.ros.org/
[†2] https://github.com/ros-perception, https://github.com/ros-planning など
[†3] http://docs.ros.org/api/ 以下の各ディレクトリ
[†4] http://rosindex.github.io/
[†5] https://discourse.ros.org/c/local/japan
[†6] https://rosjp.slack.com/
[†7] https://rosjp.connpass.com/

ROS Wiki などの記述は，古くなってしまっている場合もあります．たとえば，パッケージが使用するパラメータの名前が古いままといったことがあります．一方で，GitHub はまさに開発の現場なので，最新の情報が取得できます．ソースを読めば，パッケージの実際の動作がわかりますし，自分の勉強にもなります．パッケージの不具合を発見した場合はイシュートラッカーに報告したり，ソースの誤りを修正した場合はプルリクエストによって取り込んでもらうことも可能です．

C++/Python API Documentation は，各パッケージのソースコードの説明文章です．Doxygen や Sphinx などの文章生成ツールが出力したファイルが置かれています．ソースを読む際に役立ちます．クラスや関数といった API が構造化して出力されているので，直接ソースを読むより取り掛かりやすいと思います．このページで大局を把握してから，詳細な部分はソースを参照するとよいでしょう．パッケージごとに文章の整備の度合いは異なり，コメントによる説明がない場合もあります．

ROS Index は，各パッケージの情報をまとめたページです．ベータ版として，2015 年に立ち上げられました．Wiki やソースコードリポジトリなどへのリンクのほか，使用しているビルドツールやパッケージの依存関係なども確認できます．ただし，2016 年で更新が止まっているようです．

これらの ROS に関する情報源を活用することで，多くの情報を取得可能です．コミュニティの情報は公開されており，オープンな形式で開発が行われています．

なお本章では，Ubuntu のパッケージとして ROS をインストールしました．これは，特定のリリース時点でのソースコードをもとに生成された，バイナリのパッケージです．一方で，まだバイナリパッケージがリリースされていない最新機能を使いたい場合は，ソースから自分でビルドしてインストールする必要があります．必要に応じて，チャレンジしてみてください．

第3章

ROS の仕組み

ROS は多くの機能をもっており，ロボット開発のさまざまな場面で，その恩恵を感じることができます．たとえば，個別に開発したプログラム群を接続してシステムを統合したり，ほかの人が開発したプログラムを導入したり，ということを簡単に行える工夫があります．これらの ROS の特性は，多くのユーザにとって，新鮮なものでしょう．この章では，ROS の機能を理解するために必要な専門用語や概念，それらに関連するツールを説明します．

3.1 ROS のファイルシステム

ROS には，基盤となる通信ライブラリや高機能なプログラム群，各種の開発・操作ツールなどが含まれます．これらのファイル群は，独自のファイル構成で管理されます．

3.1.1 ワークスペースの作成と設定

まず，作業用ワークスペースとして，「catkin」（キャッキン）ワークスペースを作成します．「catkin」とは，プログラムのビルドや管理，依存関係の解決を簡単に行うための ROS のビルドシステムです．

任意の名前の「<catkin_ws>」ワークスペースと，その下に「src」ディレクトリを作成します．ここでは，ホームディレクトリ直下に「~/<catkin_ws>」とした例で示します．

```
$ mkdir -p ~/<catkin_ws>/src
```

次に，作成したディレクトリを「catkin」ワークスペースとして初期化します．以下のコマンドで，「~/<catkin_ws>/src」に CMakeLists.txt が生成されます．

```
$ cd ~/<catkin_ws>/src
$ catkin_init_workspace
```

この段階ではワークスペースは空ですが，「catkin_make」コマンドでビルドしてみましょう．

```
$ cd ~/<catkin_ws>
$ catkin_make
```

22 第3章 ROSの仕組み

ビルドが完了すると，ワークスペース直下に「build」ディレクトリと「devel」ディレクトリが
新たに作成されます．

　続いて，環境変数「$ROS_PACKAGE_PATH」に自分のワークスペースを追加するため，以
下のコマンドを実行します．

```
$ source ~/<catkin_ws>/devel/setup.bash
```

この操作は，ワークスペースを切り替える場合，もしくは新たにターミナルを起動する場合に毎
回必要です．そこで，ワークスペースの環境変数を自動的に読み込むように，以下のように設定
しておくと便利です．

```
$ echo "source ~/<catkin_ws>/devel/setup.bash" >> ~/.bashrc
```

3.1.2　パッケージ（package）

　ROSの機能は，「パッケージ（package）」という単位で構成されています．一つのパッケージ
には，「ROSのプログラム」「設定ファイルや起動ファイル」「サードパーティのプログラム」な
どが含まれます．パッケージという単位で機能を管理することで，それぞれに十分な機能をもた
せつつ各プログラムの肥大化を防ぎ，ほかのソフトウェアからの利用を容易にします．

　パッケージを操作するときには，主に以下のコマンドを利用します．

- catkin_create_pkg: 新しいパッケージの作成
- catkin_make: パッケージのビルド（実行ファイル，ライブラリなどのコンパイル）
- rosdep: パッケージが要求するシステムの依存関係のインストール

　それでは，「catkin_create_pkg」コマンドで，パッケージを一つ作成してみましょう．ワーク
スペース直下の「src」ディレクトリへ移動します†．ここで「catkin_create_pkg」を利用して，
パッケージを作成します．

```
$ cd ~/<catkin_ws>/src
$ catkin_create_pkg test_pkg roscpp rospy
```

このコマンドで，新たなパッケージを「test_pkg」という名前で作成しています．この新しいパッ
ケージは，「roscpp」「rospy」という二つのパッケージに依存すると指定しています．このコマ
ンドを実行すると「test_pkg」ディレクトリが作成され，その下には次のようなディレクトリや
ファイルが作成されます．

- CMakeLists.txt: CMakeのビルドファイル
- package.xml: パッケージのマニフェストファイル
- include: ヘッダファイルを置くディレクトリ

---

†パッケージを作成すると，その中にも「src」ディレクトリが作成されますが，それとは異なります．

- src: ソースファイルを置くディレクトリ

このほかにも，以下のようなディレクトリやファイルを必要に応じて作成します．

- msg: メッセージ型の定義ファイルを置くディレクトリ
- srv: サービス型の定義ファイルを置くディレクトリ

ここで，ROS 特有の「package.xml」について説明します．このファイルには，パッケージ名，バージョン番号，メンテナ，作者，ライセンス，依存パッケージなどが記述されます．たとえば，先ほど作成した「test_pkg」では，以下のようなファイルが作成されます（長いので，一部のコメントを省略しています）．

ソースコード 3-1 package.xml

```
1  <?xml version="1.0"?>
2  <package>
3    <name>test_pkg</name>
4    <version>0.0.0</version>
5    <description>The test_pkg package</description>
6
7    <maintainer email="maintainer@todo.todo">anonymous</maintainer>
8
9    <!-- One license tag required, multiple allowed, one license per tag -->
10   <license>TODO</license>
11
12   <!-- Url tags are optional, but multiple are allowed, one per tag -->
13   <!-- <url type="website">http://wiki.ros.org/test_pkg</url> -->
14
15   <!-- Author tags are optional, multiple are allowed, one per tag -->
16   <!-- <author email="jane.doe@example.com">Jane Doe</author> -->
17
18   <!-- The *_depend tags are used to specify dependencies -->
19   <buildtool_depend>catkin</buildtool_depend>
20   <build_depend>roscpp</build_depend>
21   <build_depend>rospy</build_depend>
22   <run_depend>roscpp</run_depend>
23   <run_depend>rospy</run_depend>
24
25   <!-- The export tag contains other, unspecified, tags -->
26   <export>
27     <!-- You can specify that this package is a metapackage here: -->
28
29   </export>
30 </package>
```

バージョン番号やメンテナなど，必要に応じて記述を修正します．もし，「catkin_create_pkg」を実行した際に加え忘れた依存パッケージがあれば，このファイルの「build_depend」タグ，「run_depend」タグの部分に，それぞれ書き加えます．また，「CMakeLists.txt」の「find_package()」にも書き加えましょう．ROS の「CMakeLists.txt」は，通常の CMake と同様ですが，「catkin」で拡張されています．

24　第 3 章　ROS の仕組み

　続いて，プログラムのソースコードを書いた後は，「catkin_make」コマンドでビルドします．
実行する際のディレクトリ位置は「<catkin_ws>」の直下なので，注意してください．

```
$ cd ~/<catkin_ws>
$ catkin_make
```

「catkin_make」コマンドを使用せずに，通常の「cmake」と「make」コマンドでビルドするこ
とも可能です．
　また，ビルドする際には，「rosdep」コマンドを用いて，パッケージが要求するシステムの依存
関係をインストールする必要があるかもしれません．以下のように実行すると，「package.xml」
に基づいて依存関係を解決し，必要なライブラリなどをインストールできます．

```
$ rosdep install package_name
```

なお必要に応じて，以下のコマンドで「rosdep」のキャッシュ情報をアップデートします．

```
$ rosdep update
```

3.2　ROS のデータ通信

　ロボットが認識，計画，動作を行う際には，その内部で多数のプログラムを並列的に実行しま
す．それらのプログラムがデータをやりとりする通信ライブラリの仕組みを，ROS が提供します．
　ROS は，プログラムを小さなプロセスに分割し，それらのプロセス間通信を統一的に扱うこと
ができます．このような特長によって，プログラマのコーディング量を減らし（これまでに書い
たコードが再利用できる），スケーラビリティを確保し（プログラム群を接続してシステムを統合
できる），システムの構築と検証が容易（プログラムの差し替えが可能）になっています．

3.2.1　ノード（node）

　まず，ROS の基本的な動作について説明します．ROS では，一つのプログラム単位を「ノー
ド（node）」とよびます．実装としては，「1 プロセス」に相当します．ROS の基本は，ノード間
（プロセス間）のデータ通信です．
　各ノードは，後述する「メッセージ」という形でデータを他ノードに送り，データを受けたノー
ドは処理結果を次のノードに渡すことで，全体のシステムが動作します．したがって，ノードの
動作は，基本的にはイベントドリブンな形式で記述されます．
　例を挙げると，カメラ画像を取得して認識を行うプログラムの場合には，

　　　　　　　　カメラノード→ (生画像データ) →前処理ノード→

　　　　　　　　　　(歪み補正などを行った画像データ) →認識ノード→ (認識結果)

という繋がりで動作します．

ロボットは多様なデバイスを搭載するので，さまざまなセンサやアクチュエータを扱うノードが必要になります．このとき，たとえばカメラであれば生画像データを出力するノードが用意されており，これがROSにおけるデバイスドライバのようなはたらきをしてくれます．ROSでは，さまざまなデバイスのノードが世界中のコミュニティのメンバから公開されており，たいていのデバイスは購入した後，即座にロボットに組み込んで利用することができます．これは，ROSの大きな特長の一つです．もちろん，SDKなどを用いて自分でノードをつくることも可能です．

3.2.2 トピック（topic）

ROSの標準的なデータ通信の経路を「トピック（topic）」とよびます．「出版購読モデル（Pub/Subモデル）」という形式の通信です．トピックで送受信されるデータ形式は決められています．データ形式の定義については，次項で説明します．

ノードがトピックにデータを送って配信することを「パブリッシュ（publish）」とよびます．ノードがトピックからデータを受信することを「サブスクライブ（subscribe, subscription）」とよびます．また，パブリッシュする前には，トピック名とデータ形式の宣言を「アドバタイズ（advertise）」する必要があります．

トピックには名前が付けられ，同じトピックに複数のノードがデータを送り，複数のノードがデータを受け取ることができます．つまり，多対多の通信を行うことが可能です．

3.2.3 メッセージ（message）

トピックで送受信されるデータを「メッセージ（message）」とよびます．メッセージの型は「msg」ファイルに記述されており，使用言語に依存しないデータ形式の表現になっています．

たとえば，画像データのメッセージファイル「sensor_msgs/msg/Image.msg」では，以下のように定義されています．#よりも右の記述はコメントです．「uint」や「string」などの基本型と，それらの配列によって，メッセージの型が定義されています．

ソースコード3-2 メッセージファイル Image.msg

```
 1  # This message contains an uncompressed image
 2  # (0, 0) is at top-left corner of image
 3  #
 4
 5  Header header  # Header timestamp should be acquisition time of image
 6                 # Header frame_id should be optical frame of camera
 7                 # origin of frame should be optical center of camera
 8                 # +x should point to the right in the image
 9                 # +y should point down in the image
10                 # +z should point into to plane of the image
11                 # If the frame_id here and the frame_id of the CameraInfo
12                 # message associated with the image conflict
13                 # the behavior is undefined
14
15  uint32 height  # image height, that is, number of rows
16  uint32 width   # image width, that is, number of columns
17
```

26 第 3 章 ROS の仕組み

```
18  # The legal values for encoding are in file src/image_encodings.cpp
19  # If you want to standardize a new string format, join
20  # ros-users@lists.sourceforge.net and send an email proposing a new encoding.
21
22  string encoding # Encoding of pixels -- channel meaning, ordering, size
23                  # taken from the list of strings in include/sensor_msgs/
                        image_encodings.h
24
25  uint8 is_bigendian # is this data bigendian?
26  uint32 step # Full row length in bytes
27  uint8[] data # actual matrix data, size is (step * rows)
```

3.2.4　サービス（service）

「遠隔手続き呼び出し（RPC）」という形式と同様の通信を，ROS では「サービス（service）」とよびます．サービスを提供しているノードに引数を渡して，関数の実行結果を戻り値として受け取ることができます[†]．

呼び出される側のノードは，遠隔呼び出しができる関数として，サービス名とデータ形式の宣言をアドバタイズ（advertise）する必要があります．呼び出す側のノードは，遠隔呼び出しとしてサービスを「コール（call）」します．

サービスにおいて送受信されるデータの型は「srv」ファイルに記述されています．これはメッセージと同様のデータ形式ですが，メッセージと異なるのは，遠隔手続き呼び出しのための引数と戻り値の二つの形式を定義する必要があるところです．

たとえば，カメラ情報をセットするサービスファイル「sensor_msgs/srv/SetCameraInfo.srv」では，以下のように定義されています．区切り文字 --- （10 行目）より上が引数の定義で，下が戻り値の定義です．引数として「sensor_msgs/CameraInfo」型を与えると，戻り値として成否の真偽値「bool」とステータスの文字列「string」を返す，サービスの型が定義されています．

ソースコード 3-3　サービスファイル　SetCameraInfo.srv

```
 1  # This service requests that a camera stores the given CameraInfo
 2  # as that camera's calibration information.
 3  #
 4  # The width and height in the camera_info field should match what the
 5  # camera is currently outputting on its camera_info topic, and the camera
 6  # will assume that the region of the image that is being referred to is
 7  # the region that the camera is currently capturing.
 8
 9  sensor_msgs/CameraInfo camera_info # The camera_info to store
10  ---
11  bool success # True if the call succeeded
12  string status_message # Used to give details about success
```

[†] 引数がないサービスもつくることができます．

3.2.5 ROS マスタ（ROS master）

「ROS マスタ（ROS master）」は，ノード，トピックおよびサービスの名前登録を行い，それぞれのノードがほかのノードから見えるようにする役割を担っています．通信するノード名とトピック名およびサービス名の対応が決定された後は，ノードどうしが「peer-to-peer（P2P）」で一対一通信をします．「roscore」というコマンドで，ROS マスタと後述のパラメータサーバ，付随ノードが起動します．

ROS マスタとノード間の通信は XML-RPC を用いて行われ，環境変数「$ROS_MASTER_URI」によって，通信用ポートが決められています．現状では，異なる「$ROS_MASTER_URI」によって起動されたマスタ間のノードの接続は，公式にはサポートされていません（いくつか方法はあります）．したがって，異なる ROS マスタが存在すれば，それぞれは独立した ROS ネットワークを構築することになります．

3.2.6 パラメータサーバ（parameter server）

「パラメータサーバ（parameter server）」は，設定データを複数のノードで共有するための軽量なサーバです．各ノードのパラメータを，パラメータサーバで一括して管理できます．パラメータサーバも ROS マスタと同様に，ノードとの通信には XML-RPC を用います．C++ と Python の API が用意されており，ユーザは通信を意識することなくパラメータを読み書きすることができます．

3.2.7 名前空間（namespace）

ノード，トピック，サービス，パラメータには，それぞれに名前が付けられます．それらの名前は階層的な「名前空間（namespace）」で管理され，大規模なシステムを構築しやすくなっています．名前空間を分けることで，複数のプログラム間の名前の衝突（重複）を回避できます．ローカルに使われている名前は，異なる名前空間に組み入れることで，名前が衝突しません．また，グローバルに必要な名前は，システム全体で統一した名前とすることもできます．

記述した名前は，名前解決によって，実際の名前に対応付け（読み替え）られます．名前の記述には，相対（relative）名，絶対（global）名，プライベート（private）名の 3 種類があります．

表 3-1 に，名前解決の例を示します．ノード欄は，名前を記述する場所のノード名を示しています．「/node1」は，名前空間をもたないノードです．「/ns/node2」と「/ns/node3」は，名前空間「/ns」にあるノードです

表 3-1　ノードでの名前の記述と名前解決の例

ノード	相対（relative）名	絶対（global）名	プライベート（private）名
/node1	bar → /bar	/bar → /bar	~bar → /node1/bar
/ns/node2	bar → /ns/bar	/bar → /bar	~bar → /ns/node2/bar
/ns/node3	foo/bar → /ns/foo/bar	/foo/bar → /foo/bar	~foo/bar → /ns/node3/foo/bar

矢印の左側の相対名，絶対名，プライベート名の記述が，それぞれ矢印の右側の名前として名前解決されます．相対名は，標準的に使うべき記述です．ノードが位置する名前空間からの，相対的な名前として読み替えられます．絶対名は，先頭に「/」が付く記述です．絶対的な名前であり，名前解決による読み替えはありません．プライベート名は，先頭に「~」が付く記述です．相対名より一段深く，ノード名のプライベートな名前空間に読み替えられます．

3.2.8 リマップ（remap）

ノードを起動する際に，コマンドライン引数として名前を渡し，ノード名やトピック名などを「リマップ（remap）」として変更することができます．リマップは，名前の一対一の置き換えとして指定します．

リマップの利用により，プログラム内で使用する名前をソースコードを書き換えずに変更できます．また，同じプログラムを異なる名前に対して複数起動することも可能になります．前項の名前空間の機能と，3.3.2 項で後述する roslaunch コマンドとを組み合わせて，リマップの機能を使うことが多いです．

3.2.9 通信の仕組みのまとめ

図 3-1 に，ROS のネットワークの概念図を示します．ROS マスタとパラメータサーバがあり，また，各プログラムのプロセスとしてノードがあります．それらのノードが相互にトピックという通信経路を通じて，メッセージのパブリッシュとサブスクライブをしています．これは，出版購読モデル（Pub/Sub モデル）という形式の通信です．また，それと並行して，遠隔手続き呼び出し（RPC）という形式のサービスも存在しています．

ここで，ノードどうしが通信するときにマスタが必要な理由について説明します．図 3-2 に，通信開始の手続きの概念図を示します．この図に示した (1), (2), (3) の順に，接続が行われていきます．

まず，(1) ノードがメッセージをパブリッシュするトピックをアドバタイズします．ノードがマスタと通信して，マスタにトピック名を登録します．次に，(2) ノードがメッセージをサブスクライブするために，トピックをマスタに問い合わせます．ノードがマスタと通信して，マスタに登

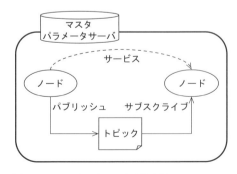

図 3-1　ROS のネットワークの概念図

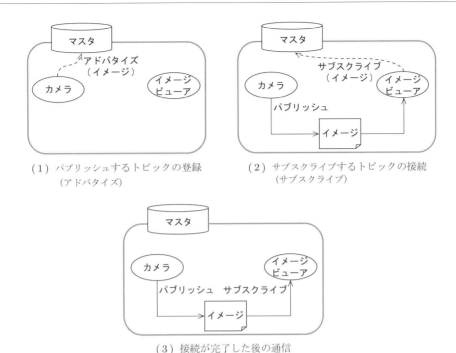

図 3-2　ROS の通信開始の手続きの概念図

録されているトピック名から，相手ノードへの通信経路を得ます．もし (1) と (2) の順番が入れ替わっても，通信を開始することができます．そして，(3) ノードどうしの通信経路（実装ではポート番号）がわかった後は，マスタを介さずにノード間の一対一通信が始まります．

このように，ROS のデータ通信は，マスタを介した通信経路の構築とノード間の一対一通信により成り立っています．この通信により，シンプルなプログラム群を接続することで，大規模なシステムとして統合できます．ROS には，このような開発に役立つツール群が揃っています．以降では，これらのツールの使い方を説明します．

3.3　ROS を操作するコマンドラインツール

ここでは，ROS のコマンドラインツールについて説明します．Linux のシェルを拡張する roobash コマンド，システムの実行に用いる起動コマンド，開発時に役立つ情報取得コマンドに分類して述べます．なおこれらのコマンドには，通常の Linux のコマンドと同様にタブ補完が使えます．

本節で概要をつかんだ後は，実際に自分でコマンドを実行してみることも大切です．ROS Wiki のチュートリアル[†]を実施すると，理解が深まるでしょう．

[†] 英語版: http://wiki.ros.org/ROS/Tutorials
　　日本語版: http://wiki.ros.org/ja/ROS/Tutorials

30 第3章　ROS の仕組み

3.3.1　rosbash コマンド

「rosbash」は，Linux のシェルである bash に ROS に関する機能を追加するものです．ROS のファイルシステムを操作する，便利な機能を提供します．

- roscd

　　Linux の「cd」コマンドに対応する ROS のコマンドです．引数で指定したパッケージのディレクトリへ移動します．以下のように実行すると，指定したパッケージのディレクトリや，そこからの相対パスへ，直接移動できます．

```
$ roscd package_name
$ roscd package_name/src
```

　　また，以下のコマンドで，ROS のプログラムが出力したログが保存されるディレクトリに直接移動できます．なお，ROS のプログラムを一度も起動していない場合は，ログディレクトリが存在しません．

```
$ roscd log
```

- rospd

　　Linux の「pushd」「popd」[†]コマンドに対応する ROS のコマンドです．複数のパッケージを編集する場合，それぞれのディレクトリを行ったり来たりして作業するため，複数のディレクトリをスタック（記憶）できるこのコマンドが役立ちます．たとえば，以下のように実行します．

```
$ rospd package1
0 ~/<catkin_ws>/src/package1
1 ~
$ rospd package2
0 ~/<catkin_ws>/src/package2
1 ~/<catkin_ws>/src/package1
2 ~
$ pwd
/home/user_name/<catkin_ws>/src/package2
$ rospd 1
0 ~/<catkin_ws>/src/package1
1 ~
2 ~/<catkin_ws>/src/package2
$ pwd
/home/user_name/<catkin_ws>/src/package1
```

　　上記の「pwd」は，現在のディレクトリの場所を表示する Linux のコマンドです．

[†]「cd」コマンドを便利にしたものです．移動前のディレクトリを複数覚えておき，スタック（記憶）しているディレクトリ間を自在に移動する機能を提供します．

- rosd

    現在スタック（記憶）されているディレクトリのリストを表示するコマンドです．「rospd」と組み合わせて使います．先ほどの「rospd」の例の後に「rosd」を実行すると，スタックされたディレクトリが以下のように出力されます．

```
$ rosd
0 ~/<catkin_ws>/src/package1
1 ~
2 ~/<catkin_ws>/src/package2
```

- rosls

    Linux の「ls」コマンドに対応する ROS のコマンドです．引数で指定したパッケージのファイル構成を表示します．以下のように実行すると，パッケージのディレクトリにあるファイルが出力されます．

```
$ rosls package_name
CMakeLists.txt  include  package.xml  src
```

- rosed

    パッケージ内のファイルを編集するコマンドです．たとえば，以下のように実行します．

```
$ rosed package_name package.xml
```

    上記のように実行すると，エディタ（デフォルトでは「vim」）が開かれ，「package_name」以下にある「package.xml」を編集できます．たとえば，エディタを「emacs」に変更したい場合は，「.bashrc」に以下のように記載します．

```
1   export EDITOR='emacs -nw' # emacs をノーウィンドウモードで開く
```

- roscp

    Linux の「cp」コマンドに対応する ROS のコマンドです．引数で指定したパッケージのディレクトリから，ファイルをコピーします．たとえば，以下のように実行します．

```
$ roscp package_name package.xml .
```

    上記のように実行すると，「package name」以下にある「package.xml」が，カレントディレクトリ（ピリオド「.」はカレントディレクトリを表す）にコピーされます．

3.3.2　起動コマンド

ROS のプログラムの起動に用いるコマンドについて説明します．システムを実行する際に使用します．各コマンドを「-h」オプションまたは必須引数なしで実行すれば，使い方の詳細やコマ

ンドライン引数の説明が表示されます.

- roscore

    ROSマスタとパラメータサーバを起動するコマンドです. マスタが起動していないと,
    ROSの機能は使えません. 以下のように起動します.

```
$ roscore
... logging to /home/user_name/.ros/log/c4ade762-4323-11e5-b725-
e8b1fce88ff0/roslaunch-hostname-3879.log
Checking log directory for disk usage. This may take a while.
Press Ctrl-C to interrupt
Done checking log file disk usage. Usage is <1GB.

started roslaunch server http://hostname:44571/
ros_comm version 1.12.13


SUMMARY
========

PARAMETERS
 * /rosdistro: kinetic
 * /rosversion: 1.12.13

NODES

auto-starting new master
process[master]: started with pid [3891]
ROS_MASTER_URI=http://hostname:11311/

setting /run_id to c4ade762-4323-11e5-b725-e8b1fce88ff0
process[rosout-1]: started with pid [3904]
started core service [/rosout]
```

    roscoreコマンドにより, ROSマスタ, パラメータサーバ,「rosout」ノードの三つが
    起動します.「rosout」ノードはマスタに付随するノードで, ほかのすべてのノードのログ
    メッセージを集約します. 複数のノードから「/rosout」トピックに配信されたログメッ
    セージを統合して,「/rosout_agg」トピックに再配信しています.

- rosrun

    ノードを起動するコマンドです. rosrunコマンドは, 実際には「rosbash」の一部です.
    前述のとおり, ROSのプログラムはパッケージ単位で管理されます. 以下のコマンドで,
    指定したパッケージの実行ファイルを検索して起動します.

```
$ rosrun package_name executable_name
```

    実行ファイルの実体は,「/opt/ros/kinetic/lib/package_name/executable_name」や
    「/home/user_name/<catkin_ws>/devel/lib/package_name/executable_name」など

にあります．rosrun コマンドを使用せずに，実行ファイルを直接起動することも可能です．

• roslaunch

ノードの起動方法を記述した launch ファイルを用いて，複数のノードを一度に起動できるコマンドです．launch ファイルは XML 形式で記述されており，ノードの起動設定，パラメータ設定，名前空間やリマップの設定，終了したノードの自動再起動の設定などができます．launch ファイルの書式については，3.4.2 項で説明します．

以下のコマンドで，指定したパッケージにある launch ファイルを検索して起動します．「package_name」を指定した場合は，そのパッケージ以下にあるディレクトリから launch ファイルを検索します．「package_name」を省略して，launch ファイルを直接指定することもできます．

```
$ roslaunch [package_name] launch_name.launch
```

3.3.3 情報取得コマンド

ROS のプログラムに関する情報取得に用いるコマンドについて説明します．開発やデバッグの際に役立ちます．これらのコマンドでは，第 2 引数でコマンド種類を指定します．各コマンドを「-h」オプションまたは必須引数なしで実行すれば，使い方の詳細やコマンドライン引数の説明が表示されます．また，第 2 引数のコマンド種類まで指定したうえで「-h」オプションを付けて実行すると，各コマンド種類のオプションなどの詳細が表示されます．

• rospack

パッケージに関する情報を取得するコマンドです．パッケージの場所を探したり，依存関係を調査することができます．

以下のコマンドで，パッケージのディレクトリを探せます．

```
$ rospack find package_name
/opt/ros/kinetic/share/package_name
```

システムにインストールされたパッケージの場合は「/opt/ros/kinetic/share/package_name」が，自分のワークスペースにあるパッケージの場合は「/home/user_name/<catkin_ws>/src/package_name」などが出力されます．

以下のコマンドで，直接依存するパッケージを調べられます．ここでは，「package.xml」に書かれた（「catkin_create_pkg」で指定した）依存パッケージが出力されます．

```
$ rospack depends1 package_name
roscpp
rospy
```

また，以下のコマンドで，間接依存するパッケージを再帰的に調べられます．出力例は，長いので一部を省略しています．

```
$ rospack depends package_name
rostime
catkin
gencpp
genpy
roscpp
rospy
```

ほかにも機能があるので，rospack 自体や各コマンド種類に対して，「-h」オプションで調べてみるとよいでしょう．

• rosnode

ノードに関する情報を取得するコマンドです．起動しているノードを調査したり，通信状態をテストすることができます．roscore コマンドを実行した状態で使用します．

以下のコマンドで，起動しているノードの一覧を表示できます．

```
$ rosnode list
```

また，以下のコマンドで，ノードがパブリッシュとサブスクライブしているトピック，提供しているサービスを表示できます．各トピック名とメッセージ型，サービス名などが表示されます．

```
$ rosnode info /node_name
```

以下のように実行すると，ノードの通信を ping で調べられます．応答時間が表示されます．

```
$ rosnode ping /node_name
```

ほかにも機能があるので，rosnode 自体や各コマンド種類に対して，「-h」オプションで調べてみるとよいでしょう．

• rostopic

トピックに関する情報を取得するコマンドです．現在のトピックの状態や，通信しているメッセージを調査できます．roscore コマンドを実行した状態で使用します．

以下のコマンドで，現在のトピックの一覧を表示できます．

```
$ rostopic list
```

また，「-v」オプションで実行すると，メッセージ型やパブリッシュ/サブスクライブしているノード数も表示できます．

```
$ rostopic list -v
```

　以下のコマンドで，トピック名を指定して，メッセージ型やパブリッシュ/サブスクライブしているノード名を表示できます．

```
$ rostopic info /topic_name
```

　以下のように実行しても，トピックのメッセージ型を調べられます．

```
$ rostopic type /topic_name
```

　以下のコマンドで，トピックの現在の配信周期を調べられます．

```
$ rostopic hz /topic_name
```

　また，rostopic コマンドを使用して，プログラムを書かずに通信を行うこともできます．ROS の通信を簡単にテストでき，役立つでしょう．
　コマンドラインからトピックにメッセージをパブリッシュするには，以下のように実行します．「msg_data」には，メッセージ型の定義に応じて値を設定します．

```
$ rostopic pub /topic_name msg_type msg_data
```

　たとえば以下では，「/test_topic」トピックに「std_msgs/String」型の「test string」というデータのメッセージを配信します．また，「-r 1」オプションにより 1 [Hz] でメッセージを繰り返し配信し，「-v」オプションで配信時のメッセージを「publishing data:」として出力しています．

```
$ rostopic pub -r 1 -v /test_topic std_msgs/String '{data: "test string"}'
publishing data: test string
publishing data: test string
publishing data: test string
```

　コマンドラインからトピックをサブスクライブして表示するには，以下のように実行します．

```
$ rostopic echo /topic_name
```

　たとえば以下では，先ほどの「rostopic」の例と同時に別ターミナルで実行すると，「/test_topic」トピックを受信して表示します．

```
$ rostopic echo /test_topic
data: test string
---
```

```
data: test string
---
data: test string
---
```

　ほかにも機能があるので，rostopic 自体や各コマンド種類に対して，「-h」オプションで
調べてみるとよいでしょう．

- ● rosmsg

　メッセージの型に関する情報を取得するコマンドです．メッセージ型の名前は，メッセー
ジが定義されるパッケージ名「package_name」とメッセージファイル名「Type.msg」か
ら，「package_name/Type」となります．
　以下のコマンドで，メッセージ型の一覧を表示できます．

```
$ rosmsg list
```

　以下のコマンドで，メッセージ型の定義を表示できます．「rostopic type」などで取得
したメッセージ型を指定します．

```
$ rosmsg show msg_type
```

　以下のように Linux のパイプ「|」で繋ぐことで，トピック名からメッセージ型の定義を
直接表示することも可能です．

```
$ rostopic type /topic_name | rosmsg show
```

　ほかにも機能があるので，rosmsg 自体や各コマンド種類に対して，「-h」オプションで
調べてみるとよいでしょう．

- ● rosservice

　サービスに関する情報を取得するコマンドです．現在のサービスの状態などを調査できま
す．rostopic コマンドのサービス版です．roscore コマンドを実行した状態で使用します．
　以下のコマンドで，現在のサービスの一覧を表示できます．

```
$ rosservice list
```

　以下のコマンドで，サービス名を指定して，サービス型やサービスを提供しているノー
ド名を表示できます．

```
$ rosservice info /service_name
```

　以下のように実行しても，サービス型を調べられます．

```
$ rosservice type /service_name
```

コマンドラインからサービスをコールする（呼び出す）には，以下のように実行します．「srv_data」には，サービス型の定義に応じて値を設定します．

```
$ rosservice call /service_name srv_data
```

ほかにも機能があるので，rosservice 自体や各コマンド種類に対して，「-h」オプションで調べてみるとよいでしょう．

• rossrv

サービスの型に関する情報を取得するコマンドです．rosmsg コマンドのサービス版です．サービス型の名前は，サービスが定義されるパッケージ名「package_name」とサービスファイル名「Type.srv」から，「package_name/Type」となります．

以下のコマンドで，サービス型の一覧を表示できます．

```
$ rossrv list
```

以下のコマンドで，サービス型の定義を表示できます．「rosservice type」などで取得したサービス型を指定します．

```
$ rossrv show srv_type
```

以下のように Linux のパイプ「|」で繋ぐことで，サービス名からサービス型の定義を直接表示することも可能です．

```
$ rosservice type /service_name | rossrv show
```

ほかにも機能があるので，rossrv 自体や各コマンド種類に対して，「-h」オプションで調べてみるとよいでしょう．

• rosparam

パラメータサーバを操作するコマンドです．パラメータを設定や取得することができます．roscore コマンドを実行した状態で使用します．

以下のコマンドで，パラメータサーバに登録されているパラメータの一覧を表示できます

```
$ rosparam list
```

コマンドラインからパラメータを設定するには，以下のように実行します．「param_data」には，パラメータの値を設定します．

```
$ rosparam set /parameter_name param_data
```

コマンドラインからパラメータを取得して表示するには，以下のように実行します．

38 第 3 章 ROS の仕組み

```
$ rosparam get /parameter_name
```

以下のように実行することで，すべてのパラメータを表示することも可能です．

```
$ rosparam get /
```

また，以下のコマンドで，現在のパラメータを YAML 形式のファイルに保存できます．
「namespace」を指定した場合は，その名前空間以下にあるパラメータを保存します．

```
$ rosparam dump file_name [namespace]
```

以下のコマンドで，YAML 形式のファイルに保存したパラメータを読み込むことができ
ます．「namespace」を指定した場合は，その名前空間以下にパラメータを読み込みます．

```
$ rosparam load file_name [namespace]
```

ほかにも機能があるので，rosparam 自体や各コマンド種類に対して，「-h」オプション
で調べてみるとよいでしょう．

3.4 ROS 通信の実行例

ここでは，Python のサンプルプログラムと，それを起動する「launch」ファイルの，簡単な例
を説明します．トピックやサービス，パラメータサーバによる通信を統合した実行例として，参
考にしていただければと思います．

ROS Wiki のチュートリアル[†]にも，C++ と Python による，トピックのパブリッシュ/サブ
スクライブやサービスのコールなどのサンプルプログラムがあります．それぞれの機能ごとに，
コーディングやビルド，実行の手順が説明されているので，そちらも実施するとよいでしょう．

3.4.1 サンプルプログラム

Python のサンプルプログラムを用いて，ROS 通信の例を説明します．ソースコード 3-4 に，
メッセージのパブリッシュとサービスのコール（呼び出し）を行うノードのプログラム「talker.py」
を示します．

ソースコード 3-4　サンプルプログラム　talker.py

```
1  #!/usr/bin/env python
2  import rospy
3  import std_msgs.msg
4  import std_srvs.srv
5
```

---

† 英語版: http://wiki.ros.org/ROS/Tutorials
日本語版: http://wiki.ros.org/ja/ROS/Tutorials

```
 6  if __name__ == '__main__':
 7      ## node initialization
 8      rospy.init_node('talker_node', anonymous=False)
 9      ## service call
10      service_result = None
11      rospy.loginfo('waiting service %s'%(rospy.resolve_name('servicename')))
12      rospy.wait_for_service('servicename')
13      try:
14          srv_prox = rospy.ServiceProxy('servicename', std_srvs.srv.Trigger)
15          res = srv_prox()
16          if res.success:
17              service_result = res.message
18      except rospy.ServiceException, e:
19          print "Service call failed: %s"%e
20      ## publisher
21      pub = rospy.Publisher('topicname', std_msgs.msg.String, queue_size=10)
22      rate = rospy.Rate(1) # 1 Hz
23      while not rospy.is_shutdown():
24          str_msg = std_msgs.msg.String(data='string: ' + service_result)
25          rospy.loginfo('%s publish %s'%(rospy.get_name(),str_msg.data))
26          pub.publish(str_msg)
27          rate.sleep()
```

以降，コードの主要な部分を抜粋しながら，説明していきます．

最初に，以下のように ROS のノードを初期化しています．「talker_node」がノード名です．ノードは，名前の重複が許されておらず，同じノード名となる場合は，先に起動しているノードが終了して新しいノードが起動します．なお「anonymous = True」とすると，ノード名に重複がないように文字が追加されます．

talker.py（抜粋）

```
 7      ## node initialization
 8      rospy.init_node('talker_node', anonymous=False)
```

次に，以下がメッセージをパブリッシュする部分です．まず，「topicname」トピックに，「std_msgs/String」型のメッセージをアドバタイズしています．続いて，ループの周期を 1 [Hz]として，ループごとに 1 回，メッセージをパブリッシュしています．

talker.py（抜粋）

```
20      ## publisher
21      pub = rospy.Publisher('topicname', std_msgs.msg.String, queue_size=10)
22      rate = rospy.Rate(1) # 1 Hz
23      while not rospy.is_shutdown():
24          str_msg = std_msgs.msg.String(data='string: ' + service_result)
25          rospy.loginfo('%s publish %s'%(rospy.get_name(),str_msg.data))
26          pub.publish(str_msg)
27          rate.sleep()
```

上記のパブリッシュするメッセージには，サービスを呼び出した結果を入れています．説明が前後しますが，以下のようにサービスを呼び出しています．ここでは，ほかのノードが

40　第 3 章　ROS の仕組み

「servicename」という名前のサービスを起動するまで待ってから，「servicename」サービスを呼んでいます．引数がないサービス型なので，引数を与えずにサービスを呼び出します．

talker.py（抜粋）

```
 9     ## service call
10     service_result = None
11     rospy.loginfo('waiting service %s'%(rospy.resolve_name('servicename')))
12     rospy.wait_for_service('servicename')
13     try:
14         srv_prox = rospy.ServiceProxy('servicename', std_srvs.srv.Trigger)
15         res = srv_prox()
16         if res.success:
17             service_result = res.message
18     except rospy.ServiceException, e:
19         print "Service call failed: %s"%e
```

　続いて，ソースコード 3-5 に，「talker.py」と対になるノードとして，メッセージのサブスクライブとサービスの提供を行うノードのプログラム「listener.py」を示します．

ソースコード 3-5　サンプルプログラム　listener.py

```
 1 #!/usr/bin/env python
 2 import rospy
 3 import std_msgs.msg
 4 import std_srvs.srv
 5
 6 def callback(data):
 7     rospy.loginfo(rospy.get_name() + ' / I heard %s', data.data)
 8
 9 def service_callback(req):
10     tm = rospy.get_time()
11     param_str = None
12     if rospy.has_param('~private_param_name'):
13         param_str = rospy.get_param('~private_param_name')
14     rospy.loginfo('%s_%s: service called for %s'%(rospy.get_name(),tm,param_str))
15     return std_srvs.srv.TriggerResponse (success = True,
16         message = '%s_%s: service returned %s'%(rospy.get_name(),tm,param_str))
17
18 if __name__ == '__main__':
19     ## node initialization
20     rospy.init_node('listener_node', anonymous=False)
21     ## parameter
22     if rospy.has_param('param_name'):
23         nparam = rospy.get_param('param_name')
24         rospy.loginfo('normal_param: %s'%nparam)
25     if rospy.has_param('/global_param_name'):
26         gparam = rospy.get_param('/global_param_name')
27         rospy.loginfo('global_param: %s'%gparam)
28     if rospy.has_param('~private_param_name'):
29         lparam = rospy.get_param('~private_param_name')
30         rospy.loginfo('private_param: %s'%lparam)
31     ## subscriber
32     rospy.Subscriber('topicname', std_msgs.msg.String, callback)
```

```
33    ## service
34    rospy.Service('servicename', std_srvs.srv.Trigger, service_callback)
35    ##
36    rospy.spin()
```

メッセージのサブスクライブは，事前に登録したコールバック関数に，受信したメッセージが渡されて処理されます．以下が，「topicname」トピックで「std_msgs/String」型のメッセージを受信したときに，「callback」という名前のコールバック関数を呼ぶように登録している部分です．

listener.py（抜粋）

```
31    ## subscriber
32    rospy.Subscriber('topicname', std_msgs.msg.String, callback)
```

このコールバック関数は，以下のように定義されており，引数はメッセージオブジェクトです．メッセージの中身を表示するログメッセージを出力します．

listener.py（抜粋）

```
6  def callback(data):
7      rospy.loginfo(rospy.get_name() + ' / I heard %s', data.data)
```

また，サービスもサブスクライブと同様，コールバック関数にリクエストが渡されて処理されます．以下が，「servicename」サービスを「std_srvs/Trigger」型のサービスであると登録し，サービスがコールされたときに「service_callback」という名前のコールバック関数を呼ぶように登録している部分です．

listener.py（抜粋）

```
33    ## service
34    rospy.Service('servicename', std_srvs.srv.Trigger, service_callback)
```

このサービスのコールバック関数は，以下のように定義されています．引数は，サービスリクエスト（サービスファイルの区切り文字 --- より上部に定義された引数）のオブジェクトです．また戻り値は，サービスレスポンス（サービスファイルの区切り文字 --- より下部に定義された戻り値）のオブジェクトです．ここでは，パラメータを読んで，そのパラメータを含めたメッセージ文字列を戻り値として返しています．

listener.py（抜粋）

```
9  def service_callback(req):
10     tm = rospy.get_time()
11     param_str = None
12     if rospy.has_param('~private_param_name'):
13         param_str = rospy.get_param('~private_param_name')
14     rospy.loginfo('%s_%s: service called for %s'%(rospy.get_name(),tm,param_str))
15     return std_srvs.srv.TriggerResponse (success = True,
16         message = '%s_%s: service returned %s'%(rospy.get_name(),tm,param_str))
```

42　第 3 章　ROS の仕組み

　また，このプログラムには，ほかにもパラメータを読む例を書いています．以下の部分では，相対名，絶対名，プライベート名でそれぞれ指定したパラメータを読んで，ログメッセージを出力します．

listener.py（抜粋）

```
21     ## parameter
22     if rospy.has_param('param_name'):
23         nparam = rospy.get_param('param_name')
24         rospy.loginfo('normal_param: %s'%nparam)
25     if rospy.has_param('/global_param_name'):
26         gparam = rospy.get_param('/global_param_name')
27         rospy.loginfo('global_param: %s'%gparam)
28     if rospy.has_param('~private_param_name'):
29         lparam = rospy.get_param('~private_param_name')
30         rospy.loginfo('private_param: %s'%lparam)
```

　続いて，これらのノードの起動方法を説明します．Python のソースコードは，一般にパッケージのディレクトリ以下の「src」ディレクトリや「scripts」ディレクトリに置きます．

　Python のコードを rosrun コマンドで起動するには，ファイルの 1 行目に「#!/usr/bin/env python」と書いたうえで，実行権限を付ける必要があります．「talker.py」と「listener.py」に，以下のように実行権限を付けます．

```
$ chmod +x talker.py
$ chmod +x listener.py
```

　以下のように実行すると，rosrun コマンドで「talker.py」と「listener.py」を起動できます．

```
$ rosrun package_name talker.py
$ rosrun package_name listener.py
```

3.4.2　launch ファイルによる起動

　前項のサンプルプログラムを起動する「launch」ファイルを作成して，roslaunch コマンドによる起動の例を説明します．「launch」ファイルは XML 形式で記述され，複数のノードを一度に起動できます．

　また，複数の「launch」ファイルを組み合わせることで，複雑なノード構成のシステムを簡単に立ち上げることもできます．シンプルな「launch」ファイルを組み合わせる形にすることで，スクリプトを書くようにして容易に大規模なシステムを構築できます．

　ソースコード 3-6 に，「talker.py」を起動する「talker.launch」を示します．一つのノードを起動するための，ノード名，パッケージ名，実行ファイル名を記述したシンプルなファイルです．

ソースコード 3-6　talker.py を起動する launch ファイル　talker.launch

```
1  <launch>
2    <node name="l_talker_node"
```

```
3        pkg="test_pkg"
4        type="talker.py" >
5   </node>
6 </launch>
```

ソースコード3-7 に，「listener.py」を起動する「listener.launch」を示します．ノードを起動する記述のほかに，パラメータ設定の記述があります．「param_name」パラメータは相対名のパラメータで，「private_param_name」パラメータはプライベート名のパラメータです．

ソースコード 3-7 listener.py を起動する launch ファイル　listener.launch

```
1 <launch>
2   <param name="param_name" value="n_param" />
3   <node name="l_listener_node"
4        pkg="test_pkg"
5        type="listener.py" >
6     <param name="private_param_name" value="p_param"/>
7   </node>
8 </launch>
```

ソースコード 3-8 に，複数の launch ファイルを組み合わせて，複雑なシステムを起動する「sample.launch」を示します．

ソースコード 3-8 launch ファイル　sample.launch

```
1 <launch>
2   <!-- including launch files-->
3   <include file="$(find test_pkg)/talker.launch" />
4   <include file="$(find test_pkg)/listener.launch" />
5   <!-- using namespace -->
6   <group ns="namespace" >
7    <include file="$(find test_pkg)/talker.launch" />
8    <include file="$(find test_pkg)/listener.launch" />
9   </group>
10  <!-- using 2 namespaces -->
11  <group ns="namespace_a" >
12    <group>
13      <remap from="topicname" to="/global_topic" />
14      <include file="$(find test_pkg)/talker.launch" />
15    </group>
16    <include file="$(find test_pkg)/listener.launch" />
17  </group>
18  <group ns="namespace_b" >
19    <include file="$(find test_pkg)/talker.launch" />
20    <group>
21      <remap from="topicname" to="/global_topic" />
22      <include file="$(find test_pkg)/listener.launch" />
23    </group>
24  </group>
25 </launch>
```

44 第3章 ROSの仕組み

以下の部分は，二つのlaunchファイルを起動する記述です．「$(find test_pkg)」は，パッケージのディレクトリ名に置換されます．「talker.launch」と「listener.launch」が，パッケージのディレクトリ直下にあると想定しています．

sample.launch（抜粋）

```
2    <!-- including launch files-->
3    <include file="$(find test_pkg)/talker.launch" />
4    <include file="$(find test_pkg)/listener.launch" />
```

以下の部分は，名前空間を使った例です．「group」タグで囲い，名前空間「namespace」を追加しています．ノード名が名前空間の下に配置され，前述のノードと名前が衝突しません．

sample.launch（抜粋）

```
5    <!-- using namespace -->
6    <group ns="namespace" >
7      <include file="$(find test_pkg)/talker.launch" />
8      <include file="$(find test_pkg)/listener.launch" />
9    </group>
```

以下の部分は，「namespace_a」と「namespace_b」の二つの名前空間にノードを配置し，リマップを行うことで名前空間を越えてノードを接続している例です．「group」タグで囲い「remap」タグを付けることで，「namespace_a」の「talker」と「namespace_b」の「listener」に対して，相対名の「topicname」を絶対名の「/global_topic」にリマップしています．

sample.launch（抜粋）

```
10   <!-- using 2 namespaces -->
11   <group ns="namespace_a" >
12     <group>
13       <remap from="topicname" to="/global_topic" />
14       <include file="$(find test_pkg)/talker.launch" />
15     </group>
16     <include file="$(find test_pkg)/listener.launch" />
17   </group>
18   <group ns="namespace_b" >
19     <include file="$(find test_pkg)/talker.launch" />
20     <group>
21       <remap from="topicname" to="/global_topic" />
22       <include file="$(find test_pkg)/listener.launch" />
23     </group>
24   </group>
```

続いて，launchファイルの起動方法を説明します．launchファイルは，パッケージのディレクトリ以下の「launch」ディレクトリに置くことが多いです．

以下のように実行すると，roslaunchコマンドで「sample.launch」を起動できます．

```
$ roslaunch package_name sample.launch
```

3.5 Git の導入とサンプルプログラムの取得

ここでは，本書のサンプルコードを取得して動作させる方法を説明します．

まず，GitHub のホームページ[1]でアカウントを取得します．基本的な機能を無料で利用できる Free プランがあります．

次に，GitHub で公開されたプログラムを取得するために，「Git」[2]を以下のコマンドでインストールします．

```
$ sudo apt update
$ sudo apt install git
```

GitHub と連携するために，以下のコマンドでユーザ情報を登録します．

```
$ git config --global user.name "<アカウント名>"
$ git config --global user.email "<メールアドレス>"
```

それでは，Git の機能を利用して，本書のサンプルコードを取得しましょう．ここではコード取得までの手順を簡略化するため，https 通信でサンプルを取得します．ワークスペースの「src」ディレクトリに，下記の「git clone」コマンドでサンプルコードをダウンロードします．

```
$ cd ~/<catkin_ws>/src
$ git clone https://github.com/Nishida-Lab/rosbook_pkgs.git
```

ここで GitHub のユーザ名とパスワードを求められたら入力します．

ダウンロードが完了したら，ビルドの前に依存パッケージをインストールします．「rosdep」コマンドを実行すると，サンプルコードの「package.xml」に記載された依存パッケージが解析され，自動でインストールされます[3]．

```
$ cd ~/<catkin_ws>
$ sudo rosdep init
$ rosdep update
$ rosdep install --from-paths src --ignore-src -r -y
```

続いて，「catkin_make」でビルドします．また，ビルドによって生成されたモジュールに容易にアクセスできるように，「source」コマンドを実行します．

```
$ cd ~/<catkin_ws>
$ catkin_make
$ source devel/setup.bash
```

---

[1] https://github.com/

[2] https://git-scm.com/

[3] 「rosdep update」と「rosdep install」コマンドは「sudo」で実行しないでください．依存パッケージを正常にインストールできなくなる場合があります．

第4章
可視化とデバッグ

4

ROS には，開発に役立つさまざまなツール群があります．第3章では，ROS を操作する各種の
コマンドラインツールについて説明しました．本章では，可視化やデバッグなどに使えるそのほか
のツールを紹介します．これらのツール群を用いることで，問題が発生した場合の原因をすばやく
特定し，効率よく開発を進めることができるでしょう．また，ROS を用いたプログラムのデバッ
グ方法についても，簡単に述べます．

4.1　ROS の可視化とデバッグのツール

ロボット内部の大量のデータを検証する場合，変数の中身の数値などを直接見るのではなく，
可視化して調べることが非常に重要です．可視化により，システム全体のデータの流れを俯瞰し
たり，詳細を表示して比較できます．

また，ロボットの動作に問題があれば，その原因を特定するために，再現性のある方法で実験
を繰り返す必要があります．ロボットの場合，センサデータをオンラインでシステムに入力する
ため，実機を動かして実験をやり直していたのでは，再現性のある検証はできません．また，不
要な実験の試行回数が増えてしまい，開発効率も下がってしまいます．

ここでは，ロボットの動作検証に標準的に使われるツールを紹介します．これらのツールはい
ずれも，ROS のトピックからデータを受信して動作します．「roscore」コマンドを実行した状態
で使用します．

- rqt_graph: ノード状態の可視化
- rqt_plot: メッセージのグラフプロット
- RViz: 三次元データの可視化
- rosbag: ROS メッセージの記録と再生

なお「rqt」は，ROS の GUI フレームワークで，多くのツールがあります．「rqt_graph」や
「rqt_plot」以外にも，さまざまな表示形式をプラグインとして追加可能です．「rqt」を用いて，
自分で GUI を作成することもできます．

4.1.1 ノードの状態を可視化するrqt_graph

「rqt_graph」は，ノードとトピックの接続状態を可視化するツールです．起動しているノードと，通信しているトピックを，グラフ構造として描画できます．ROS の GUI フレームワークである「rqt」を用いています．

「rqt_graph」は，「rosrun」コマンドを使用して，以下のように起動します．

```
$ rosrun rqt_graph rqt_graph
```

または，ROS のインストールにより「/opt/ros/kinetic/bin」にパスが通っているため，以下のコマンドで直接起動することも可能です．

```
$ rqt_graph
```

図 4-1 に，「rqt_graph」を起動した例を示します．この例は，3.4.2 項の「sample.launch」を起動したときの出力です．

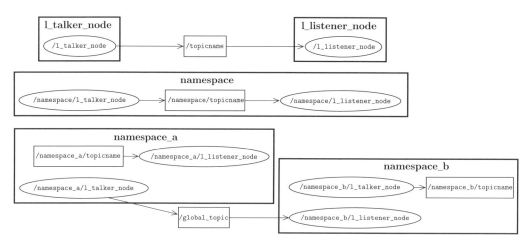

図 4-1　rqt_graph の表示例

表示形式は，「rqt_graph」の画面上のチェックボックスの設定によって少し変わります．ここではノードは楕円で名前が表示され，トピックは四角で名前が表示されています．また，ノード間のトピックの接続を矢印の繋がりで表しています．名前空間は，太枠の四角で示されています．

以上のように「rqt_graph」は，ROS の現在の接続状態をわかりやすく可視化できます．開発の際に便利なので，操作に慣れておくとよいでしょう．

4.1.2 メッセージのグラフをプロットするrqt_plot

「rqt_plot」は，指定したメッセージの値を時系列で二次元プロットするツールです．速度指令値や角速度センサ値などの時系列データのプロットに，よく用いられます．オシロスコープのよ

うに，指定したメッセージがもつ値の時間的な変化をグラフに表示します．プロットするデータは，数値型であることが前提です．ROSのGUIフレームワークである「rqt」を用いています．
「rqt_plot」は，rosrunコマンドを使用して，以下のように起動します．

```
$ rosrun rqt_plot rqt_plot [/topic_name/msg_variable]
```

または，ROSのインストールにより「/opt/ros/kinetic/bin」にパスが通っているため，以下のコマンドで直接起動することも可能です．

```
$ rqt_plot [/topic_name/msg_variable]
```

起動時の引数として，プロットするトピック名とメッセージの変数を，「/」で区切って与えることができます．複数個を指定すると，重ねてプロットして比較できます．または，引数なしで何も指定せずに起動してから，画面上でトピック名を追加することもできます．

以下に，引数を指定して起動する例を示します．また図4-2に，実際に「rqt_plot」を起動した例を示します．

```
$ rqt_plot /cmd_vel/linear
```

この例は，本書のサンプルプログラム「rqtplot_example」で配信したメッセージをプロットしています．速度指令としてよく用いられる，「geometry_msgs/Twist」型のメッセージを「/cmd_vel」トピックに配信するノードです．このサンプルでは，時間経過とともに変化する速度が入るようになっています．

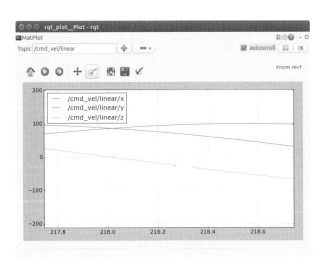

図4-2　rqt_plotの表示例

4.1.3 三次元データを可視化する RViz

「RViz」は，ロボットの三次元モデルや座標系，測定した三次元点群などを可視化するツールです．ロボットが認識している三次元空間の情報とともに，画像なども表示できます．表示可能なメッセージ型が多数用意されており，トピック名を選択することで簡単に可視化できます．自分で新たな表示形式などのプラグインを追加することも可能です．また，実行時に画面の配置を動的に変更できます．

「RViz」は，rosrun コマンドを使用して，以下のように起動します．

```
$ rosrun rviz rviz
```

または，ROS のインストールにより「/opt/ros/kinetic/bin」にパスが通っているため，以下のコマンドで直接起動することも可能です．

```
$ rviz
```

図 4-3 に，ロボットアームと三次元点群を可視化した例を示します．この例では，現実のロボットアームから送られてきた関節角度信号を利用して，ロボットモデルがその姿勢と同じになるように可視化しています．また同時に，実際のロボットを距離画像カメラによって測定した三次元点群も表示しています．画面の左下には，距離画像カメラの画像も描画しています．

また図 4-4 に，ロボットアームの各座標系を可視化した例を示します．「RViz」に表示する項目は，GUI で簡単に表示/非表示を選択できます．このように，「RViz」はロボットやセンサなどから得られる多様なデータを統合して表示可能です．

複数のデータを同時に表示するには，それぞれの位置関係を表す座標系が適切に配信されている必要があります．各フレーム間の変換が，「tf」[†]を用いて変換できない場合，エラーが表示されます．

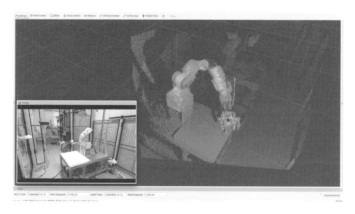

図 4-3　RViz による表示例　その 1

[†] 座標変換を行うツールです．詳しくは第 6 章で説明します．

4.1 ROS の可視化とデバッグのツール　51

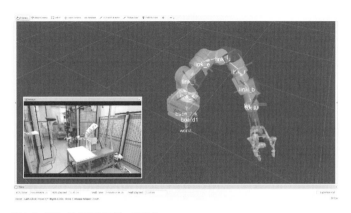

図 4-4　RViz による表示例　その 2

　以降では，「RViz」の使い方について，簡単に説明します．図 4-5 に，「RViz」のメインウィンドウを示します．ここでは移動ロボットの用途を想定しています．

　①の「Fixed frame」は，データを表示する際に基準とする座標系の設定です．配信されている「tf」のフレームから選択します．

　②は，表示するトピックを追加するボタンです．クリックすると，図 4-6 のウィンドウがポップアップします．「By display type」と「By topic」の二つのタブがあるので，そこから追加するトピックを選択します．「By display type」には，「RViz」で表示可能なすべてのメッセージ型の一覧が示されています．「By topic」には，現在配信されているトピックから，表示可能なメッセージ型の一覧が示されています．前者の「By display type」から項目を選択した場合，トピック名を別途設定する必要があります．後者の「By topic」から項目を選択した場合は，別途設定する必要がないので簡単です．

　③の「Target frame」は，追跡するフレームの設定です．たとえば，①の「Fixed frame」に地図座標系「map」を指定して，③の「Target frame」にロボット座標系「base_footprint」な

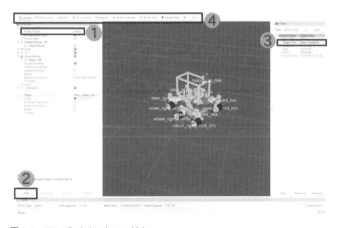

図 4-5　RViz のメインウィンドウ

図 4-6　トピックを追加するウィンドウ

どを指定すると，地図を基準としてデータを描画しつつ，表示エリアをロボットの移動に追従させて自動的に動かすことが可能です．

　これらの設定は，メニューから rviz ファイルに保存することができます．また，「RViz」を起動する際に「-d」オプションで引数として指定することで，保存した設定を読み込んで再現可能です．

　④は，「RViz」で使用可能なツールです．標準でいくつか用意されており，自分で追加することもできます．たとえば「2D Pose Estimate」「2D Nav Goal」「Publish Point」は，クリック操作やドラッグ操作で位置や方向を規定のトピックに配信できます．これらを用いると，移動ロボットの自律走行を行う「navigation」パッケージに対して，「RViz」からメッセージを送ることができます．

4.1.4　ROS メッセージを記録して再生する rosbag

　「rosbag」は，通信しているメッセージを bag ファイルに記録し，保存した bag ファイルを再生するツールです．センサデータなどのトピックの通信を「rosbag」を用いて記録すると，bag ファイルを保存したときの通信を何度でも再生でき，実際のロボットを動かすことなくオフラインで動作を再現することができます．

　この機能により，同じセンサデータに基づく再現性のある実験が可能になり，ロボット開発の効率が向上します．また，再生スピードの変更もできるため，速く再生して実験時間を短縮したり，遅く再生して計算処理を間に合わせるといったことも可能です．

　なお，「rosbag」はメッセージを記録しますが，ノードの構成などを保存するわけではありません．bag ファイルを再生する際には，すべてのトピックを「rosbag」のノードが配信します．

　以降では，実際の例を交えて，記録から再生までの使い方を説明します．

メッセージの記録

以下のコマンドで，トピック名を指定してメッセージを記録します．

```
$ rosbag record /topic_name_1 /topic_name_2 ...
```

また，「-a」オプションですべてのトピックを記録することができます．

```
$ rosbag record -a
```

ただし，不要なトピックも記録してしまうため，一般的には避けた方がよいでしょう．

なお，画像データや3次元点群データなどは容量が大きいので，保存されるbagファイルのサイズに注意が必要です．

それでは，実際にメッセージを記録する例を示します．roscoreを起動した後，以下の二つをそれぞれ起動します†．

```
$ rosrun rosbag_example_publisher
```

```
$ rosrun rqtplot_example
```

「rosbag_example_publisher」ノードは，0〜255までの一様乱数を生成して「/random_num」トピックに配信します．また，「rqt_plot」の説明でも用いた「rqtplot_example」ノードは，時間変化する値を「/cmd_vel」トピックに配信します．

次に，以下のコマンドで「rosbag」による記録を開始します．「-O」オプションで，保存するbagファイル名を指定します．このオプションを指定しなかった場合は，日付と時刻に基づいたファイル名が自動的に設定されます．

```
$ rosbag record -a -O example
```

数十秒間が経過したら，「Ctrl＋C」で「rosbag」を終了します．bagファイルが保存された後で，「roscore」を含むすべてのノードを終了させます．

ここで，間違って「roscore」を先に終了させないように注意しましょう．「roscore」を先に終了した場合，activeファイルというバックアップファイルのみが残り，bagファイルは生成されません．ただし，この場合でも，「rosbag reindex」コマンドを用いて，activeファイルからbagファイルを生成することは可能です．

bag ファイルの再生

以下のコマンドで，bagファイルからメッセージを再生できます．

```
$ rosbag play file_name.bag
```

---

† chapter4/src/ の中の三つのファイルを利用します．

先ほどの例で記録した bag ファイルを再生するには，roscore を起動した後に，以下のコマンドを実行します．ここで「-l」オプションは，再生をループさせるという意味です．

```
$ rosbag play example.bag -l
```

また，以下のコマンドで，現在のトピックの一覧を表示すると，「example.bag」に記録したトピックが再生されていることを確認できます．

```
$ rostopic list
/clock
/cmd_vel
/random_num
/rosout
/rosout_agg
```

次に，「/random_num」トピックを逐次受信して平均を計算する「rosbag_example_subscriber」ノードを起動してみましょう．「/average_num」トピックに計算結果を配信すると同時に，現在の時刻を出力します．

```
$ rosrun rosbag_example_subscriber
```

ここで，ノードやトピックの状況を確認するために「rqt_plot」と「rqt_graph」を起動すると，図 4-7 のように表示されます．

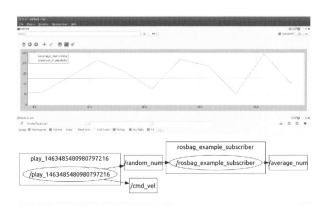

図 4-7　rqt_plot と rqt_graph の表示例

bag ファイル時刻のシミュレーション

bag ファイルを再生する際の配信時刻（タイムスタンプ）について説明します．ふつうに「rosbag」で bag ファイルを再生した場合には，システムの現在時刻（現在の時計）がタイムスタンプとして使用されます．

一方で，タイムスタンプの付いた「Stamped」型のメッセージや，「tf」の座標変換のために，記録した時刻（過去の時計）でbagファイルを再生したい場合もあります．「rosbag」には，bagファイルに記録された時刻をシミュレーションすることで，これを実現する機能があります．

先ほどの例では，「rosbag_example_subscriber」ノードは，配信時にシステムの現在時刻を表示します．そのため，「rosbag play」が表示するbagファイルのタイムスタンプと，「rosbag_example_subscriber」が表示する現在のタイムスタンプにはズレがあります．この例では，時刻のズレは大きな問題になりませんが，「Stamped」型のメッセージや「tf」の座標変換を使う場合には，時刻を合わせる必要があります．

bagファイルに記録された時刻をシミュレーションするには，以下の手順を実行します．まず，「roscore」を起動します．その後，ほかのノードを起動する前に，以下のコマンドでシミュレーション時刻のパラメータをセットします．

```
$ rosparam set use_sim_time true
```

続いて，「rosbag」で再生する際に，「--clock」オプションを追加します．

```
$ rosbag play file_name.bag --clock
```

これによって，先ほどの「example.bag」の例で「rosbag play」と「rosbag_example_subscriber」が表示する時刻が一致するはずです．このようにbagファイルの時刻に合わせることで，rosbagを任意の倍速で再生しても，適切に時間を処理できます．

bagファイルを任意の倍速で再生するには，「-r」オプションで何倍速にするのかを指定します．たとえば，5倍速でbagファイルを再生するには，以下のように実行します．

```
$ rosbag play file_name.bag --clock -r 5.0
```

再生速度を遅くしたければ，1より小さい値を設定します．

4.2 ROS プログラムのデバッグ

ROSを用いたプログラムのデバッグは，通常のプログラムのデバッグと大きくは変わりません．ただし，複数のノードが存在するマルチプロセスを扱うため，その点では注意が必要です．ROSには，これまでに説明したさまざまなツール群が用意されているため，デバッグ作業にも大変役に立ちます．ここでは，ROSのデバッグ作業で注意しなければならない点を簡単に説明します．

まず基本的なことですが，コンパイルやプログラム実行中に何らかのエラーメッセージが表示された場合は，それをしっかり読みましょう．エラーメッセージをウェブで検索すると，多くの場合は解決策を見つけることができます．2.3節で説明したさまざまなサイトで，有益な情報を見つけることもできるでしょう．見つからない場合には，掲示板でほかのROSユーザに質問するとよいでしょう．

コンパイル時に複数のエラーメッセージが出ている場合には，まず最初のエラーに対処しましょう．一般に，最初のエラーが後に続くほかのエラーの原因になっているケースが多いです．

プログラムの実行はできるけれども，その結果が望ましくない場合には，可視化によるデバッグ作業が非常に重要です．「rqt_graph」や「rostopic」コマンドなどで，ノードとトピックの接続状態を確認しましょう．メッセージ中のデータを確認するには，「rqt_plot」や「RViz」での可視化が役に立ちます．

プログラムが実行できない場合は，いくつかの原因が考えられます．インストールしたROSのプログラムは起動できるのに，自分のワークスペースのプログラムは起動できない場合には，ROSの環境変数が正しく設定できていない可能性があります．3.1.1項を参照して，ワークスペースの環境変数を読み込めているか，確認しましょう．

Pythonのコードを「rosrun」コマンドなどで起動するには，ファイルの一行目に「#!/usr/bin/env python」と記載したうえで，そのファイルを実行可能なモードに変更する必要があります．Pythonで書かれたプログラムには注意が必要です．

また，Pythonのプログラムはコンパイルが不要ですが，実行時に構文エラーが発生することがあります．C++ではコンパイル時に構文エラーが判明しますが，Pythonではプログラムを起動した後に構文エラーのある行に処理が到達した段階でエラーが発生します．実行してみないと構文エラーが判明しないのは不便なので，統合開発環境の支援機能などが役立ちます[1]．

ROSプログラムでも，通常のプログラムと同様に「gdb」などのデバッガが使えます．活用するとよいでしょう[2]．

ロボットの動作実験の際には，「rosbag」を用いることで，同じセンサデータでの再現性のある検証が可能になるため，問題の特定に役立ちます．

---

[1]「PyCharm」（https://www.jetbrains.com/pycharm/）などがあります．

[2]「QtCreator」（https://www.qt.io/jp）は，ROSとの連携が容易なことから，問題箇所の特定によく利用されます．

第5章
センサとアクチュエータ

ロボットには，多数のセンサやモータなどのアクチュエータが搭載されます．ロボットの形や機能によって，さまざまな種類のセンサやモータの組合せが考えられますが，ROSには数多くのデバイスに接続する方法が準備されています．手軽に入手可能なセンサから，高価で入手が困難なセンサやロボットまで，数多くの情報が統合されています．また，さまざまに組み合わせたセンサやアクチュエータを，仮想のシミュレーション環境で，あたかも実物があるかのように動作させる場合にも利用できます．この章では，ROSがインストールされたパソコンに接続されたセンサやアクチュエータと情報をやり取りする方法について，例題を交えながら見ていきましょう．

5.1 USBカメラ

5.1.1 ドライバのインストール

ROSにはいくつかのUSBカメラ用のドライバが用意されていますが，ここでは実績がある「usb_cam」ノードを使用します．また，キャプチャした画像の表示には「image_view」ノードを使用しますから，以下の要領でインストールを行っておきます．

エラーがなければ，実際にUSBカメラ（図5-1）を接続して画像をキャプチャしてみましょう．

「usb_cam」ノードのインストール

```
$ sudo apt install ros-kinetic-usb-cam
```

「image_view」ノードのインストール

```
$ sudo apt install ros-kinetic-image-view
```

図5-1　USBカメラ（Logicool HD Pro Webcam C920t）

5.1.2　ノードの起動

　USB カメラをパソコンに接続して，画像キャプチャのノードである「usb_cam」ノードと，キャプチャした画像を表示する「image_view」ノードを実行します．

　初めにターミナルを開いて，「roscore」を忘れずに起動します．

```
$ roscore
```

　別のターミナルを開き，以下のコマンドを入力します[†1]．

```
$ rosrun usb_cam usb_cam_node
```

　一般的なノートパソコンでは，内蔵のカメラが「/dev/video0」に割り当てられます．「usb_cam」ノードは，標準の設定で「/dev/video0」から画像をキャプチャする仕様になっていますから，上記のコマンドを実行した場合は，内蔵のカメラからキャプチャすることになります．もし，ノートパソコンの USB ポートに接続したカメラの画像をキャプチャしたい場合には，次のようなオプションでビデオデバイスを変更します．

```
$ rosrun usb_cam usb_cam_node _video_device:=/dev/video1
```

　「usb_cam」ノードの実行でエラーがなければ，さらに別のターミナルを開き，以下のように「image_view」ノードを実行します．

```
$ rosrun image_view image_view image:=/usb_cam/image_raw
```

　ここで，オプションの「image:=/usb_cam/image_raw」は，「usb_cam」ノードが「/usb_cam/image_raw」というトピックにパブリッシュした画像データを，「image_view」ノードの「image」トピックがサブスクライブするという指定です．図 5-2 のように，キャプチャした画像が表示されれば正常に動作しており，表示されない場合はトピックやビデオデバイスの名称が間違っていないかを確認してください．

5.1.3　ノードのパラメータ設定

　ソースコード 5-1 は「usb_cam」ノードと「image_view」ノードを一度に実行する「usb_cam.launch」です．この launch ファイルでは，「usb_cam」ノードのいくつかのパラメータを変更して起動します．ここでは，知っておくと便利なパラメータをいくつか紹介します．すべてのパラメータの詳細は公式 Wiki[†2]を参照してください．

[†1] 仮想マシンを利用する場合に，本ノードの起動に失敗することがあります．その場合は，仮想マシンソフト側の USB の設定がご利用の PC に適合しているかどうかをご確認のうえ（例：デフォルトで USB 規格の設定が 1.1 になっているなど），適切な設定に修正後，ノードを実行しなおしてみてください．

[†2] http://wiki.ros.org/usb_cam/

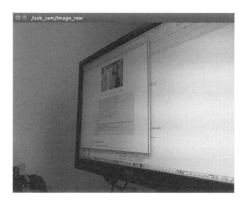

図 5-2　image_view ノードによる画像の表示

ソースコード 5-1　usb_cam と image_view を起動する launch ファイル　usb_cam.launch

```
1  <launch>
2    <!-- usb_camノードを実行する -->
3    <node name="usb_cam" pkg="usb_cam" type="usb_cam_node" output="screen">
4      <remap from="/usb_cam/image_raw" to="/usb_cam/image_raw"/>
5      <param name="video_device" value="/dev/video1" />
6      <param name="image_width" value="640" />
7      <param name="image_height" value="480" />
8      <param name="pixel_format" value="mjpeg" />
9      <param name="framerate" value="30" />
10     <param name="contrast" value="32" />
11     <param name="brightness" value="32" />
12     <param name="saturation" value="32" />
13     <param name="autofocus" value="true" />
14     <param name="focus" value="51" />
15   </node>
16
17   <!-- image_viewノードを実行する -->
18   <node name="image_view" pkg="image_view" type="image_view" respawn="false"
           output="screen">
19     <remap from="image" to="/usb_cam/image_raw"/>
20     <param name="autosize" value="true"/>
21   </node>
22 </launch>
```

- video_device: カメラのビデオデバイスを指定します．ノートパソコンの内蔵カメラは「/dev/video0」に割り当てられていることが多いので，外付けの USB カメラを使用するときはこの値を変更します．
- image_width, image_height: キャプチャする画像の縦横のサイズを指定します．
- pixel_format: 画像フォーマットを指定します．「mjpg」「yuyv」「uyvy」を指定することができます．
- framerate: 画像を取得するサイクルを「fps（frame per second）」の単位で指定します．パソコンのパワーが不足していると思う場合には，この値を小さくします．

- **contrast, brightness, saturation:** コントラストや明るさ，彩度といった画像パラメータを指定します．
- **autofocus, focus:** オートフォーカス機能を有効にしたり，フォーカスを一定の位置に固定したりできます．

「image_view」ノードでは「remap」タグにより，「usb_cam」ノードが「/usb_cam/image_raw」トピックに配信した画像データを，「image_view」ノードの「image」トピックがサブスクライブするように指定しています．

- **autosize:** サブスクライブした画像データの縦横比を自動で判定して画像表示を行います．

最後に，以下のように launch ファイルを実行して，「usb_cam」ノードと「image_view」ノードを一度に起動してみます．ここでも，「roscore」を実行しておくのを忘れないでください．GitHub からダウンロードしたファイルを使って実行してみましょう[†]．

```
$ roslaunch chapter5 usb_cam.launch
```

5.2　RGB-D カメラ

Microsoft 社製の「Kinect Xbox 360」（以下，Kinect）や ASUS 社製の「Xtion PRO LIVE」（以下，Xtion）といったセンサ（図 5-3）は，カラー画像（RGB）に加えて，距離画像（depth）を取得できることから，RGB–D カメラとよばれます．ここでは Kinect や Xtion を使い，USB カメラと同様の RGB 画像や奥行きの違いを距離に応じた濃淡で表現した距離画像を取得してみます．

図 5-3　Microsoft Kinect Xbox 360（左）と ASUS Xtion PRO LIVE（右）

5.2.1　ドライバのインストール

以下のコマンドでドライバをインストールします．

```
$ sudo apt install ros-kinetic-openni-*
$ sudo apt install ros-kinetic-openni2-*
$ sudo apt install ros-kinetic-freenect-*
```

エラーがなければ，次は実際に RGB-D カメラを接続して画像をキャプチャしてみましょう．

[†] chapter5/usb_cam.launch

5.2.2 ノードの起動

ここでも，「roscore」を起動するのを忘れないでください．

```
$ roscore
```

別のターミナルを開き，以下のように入力します．

Kinect の場合

```
$ roslaunch freenect_launch freenect.launch
```

Xtion の場合

```
$ roslaunch openni2_launch openni2.launch
```

エラーがなければさらに別のターミナルを開き，これまでと同様に「image_view」ノードを実行します．

```
$ rosrun image_view image_view image:=/camera/rgb/image_raw
```

ここでは，「/camera/rgb/image_raw」トピックにカラー画像が配信されているので，「image_view」ノードは，そこからデータをサブスクライブします．

次に，「image_view」ノードでサブスクライブするトピックを変えることで，距離画像を表示してみましょう．新しく開いたターミナルで，以下のようなコマンドを実行します．

```
$ rosrun image_view image_view image:=/camera/depth/image_rect
```

図 5-4 のように，奥行きの違いを濃淡で表現した画像が表示されます．

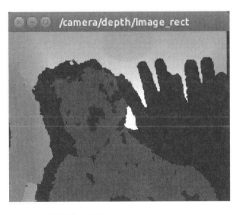

図 5-4　距離画像の表示

5.3 LiDAR

移動ロボットの地図生成や障害物回避などのために，周囲の環境を知ることはとても重要です．レーザの照射で周囲の状況を計測するセンサを，一般的にLiDAR（Light Detection and Ranging，レーザスキャナ）やLRF（Laser Range Finder）とよびます．ここでは，比較的安価に購入できる北陽電機社製の「URG-04LX-UG01」（図 5-5）を使用してみましょう．これは，USBバスパワーにより簡単に使うことができ，約 $0.36°$ の角度分解能でセンサから障害物までの距離を高精度で計測することができます．

図 5-5 LiDAR（URG-04LX-UG01）

5.3.1 ドライバのインストール

以下のコマンドで，北陽電機社製 LiDAR のドライバをインストールします．

```
$ sudo apt install ros-kinetic-urg-node
```

「urg_node」を起動する前に，LiDAR へのアクセス権を確認しておきましょう．以下の説明では，LiDAR は「/dev/ttyACM0」でアクセスしていますが，読者のパソコンの設定によっては，「/dev/ttyACM1」のように異なるポート名になっている場合がありますので注意してください．

そこでまず，「dmesg」コマンドで LiDAR が接続されたポートを調べましょう．

```
$ dmesg
...
[15377.567137] usb 2-2: New USB device found, idVendor=15d1,
idProduct=0000
[15377.567146] usb 2-2: New USB device strings: Mfr=1,
Product=2, SerialNumber=0
[15377.567151] usb 2-2: Product: URG-Series USB Driver
[15377.567155] usb 2-2: Manufacturer:  Hokuyo Data Flex for USB
[15377.578114] cdc_acm 2-2:1.0: ttyACM0: USB ACM device
...
```

「ttyACM0: USB ACM device」と表示されていることから，ここでは，「/dev/ttyACM0」に LiDAR が接続されていることがわかりました．

次に，下記のようなコマンドを実行し，

```
$ ls -l /dev/ttyACM0
```

下記のように表示された場合，必要な権限がないことがわかります．

```
crw-rw---- 1 root dialout 166, 0  8月  17 21:23 /dev/ttyACM0
```

その場合は，次のコマンドで現在のユーザがシリアルポートにアクセスできるようにします．

```
$ sudo usermod -a G dialout <現在のユーザ名>
```

あるいは，

```
$ sudo chmod 666 /dev/ttyACM0
```

とします．エラーがなければ，実際に LiDAR を接続して距離データを取得してみましょう．

5.3.2　ノードの起動

初めに「roscore」を忘れずに起動します．

```
$ roscore
```

別のターミナルを開き，以下のように入力します．

```
$ rosrun urg_node urg_node
```

LiDAR が「/dev/ttyACM1」のように異なるポートに接続されている場合は，下記のような
オプションでポートを指定することができます．

```
$ rosrun urg_node urg_node _port:=/dev/ttyACM1
```

「urg_node」の実行でエラーがなければ，さらに別のターミナルを開き，以下のように「rviz」
で距離データを可視化してみましょう．

```
$ rosrun rviz rviz
```

RViz が起動したら，画面左下の「Add」ボタンから「LaserScan」を追加し，取得する「Topic」
を「/scan」に設定します．さらに，「Global Options」の「FixedFrame」を「laser」にするこ
とで，図 5-6 のように LiDAR で取得した距離データが表示されます．

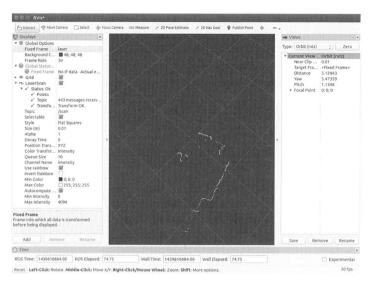

図 5-6 RViz による距離データの表示

5.4 ジョイパッド

ジョイパッドやジョイスティックは，ロボットを遠隔で操作するためによく使われます．ここでは，市販のジョイパッド（図 5-7）を使い，シミュレータ上のロボットを動かしてみます．もちろん，ROS で駆動される実際のロボットも，同様にジョイパッドで操作できます．

図 5-7 ジョイパッド（エレコム社製 JC-U4113S）

5.4.1 ドライバのインストール

以下のコマンドでジョイパッドやジョイスティック用のドライバをインストールします[†]．

```
$ sudo apt install ros-kinetic-joy
```

エラーがなければ，ジョイパッドを USB ポートに接続し，動作の確認を行います．「roscore」を起動し，別のターミナルで下記のとおり「joy」ノードを起動します．

[†] http://wiki.ros.org/joy

```
$ rosrun joy joy_node
[ INFO] [1440243468.591630930]: Opened joystick:
/dev/input/js0. deadzone_: 0.050000.
```

「joy」ノードは「/joy」にトピックをパブリッシュするので，下記のように「rostopic echo」コマンドでジョイパッドの動きを知ることができます．

```
$ rostopic echo /joy
...
---
header:
  seq: 95
  stamp:
    secs: 1440243511
    nsecs: 596608934
  frame_id: ''
axes: [-0.0, 0.0993184745311737, 0.0, 0.0, 0.0, 0.0]
buttons: [1, 0, 0, 0, 0, 0, 0, 0, 0, 0, 0, 0, 0]
---
...
```

ここでは，ボタン 1 を押しながら，左のスティックを上方向に動かしています．

次に，ジョイパッドでシミュレーションのロボットを動かしてみましょう．

5.4.2　ジョイパッドでシミュレーションのロボットを動かす

ここでは，Gazebo でシミュレートされた移動ロボット「TurtleBot2」をジョイパッドで動かしてみます．TurtleBot2（図 5-8）は Yujin Robot 社製の Kobuki を移動ベースに，ノートパソコンと Kinect を搭載した研究開発用の移動ロボットです．このロボットは，ROS のアプリケーション開発のプラットフォームとして広く使われています．またここでは，Kinect を使って周囲の状況を計測することにします．

準備として，TurtleBot2 を Gazebo シミュレータで動作させる環境を構築します．次のコマンドで必要なノードをインストールしましょう．

図 5-8　移動ロボット（TurtleBot2）

```
$ sudo apt install ros-kinetic-turtlebot-simulator
$ sudo apt install ros-kinetic-turtlebot-teleop
```

エラーがなければジョイパッドをUSBポートに接続し，シミュレーションのロボットを動かしてみます．

5.4.3 ノードの起動

「roscore」を起動します．

```
$ roscore
```

Gazebo シミュレータの起動

別のターミナルを開き，以下のように入力します．

```
$ roslaunch turtlebot_gazebo turtlebot_world.launch
```

正常に起動すれば，図 5-9 のような画面が表示されます．初めて起動するときはモデルのダウンロードに時間がかかるので，表示されるまでしばらくそのまま待ってください．

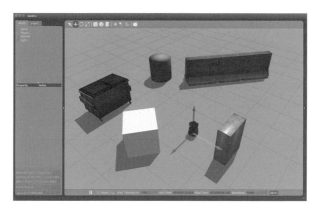

図 5-9　Gazebo シミュレータ

ジョイパッド用ノードの起動

次に，別のターミナルを開き，以下のようにジョイパッド用のノードを起動します．

```
$ roslaunch turtlebot_teleop logitech.launch
```

「logitech.launch」は Logitech 社専用のジョイパッド用ノードではなく，他社の製品でも正常に動作します．著者の環境では，図 5-7 のエレコム社製のジョイパッドでの動作を確認しています．また，SONY PS3 用のコントローラも下記のコマンドで対応します．

```
$ roslaunch turtlebot_teleop ps3_teleop.launch
```

パソコンとジョイパッドとの接続が確認できたら，ボタン 5 を押しながら左のスティックでロボットを操作できます．スティックの操作は，上下がロボットの前進と後退，左右がそれぞれ左回転と右回転に対応しています．Gazebo は物理シミュレーションも行いますので，ロボットが家具や壁に衝突すると，障害物が動いたり，ロボットが倒れたりする様子も再現されます．

ジョイパッドをもってない読者は，下記のコマンドを実行することで，キーボードから操作することもできます．

```
$ roslaunch turtlebot_teleop keyboard_teleop.launch
```

5.4.4　RViz によるセンサ情報の可視化

ここでは，カメラ画像や Kinect で得られた距離データを RViz で表示してみます．これまでに述べた Gazebo でのシミュレータの実行に加え，次のコマンドを実行します．

```
$ rosrun rviz rviz
```

RViz の起動直後は画面上に何も表示されませんが，下記の操作を行うことで，図 5-10 のようにシミュレートされたセンサ情報が表示されます．

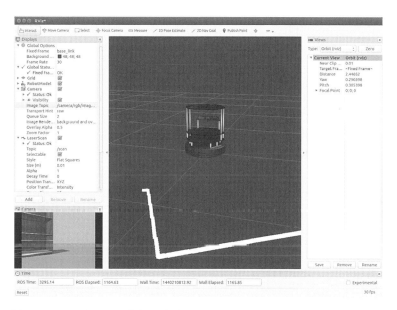

図 5-10　RViz によるセンサ情報の可視化

68　第 5 章　センサとアクチュエータ

Fixed Frame の変更

「RViz」を起動したばかりの初期状態では「Fixed Frame」が「map」になっています．そこで，「Fixed Frame」を「base_link」に変更します．

ロボットモデルの表示

左下の「Add」ボタンから「RobotModel」を追加すると，画面上に TurtleBot2 の三次元モデルが表示されます．

Kinect からの画像の表示

左下の「Add」ボタンから「Camera」を追加し，「image Topic」に「/camera/rgb/image_raw」を選択することで，画面下に RGB カメラの画像が表示されます．また，「image Topic」を「/camera/depth/image_raw」に変更すると，Kinect から得られた距離の濃淡画像が表示されます．

LiDAR の表示

TurtleBot2 には LiDAR は搭載されていませんが，Kinect からの距離画像をもとに，LiDAR と同様の距離情報を利用できます．左下の「Add」ボタンから「LaserScan」を追加し，「Topic」に「/scan」を選択することで，画面上に LiDAR と同様の情報が表示されます．図 5-10 には，ロボットの左前方にある本棚までの距離が白い線で表示されています．

5.5　サーボモータの制御

複数の関節をもつロボットアームやカメラを乗せるパン・チルト台，移動ロボットの車輪など，サーボモータを使う場面は多くあります．ここでは，ROBOTIS 社製のサーボモータ Dynamixel シリーズの一つ，「AX-12A」を ROS の環境で動かしてみましょう．

5.5.1　ドライバのインストール

次のコマンドで，Dynamixel シリーズのモータを制御するノードをインストールします．

```
$ sudo apt install ros-kinetic-dynamixel-motor
```

5.5.2　サーボモータをパソコンに接続する

サーボモータとパソコンの接続は，ROBOTIS 社製の「USB2Dynamixel」を使います．詳細は ROBOTIS 社のホームページ†を参照してください．

サーボモータとパソコンの接続にエラーがなければ，シリアルポートの一つに「USB2Dynamixel」が割り当てられます．「dmesg」を実行して，正常に接続されたことと，ポート名を確認しておきます．たとえば，以下のように「/dev/ttyUSB0」に接続されることが確認できます．

---

† http://support.robotis.com/jp/home.htm

```
$ dmesg
...
[ 8683.939894] usb 2-2: FTDI USB Serial Device converter now
attached to ttyUSB0
```

　もし読者の環境で「/dev/ttyUSB0」に対する読み書きの権限がなければ，5.3.1項で説明した
のと同様の手順で，次のコマンドを実行してください．

```
$ sudo usermod -a G dialout <現在のユーザ名>
```

あるいは

```
$ sudo chmod 666 /dev/ttyUSB0
```

とします．

5.5.3　パン・チルトユニットの制御

パン・チルトユニットの組み立て

　パン・チルトユニットは二つのサーボモータを直交するように組み合わせたもので，カメラや
マイクを望みの方向に向けるために使用されます．「Dynamixel AX-12A」を2台利用すると，
パン・チルトユニットを付属の部品を使って組み立てることができます．

サーボモータの初期設定

　ROBOTIS社が提供するサーボモータのパラメータ設定ソフトウェア（Dynamixel Wizard）
を使い，パン・チルトユニットに使う2台のサーボモータのIDを以下のように変更します．水平
方向に回転するパン用のサーボモータのIDを1に，垂直方向に回転するチルト用のサーボモー
タのIDを2に設定します．

コントロールパラメータファイルの作成

　ソースコード5-2は，パン用およびチルト用のサーボモータの設定ファイルです．「controller」
の「type」である「JointPositionController」は，サーボモータを位置指定で使う場合の設定で
す．車輪のように回転モードで使う場合は「JointTorqueController」を指定します．「motor」の
「id」は，あらかじめサーボモータごとにユーティリティで設定したID番号を指定し，ここで使
うサーボモータの「Dynamixel AX-12A」は，0～1023の1024段階で位置を指定できます．正
面が512，時計方向に振り切った場合が0，そして反時計回りに振り切った場合に1024の値とな
ります．

ソースコード5-2　パン・チルトユニットのサーボモータの設定ファイル　pan_tilt.yaml

```
1  joints: ['pan_joint', 'tilt_joint']
2
3  # パン (水平方向の回転) 用サーボモータの設定
4  pan_joint:
```

70 第5章 センサとアクチュエータ

```
 5   controller:
 6     package: dynamixel_controllers
 7     module: joint_position_controller
 8     type: JointPositionController
 9   joint_name: pan_joint
10   joint_speed: 1.2
11   motor:
12     id: 1
13     init: 512
14     min: 0
15     max: 1023
16
17 # チルト (垂直方向の回転) 用サーボモータの設定
18 tilt_joint:
19   controller:
20     package: dynamixel_controllers
21     module: joint_position_controller
22     type: JointPositionController
23   joint_name: tilt_joint
24   joint_speed: 1.2
25   motor:
26     id: 2
27     init: 512
28     min: 0
29     max: 1023
```

コントローラ起動用 launch ファイルの作成

続いて，コントローラ起動用 launch ファイルを見てみましょう（ソースコード 5-3）．

ソースコード 5-3　サーボモータコントローラの起動ファイル pan_tilt_controller.launch

```
 1 <launch>
 2   <!-- Start the Dynamixel low-level driver manager with parameters -->
 3   <node name="dynamixel_manager" pkg="dynamixel_controllers"
 4         type="controller_manager.py" required="true" output="screen">
 5     <rosparam>
 6       namespace: dynamixel_manager
 7       serial_ports:
 8         pan_tilt_port:
 9           port_name: /dev/ttyUSB0
10           baud_rate: 1000000
11           min_motor_id:  1
12           max_motor_id:  2
13           update_rate: 20
14     </rosparam>
15   </node>
16
17   <!-- Load the joint controller configuration from a YAML file -->
18   <rosparam file="$(find chapter5)/config/pan_tilt.yaml" command="load"/>
19
20   <!-- Start the Steering and Wheel controllers -->
21   <node name="dynamixel_controller_spawner_AX12" pkg="dynamixel_controllers"
22         type="controller_spawner.py"
23         args="--manager=dynamixel_manager
```

```
24                --port=pan_tilt_port
25                --type=simple
26          pan_joint
27          tilt_joint"
28          output="screen" />
29  </launch>
```

「port_name」の「/dev/ttyUSB0」は，あらかじめ「dmesg」コマンドで確認した値を指定します．

サーボモータコントローラの起動

　パン・チルトユニットを「USB2Dynamixel」を使って，パソコンの USB ポートに接続します．エラーがなければ，以下のコマンドでサーボモータコントローラを起動します．

```
$ roslaunch chapter5 pan_tilt_controller.launch
```

エラーがなければ，「rostopic list」コマンドで有効なトピックの一覧を表示してみます．

```
$ rostopic list
/diagnostics
/motor_states/pan_tilt_port
/pan_joint/command
/pan_joint/state
/rosout
/rosout_agg
/tilt_joint/command
/tilt_joint/state
```

　ここで，「/pan_joint/command」と「/tilt_joint/command」に所望の角度を送ることで，サーボモータが回転します．

```
$ rostopic pub -1 /pan_joint/command std_msgs/Float64 -- 1.57
```

　指定値は，正面を角度 0 として反時計回りに正の値，時計回りに負の値をラジアンの単位で与えます（図 5-11 参照）．つまり，上記のコマンドで 1.57（$= \pi/2.0$）を送ると，パン用のサーボモータが反時計回りに 90 度回転します．同様に，チルト用のサーボモータも以下のコマンドで回転させることができます．

```
$ rostopic pub -1 /tilt_joint/command std_msgs/Float64 -- 0.785
```

　また，「/pan_joint/state」や「/tilt_joint/state」にはサーボモータの状態がパブリッシュされているので，以下のように「rostopic echo」コマンドを実行することで，現在の位置や移動速度などの情報が得られます．

```
$ rostopic echo /pan_joint/state
...
---
```

```
header:
  seq: 781
  stamp:
    secs: 1440231602
    nsecs: 985127925
  frame_id: ''
name: pan_joint
motor_ids: [1]
motor_temps: [42]
goal_pos: 1.49818790283
current_pos: 1.48796136425
error: -0.0102265385859
velocity: 0.112738374233
load: 0.03125
is_moving: True
---
...
```

図 5-11　Dynamixel AX-12A の回転方向

5.5.4　ジョイパッドでサーボモータを動かす

joy_pan_tilt.py スクリプト

ソースコード 5-4 は，ジョイパッドでサーボモータを動かす Python スクリプトです．「joy」ノードに配信されたジョイパッドの情報を購読し，「/pan_joint/command」や「/tilt_joint/command」に角度を配信することで，パン・チルトユニットのサーボモータが回転します．

ソースコード 5-4　ジョイパッドでパン・チルト台を動かす　joy_pan_tilt.py

```python
1  #!/usr/bin/env python
2  import rospy
3  from std_msgs.msg import String
4  from std_msgs.msg import Float64
5  from sensor_msgs.msg import Joy
6
7  def callback(data):
8      rospy.loginfo("*")
9      print 'buttons:["%s %s %s %s %s %s %s %s %s %s %s"]' % (data.buttons[0],
```

```
                 data.buttons[1],data.buttons[2],data.buttons[3],data.buttons[4],
                 data.buttons[5],data.buttons[6],data.buttons[7],data.buttons[8],
                 data.buttons[9],data.buttons[10],data.buttons[11],data.buttons[12])
10      print 'axes: ["%s %s %s %s %s %s"]' % (data.axes[0],data.axes[1],data.axes[2],
                 data.axes[3],data.axes[4],data.axes[5])
11
12      pan.publish(data.axes[0]*3.14/2.0)
13      tilt.publish(data.axes[1]*3.14/2.0)
14
15  def listener():
16      global pan
17      pan = rospy.Publisher('/pan_joint/command',Float64)
18      global tilt
19      tilt = rospy.Publisher('/tilt_joint/command',Float64)
20
21      rospy.init_node('listener', anonymous=True)
22      rospy.Subscriber("joy", Joy, callback)
23      rospy.spin()
24
25  if __name__ == '__main__':
26      listener()
```

スクリプトでは，左のスティックの「左右 (axes[0])」がパンユニットの回転，左のスティック
の「上下 (axes[1])」がチルトユニットの回転に対応します．また，axes[0] や axes[1] はそれぞ
れ -1.0〜1.0 の値をとるので，それらの値を $-\pi/2.0$〜$\pi/2.0$ の範囲の値に変換することで，ス
ティックを振りきった状態のときにパン・チルトユニットが左右・上下に 90 度回転するようにな
ります．

joy_pan_tilt.py（抜粋）

```
12      pan.publish(data.axes[0]*3.14/2.0)
13      tilt.publish(data.axes[1]*3.14/2.0)
```

5.5.5 ノードの起動

以下の手順で，ジョイパッドでサーボモータを動かすノードを起動します．ここでも，「roscore」
を起動しましょう．

```
$ roscore
```

別のターミナルを開き，以下のコマンドでパン・チルトユニットのコントローラを起動します．

```
$ roslaunch chapter5 pan_tilt_controller.launch
```

さらに別のターミナルを開き，「joy」ノードを起動します．

```
$ rosrun joy joy_node
```

パン・チルトユニットを動かす準備ができたら，さらに別のターミナルを開き，以下のコマンドを実行しましょう．

```
$ rosrun chapter5 joy_pan_tilt.py
```

エラーがなければ，ジョイパッドの左ジョイスティックでパン・チルトユニットを制御することができます．

第6章
3D モデリングと制御シミュレーション

ROS では，RViz や Gazebo を利用することで，バーチャルな三次元空間でさまざまなロボットの動作を確認することができます．とくに，オープンソースの 3D ロボットシミュレータである Gazebo は次のような特長をもちます．

- Qt を利用した強力な GUI をもつ
- 複数の物理エンジンを切り替えられる（Open Dynamic Engine を含む）
- カメラ，LiDAR などのセンサシミュレーションが豊富
- ロボットモデルが豊富（TurtleBot，PR2etc など）

しかし，インターネットで配布されているロボットパッケージを利用するだけではいずれは物足りなくなってくることでしょう．そこでこの章では，「自分のロボットをつくりたい」という場合に向けて，三次元 CAD でロボットを設計し，それを Gazebo で動かすところまでの手順を解説します．この章を理解すれば，さまざまなロボットを ROS の環境で動作させる準備が整います．

6.1 ロボットの三次元設計

まず，3D CAD を使ってロボットを設計する方法を解説します．大まかな流れは以下のとおりです．

1. CAD ソフトを使って STL ファイルをつくる
2. COLLADA ファイルをつくる
3. URDF ファイルをつくる
4. Gazebo と ROS を連携する
5. ros_control を設定する
6. launch する

6.1.1 ROS で使う 3D CAD データ

さまざまな 3D CAD ソフトがありますが，ROS でのシミュレーションには各部品の慣性モーメントの値が必要になりますので，慣性モーメントの自動計算機能があるものを選んでください．たとえば，「SolidWorks」や「AUTODESK Inventor」などがあります．

76 第6章 3Dモデリングと制御シミュレーション

ROS では，CAD データからモデルをつくる際に「STL データ」と「COLLADA データ」を使うことができます．

- **STL データ**: 形状の情報を扱うデータです．ROS でも取り扱うことができますが，全体の色の情報を適用することだけが可能で，たとえばテクスチャ（模様）を適用するようなことはできません．また，ROS では，バイナリ型の STL ファイルしか取り扱いができません．
- **COLLADA データ**: ROS で形状とテクスチャの情報を扱うことができるデータ形式です．CAD で STL データを出力した後に，「Blender」などのソフトを使ってテクスチャ情報を追加します．ROS で見た目も重視したモデル（Gazebo でカメラを使うときなどに重要）をつくりたいときに用います．最近では，このデータ形式は，Google Maps の立体モデルを表示したりするのに使う KML（Keyhole Markup Language）でも使われています．

どちらのデータ形式でも「m（メートル）単位」で出力しなければならないことに注意が必要です．CAD で「mm（ミリメートル）単位」で設計を行い，そのままの単位で出力すると，ROS で表示したときに 1000 倍の大きさになっている，というミスがよくあります．

6.1.2 COLLADA ファイルをつくる

COLLADA は，ロボットにテクスチャをつけたいときに使うデータ形式で，レンダリングソフトを使って作成します．レンダリングソフトとしては無料で高機能な「Blender」が便利です．以下では，スイッチボックスの作成を例に，このソフトを使った COLLADA ファイルのつくり方を紹介します．

Ubuntu 16.04 では，「ppa」リポジトリを追加した後に「apt」でインストールができます．以下を実行してください．

```
$ sudo add-apt-repository ppa:irie/blender
$ sudo apt update
$ sudo apt install blender
```

ただし，ver.2.7 以上の Blender をインストールをしないと COLLADA ファイルが扱えませんので注意が必要です†．バージョンは

```
$ blender --version
```

で確認できます．

インストールが完了したら，まず，Blender を立ち上げます．

```
$ blender
```

初期画面が出なければ，インストールを最初からやり直してください．

続いて，初期設定を行います．COLLADA ファイルに記載される「Author」を設定するだけ

---

† たとえば，「ppa」を追加しないで「apt」すると，2018/03/06 時点では ver.2.69 が入ります．

です．日本語化については，出力されるデータに日本語が付くのが嫌でしたら行わなくてもかまいません．

Blenderを開いたら，「Ctrl+Alt+U」キー，もしくは，画面左上の「File」→「User Preference」から，「Blender User Preference」を開いてください．「File」タブの一番下にある「Author」の項目に適当な名前を入力し，ウィンドウの左下の「Save User Settings」を押して設定を保存します．以上で初期設定は完了です．

STLのインポート

インポートの前に，デフォルトで出ている立方体を「Delete」キーを押して消去します．その後，「File」メニューの「Import」から，編集を希望するSTLファイルをインポートします．

COLLADAファイルをつくってエクスポートする

COLLADAファイルをつくるために，以下の手順で作業します．

1. **メートル単位系設定**　「Metric」の「Scale」が1.0であることを確認します（図6-1）．またこのときに，インポートしたSTLファイルのサイズが適正かどうか確認してください．キーボードの「N」キーを押すとモデルの大きさ情報が出てきますので，それを確認するか，表示されているグリッド（1 m/grid）と見比べて，大体の大きさを確認する方法があります．

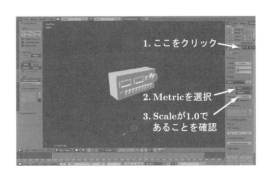

図6-1　単位系の選択

2. **マテリアルの設定**　「Intensit」では，色の強度を0.0〜1.0の間で設定できます．「Emit」では，発光強度を0.0〜1.0の間で設定できます（図6-2）．「COLLADA」では，発光する物体を定義できませんが，これが0.0のままだと真っ黒な物体を出力してしまうので，0.45ぐらいの値を設定しておきます（ちなみに，1.0に設定すると真っ白になります）．

3. **UV展開**　テクスチャを貼るために物体の展開図を作成することをUV展開といいます．展開図にテクスチャ画像を取り付け，展開図の座標から立体のどの位置にあたるかを計算することで，画像をテクスチャとしてロボットの表面に立体に当てはめます．具体的な方法は，「Blender 入門講座 実践編 UVマッピング」[†]という動画をウェブ検索して参

---

† https://www.youtube.com/watch?v=IXXN3p8aCIM

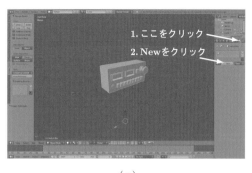
(a)

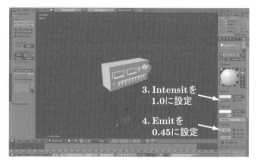
(b)

図 6-2 色の調整

照してください．また，保存した展開図は，「GIMP」などの画像編集ソフトでテクスチャを編集することができます．ふつうの「Unwrap」とは異なり，スマート UV 展開の操作である程度綺麗に展開してくれます（図 6-3）．またその際に，「Seam」を適用していなくても適切に展開してくれます．

4. **テクスチャ編集** ロボットの表面に独自の模様を描画する場合は，ペイントソフト（「Inkscape」など）がお勧めです．また，表面に色を塗ったり，ロゴを貼りつけたりする場合には，画像編集ソフト（「GIMP」など）がお勧めです（図 6-4）．

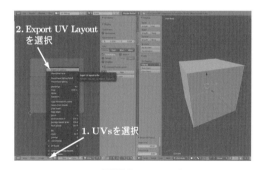
(a) UV 展開図のエクスポート

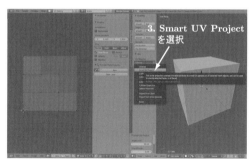
(b) スマート UV 展開

図 6-3 UV 展開の取り扱い

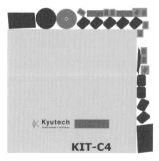

図 6-4 展開されたテクスチャの例

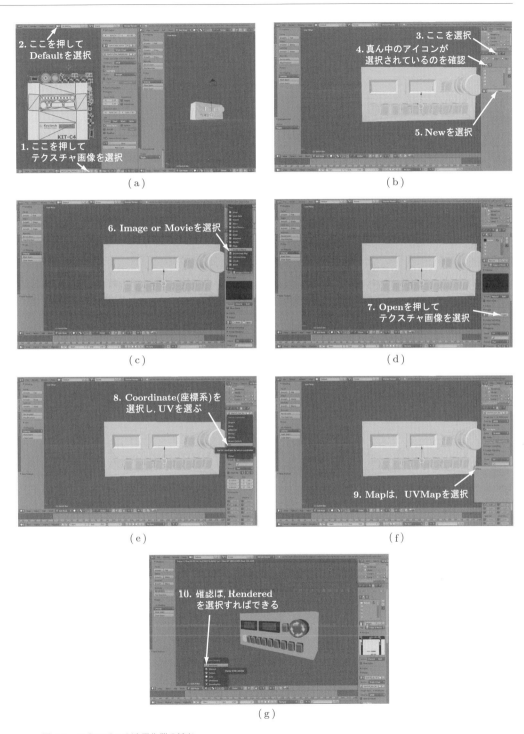

図 6-5　テクスチャの適用作業の流れ

5. **テクスチャ適用**　テクスチャの作成が完了したら，それを適用する作業に移ります（図6-5）．
6. **COLLADAファイルとしてエクスポート**　最後に，COLLADAファイルのエクスポートに関して注意点があります．「File」→「Export」→「COLLADA」の順にクリックし，エクスポートウィンドウを出します．ウィンドウ左の「Texture Option」にあるチェックマークを図6-6のとおりにしてください．デフォルトではここにチェックマークが入っていません．これがないと，せっかくつくったテクスチャが適用されないままエクスポートされます．

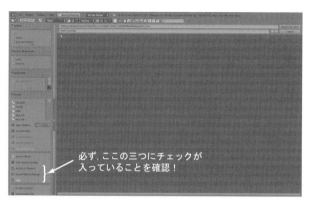

図 6-6　COLLADA ファイルのエクスポート

6.1.3　COLLADA ファイルを組み合わせてエクスポート

これまでの手順で，基本的な COLLADA ファイルのつくり方は理解できたと思います．しかし，UV 展開だけでは図 6-7 のようなロボットをつくることはできません．このロボットは，タイヤ 2 個 + 胴体 + 各種センサという構成ですので，胴体の部分について，テクスチャだけでは色の塗り分けができません．そこで胴体部分は，各パーツの COLLADA ファイルを一度作成し，改めて組み合わせた COLLADA ファイルを出力するという方法でテクスチャの貼り付けを行い

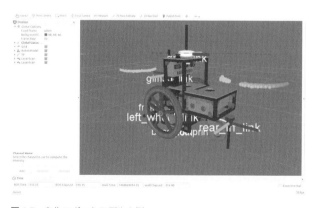

図 6-7　自作ロボットモデルの例

ます．

　以下に簡単な例を紹介します．先ほど作成したスイッチボックスと黒いアルミフレームを合体させます（図 6-8）．

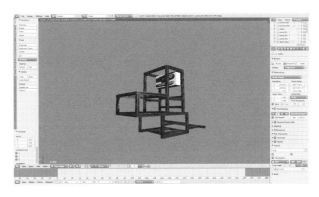

図 6-8　複数の部品に複数のテクスチャを貼る例

1. CAD ソフトで各パーツ（フレームとスイッチボックス）をアセンブリする（共通の原点座標をもたせる）
2. 各パーツをアセンブリしたときの原点座標系で，それぞれ STL ファイルに出力する
3. 各パーツについてそれぞれ COLLADA ファイルを作成する
4. 各 COLLADA ファイルをすべてインポートする
5. すべてインポートしたら，新たな COLLADA ファイルとしてエクスポートする

座標原点は，次に述べる URDF をつくるときに便利なので，ROS で使いたい座標系にしておくとよいでしょう．たとえば，胴体なら「base_link」の座標系にしておきます．

6.1.4　URDF とは？

　「URDF」とは，「Unified Robot Description Format」の略であり，XML 形式で記述するロボットモデルのフォーマットです．まずその特徴をまとめます．

URDF の長所
- 開リンク機構の記述が可能
- リンクの相対位置関係の記述が可能
- 独立したロボットの幾何学的要素と連動要素の定義が可能
- 記述が比較的容易
- Xacro という便利ツール（マクロ記述）が利用可能

URDF の短所
- 閉リンク機構の記述ができない
- リンクの絶対位置関係の記述ができない

- 複数のロボットの幾何学的要素と運動要素の定義ができない
- 照明や標高地図などの環境の定義ができない

6.1.5　URDF の記述

URDF の詳しい書き方は，公式の Wiki[†] を参照するのがよいでしょう．ここでは，必要な要素と記述の方針だけを解説します．

ロボットモデルの要素

URDF で扱うロボットモデルでは，関節部分を「joint」，関節により接合されている剛体を「link」と定義します．すべての「joint」と「link」は木構造で記述されます（図 6-9）．つまり，各 link は複数の親リンクをもつことができません．

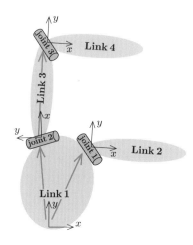

図 6-9　joint と link

Link と Joint の要素

「link」と「joint」に要素を追加することができます．要素には，必須要素とオプション要素があります．まず，必須要素は以下のとおりです．

[link]
- **name**: ジョイントの名前．

[joint]
- **name**: ジョイントの名前．
- **type**: 種類．以下のものがあります．
    - **revolute**: 軸方向の回転する「joint」タイプ．上限，下限値あり．
    - **continuous**: 「revolute」の上限，下限値なしのタイプ．

[†] http://wiki.ros.org/urdf

・prismatic: 軸方向にスライドする「joint」タイプ．上限，下限値あり．

・fixed: 固定された「joint」タイプ．つまり 0 自由度．

・floating: 6 自由度をもつ「joint」タイプ．一番自由度が高い「joint」タイプ．

・planar: 軸の上下前後方向の動きをもつ「joint」タイプ．

　続いて，オプション要素は以下のとおりです．ただし種類が多いので，よく使うものだけを記載しています．

[link]

- visual: 見た目の要素．ここに，COLLADA もしくは STL を指定．
- collision: 衝突要素．ここにも COLLADA もしくは STL を指定．
- inertia: 質量特性要素．質量や慣性モーメント情報を指定．

[joint]

- parent: 親リンクの名前を指定．
- child: 子リンクの名前を指定．
- origin: 親リンクと子リンクの位置姿勢関係を記述．ただし，回転に関しては「roll」「pitch」「yaw」の順に変換が行われることに注意．
- axis:「joint」が回転やスライドするタイプである場合，どの軸に対してそれを行うのかを指定．
- limit: joint に上限や下限などの制限がある場合，その制限について指定．

「joint」要素にオプションとして「mimic」要素を取り付けると，対象とする「joint」の状態がほかの「joint」の状況に合わせて動くようになるので，これを用いれば閉リンク機構を記述することも一応可能です．

6.1.6　簡単な例

　必要最低限の要素しか書かないもっとも簡単な URDF ファイルをつくってみます．作成するモデルは，ロボットモデルの要素での説明に用いた図 6-9 のモデルです．

ソースコード 6-1　minimum_robot.urdf

```
 1  <?xml version="1.0"?>
 2  <robot name="minimum_robot">
 3
 4  <link name="Link1"/>
 5
 6  <joint name="Joint1" type="fixed">
 7    <parent link="Link1"/>
 8    <child link="Link2"/>
 9  </joint>
10
11  <link name="Link2"/>
12
```

84　第6章　3D モデリングと制御シミュレーション

```
13 <joint name="Joint2" type="fixed">
14   <parent link="Link1"/>
15   <child link="Link3"/>
16 </joint>
17
18 <link name="Link3"/>
19
20 <joint name="Joint3" type="fixed">
21   <parent link="Link3"/>
22   <child link="Link4"/>
23 </joint>
24
25 <link name="Link4"/>
26 </robot>
```

これだけでは，実際のロボットはできあがりません．

6.1.7　COLLADA を用いた簡単な例

　続いて，COLLADA ファイルを用いた URDF のもっとも簡単な例を解説します．COLLADA
ファイルは，主に見た目の要素を記述するときに重要ですので，「visual」要素を追加したものを
紹介します．

ソースコード 6-2　minimum_visual_robot.urdf

```
 1 minimum_visual_robot
 2 <robot name="minimum_visual_robot">
 3
 4 <link name="base_footprint"/>
 5 <joint name="base_link_joint" type="fixed">
 6   <origin xyz="0 0 0.5"/>
 7   <parent link="base_footprint"/>
 8   <child link="base_link"/>
 9 </joint>
10
11 <link name="base_link">
12   <visual>
13     <geometry>
14       <mesh filename="package://minimum_visual_robot/meshes/DAE/base/base_link.dae"/>
15     </geometry>
16   </visual>
17 </link>
18
19 </robot>
```

この例では，「minimum_visual_robot」パッケージが存在すると仮定したときに，パッケージの
ディレクトリからのパスを指定して実際の COLLADA ファイルを指定しています．「collision」
要素を追加するときも，同様にしてファイルを指定します．なお，「collision 要素」で指定する
ファイルは STL 形式であることが多いようです．また，STL はバイナリ形式でなければいけま
せんので注意してください．パッケージのつくり方については後述します．

6.1.8 Gazebo との連携

Gazebo と連携するためには，「ros_control」の理解が必要です．ここでは URDF の基礎を理解することに主眼を置いて説明します．

どこに URDF ファイルを置いたらよいのか，COLLADA ファイルはどこに置けばよいのかなど，ファイル構造を紹介します．

パッケージをつくる

まずは以下の流れでパッケージをつくります．

1. 「catkin」ワークスペースをつくる．
2. パッケージをつくる．

```
$ cd <catkin_ws>/src
$ catkin_create_pkg <robot_name>_description
```

3. 各種ディレクトリをつくる．

```
$ cd <catkin_ws>/src/<robot_name>_description
$ mkdir meshes
$ mkdir urdf
$ mkdir robots
$ mkdir launch
```

ここまでで，ファイル構造は以下のようになったはずです．各ディレクトリの説明は以下のとおりです．

```
<robot_name>_description
      ├──── CMakeLists.txt
      ├──── launch // launch ファイルを格納
      ├──── meshes // COLLADA または STL ファイルを格納
      ├──── package.xml
      ├──── robots // Xacro 使用時の各マクロを組み合わせた Xacro ファイルを格納
      └──── urdf   // URDF または Xacro ファイルを格納
```

ここで述べている「Xacro」については後述します．つまり，URDF だけ使ってロボットを記述するなら「robots」ディレクトリは必要ありません．

launch ファイルをつくる

次に，「RViz」を用いて作成した URDF を見てみましょう．launch ファイルはソースコード 6-3 のとおりです．

第6章 3D モデリングと制御シミュレーション

ソースコード 6-3　display.launch

```
1  <launch>
2    <arg name="model" />
3    <arg name="gui" default="False" />
4    <param name="robot_description" textfile="$(arg model)" />
5    <param name="use_gui" value="$(arg gui)"/>
6    <node name="joint_state_publisher" pkg="joint_state_publisher"
         type="joint_state_publisher" />
7    <node name="robot_state_publisher" pkg="robot_state_publisher"
         type="state_publisher" />
8    <node name="RViz" pkg="RViz" type="RViz" args="-d $(find urdf_tutorial)/urdf.RViz"
         required="true" />
9  </launch>
```

これは「urdf_tutorial」パッケージの「display.launch」そのものです．そして，次のコマンドで launch します．

```
$ roslaunch urdf_tutorial display.launch model:='$(find <robot_name>_description)
  /urdf/robot_name.urdf'
```

<robot_name> の部分には自分のロボット名を入れてください．

Xacro について

URDF の記述は重複している部分も多く，非常に長くなりがちです．このような問題を解決するために，「Xacro」という URDF のマクロ記法があります．Xacro にはいろいろな機能がありますので，代表的な機能を簡単に紹介します．

- **Property Blocks**: 定数を定義することができます．
- **Math expressions**: 算術記号などを使えるようになります．四則演算，定数どうしの計算が可能で，結果を代入することが可能です．
- **Conditional Blocks**: 「if else」文が使用可能になります．
- **Rospack commands**: 「roslaunch」でも使用されているものです．「find」や「arg」コマンドが使用できるようになります．
- **Macros**: マクロが記述できるようになります．引数をとることができ，マクロの中で使用することができます．
- **Default parameters**: マクロに指定する引数にデフォルト値をもたせることができます．
- **Including other xacro files**: ほかの Xacro ファイルをインクルードできるようになります．
- **YAML support**: YAML 形式でプロパティを記述することができます．

Xacro のファイル構成

図 6-7 の独立二輪型ロボットの Xacro を使って説明します．このロボットモデルを「fourth_robot」とよびます．複数の Xacro ファイルを組み合わせて作成しているので，まずここではファイル構成を解説します．

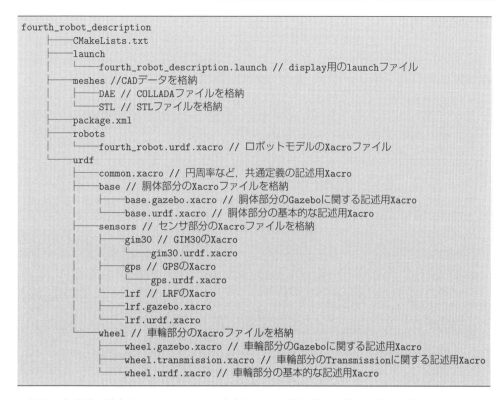

一見すると複雑に見えますが，URDF を全部書くより効率的で，整理が楽になります．

Xacro のデバッグ

Xacro が正しく URDF に展開できるかどうかを確認するためにデバッグを行いますが，エラーコードが読みづらいため，慣れるまでは苦労します．Xacro を URDF に展開するには，以下のコマンドを使います．

```
$ source <catkin_ws>/devel/setup.bash
$ rosrun xacro xacro.py <robot_name>.xacro -> <output>.urdf
```

ここで，「setup.bash」によって「<robot_name>.xacro」が格納されているパッケージにパスが通ることが大切です．パスが通っていないと，コードが正確でもエラーが発生します．うまく展開ができれば，「<output>.urdf」にコードが展開されます．失敗すればエラーメッセージが出ますが，その大半は Python コードのエラーメッセージであり，重要なエラーメッセージは，最終行に書かれているどの Xacro ファイルでエラーが起きたかという情報ですので，それを確認してください．

Xacro を launch する

Xacro が完成したら「launch」してみましょう．先ほど URDF を可視化した「display.launch」（ソースコード 6-3）ではうまくいきません．これは，Xacro ファイルを URDF に展開するように記述しなければならないためです．以下に launch ファイルの例を示します．

ソースコード 6-4　display_xacro.launch

```
1  <launch>
2    <!-- arguments -->
3    <arg name="model"/>
4    <arg name="gui" default="true" />
5  
6    <!-- prameters -->
7    <param name="robot_description" command="$(find xacro)/xacro --inorder
         $(arg model)"/>
8    <param name="use_gui" value="$(arg gui)"/>
9  
10   <!-- nodes -->
11   <node name="joint_state_publisher" pkg="joint_state_publisher"
         type="joint_state_publisher" />
12   <node name="robot_state_publisher" pkg="robot_state_publisher"
         type="state_publisher" />
13 </launch>
```

ただし，実際に launch するときには，引数「model」を指定する必要があります．

Xacro を使った例

ここまでで紹介している独立二輪型ロボットモデルは，サンプルファイル[†]を参照してください．「launch」の方法は以下のとおりです．

```
$ source <catkin_ws>/devel/setup.bash
$ roslaunch fourth_robot_description fourth_robot_description.launch
```

この後に，図 6-10 のように「RViz」上でモデルを確認できるようになります．

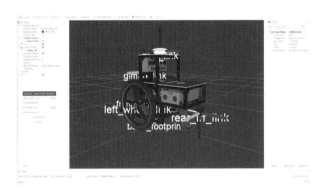

図 6-10　fourth_robot のモデル

[†] chapter6/fourth_robot_description

6.2 Gazebo と ROS

ここでは，動力学シミュレーションソフトである Gazebo と ROS の連携について解説します（図 6-11）．

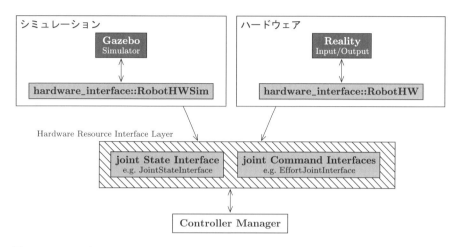

図 6-11 Gazebo と ROS

Gazebo を利用すると，シミュレーションと現実の両方のロボットを，同じ ROS プログラムで動作させることができます．その機能を担っているのが，シミュレーションでは「RobotHWSim」，実機では「RobotHW」です．「RobotHWSim」と「RobotHW」は，それぞれ 1 種類の制御入力を設定することができます．その制御入力に対するコントローラを柔軟に設計するために，「hardware_interface」と「ros_control」があります．

「hardware_interface」は，実機や Gazebo のシミュレータが，どんな指令値を受け取り，どんな値を返すのかを指定するために使います．この「hardware_interface」が「ros_control」の扱いやすさを実現しています．

「ros_control」は，現実とシミュレーションのロボットのどちらにも，同じインタフェースの扱いやすいコントローラーを提供します．以下に例を示します．

6.2.1 hardware_sim と ros_control を使うと何がよいのか

ロボットに搭載しているアクチュエータ（モータ）を制御する例を考えます．そのアクチュエータを Gazebo でシミュレーションしたいとします．このとき，まず「そのアクチュエータをどのような信号で制御するのか」を決める必要があります．つまり，力制御・速度制御・位置制御のどの信号によって制御するのかを考えます．このとき，実機と Gazebo がコントローラから受け取る操作量は「hardware_interface」を使って指定することができます．つまり，「hardware_sim」と「ros_control」を用いることで，制御方法を容易に選択できるようになっています．これにより，アクチュエータを速度制御する場合でも，目標位置を操作量として与えるようなコントロー

90　第 6 章　3D モデリングと制御シミュレーション

ラをつくることも可能です.

Gazebo と ROS で以下のようなことができます.

- 実機と同じ機能をもったシミュレータを構成する（Gazebo）
- 同じ制御法による実機と同じコントローラを構成する（RobotHW と RobotHWSim）
- 都合のよい柔軟なコントローラを構成する（hardware_sim と ros_control）

実装例

簡単な例を示します. 以下では,「hardware_interface」と「ros_control」は, デフォルトで用意されているものを用います. また, ここでも独立二輪型ロボットを例として利用します.「hardware_interface」や「ros_control」は, ロボットの可動部分（アクチュエータを取り付ける部分）がある場合に用います. つまり, 独立二輪型ロボットなら, 駆動輪を動かす二つのモータ部分です（従輪については, ここでは触れません）.

ここでは,「diff_drive_controller」という独立二輪用ロボットのためのコントローラを使います. これは表 6-1, 6-2 のような仕様になっています.

表 6-1　diff_drive_controller の入力の仕様

入力トピック名	タイプ	説明
cmd_vel	geometry_msgs/Twist	並進・回転角速度を指定

表 6-2　diff_drive_controller の出力の仕様

出力トピック名	タイプ	説明
odom	nav_msgs/Odometry	ホイールオドメトリを計算
tf	tf/tfMessage	ホイールオドメトリから算出した base_footprint（座標系名）の位置を出力

「diff_drive_controller」では, 並進速度と回転角速度を受け取り, 各車輪の回転速度を決定します. ホイールベース長や車輪径も必要になるので, それらの情報も同時に設定します.

URDF に必要な記述

URDF（Xacro）に追加する必要のある要素は以下のとおりです.

「hardware_interface」の指定: ロボットの各マニピュレータが力・速度・位置のどれを入力値として受け取り動くのかを決定します.

「gazebo_ros_control」プラグインの指定: Gazebo と ROS をつなげるプラグインの指定です.

Gazebo 要素の追加: 物体の摩擦係数やシミュレータ独自のパラメータ, Gazebo での色などの要素を指定します.

それでは独立二輪ロボットを例に, 各要素が記述されている部分をソースコードとともに紹介します. なお, 以下の例では Xacro を使用していますが, 必要な要素の記述は URDF と同様です. これらのソースコードはサンプルファイルを参照してください[†].

[†] chapter6/fourth_robot_description

hardware_interface

以下に, 車輪部分の「hardware_interface」の定義を示します.

ソースコード 6-5　wheel.transmission.xacro

```
 1  <?xml version="1.0"?>
 2  <robot xmlns:xacro="http://ros.org/wiki/xacro">
 3
 4    <xacro:macro name="wheel_trans_v0" params="prefix">
 5      <transmission name="${prefix}_wheel_trans">
 6        <type>transmission_interface/SimpleTransmission</type>
 7        <joint name="${prefix}_wheel_joint">
 8          <hardwareInterface>VelocityJointInterface</hardwareInterface>
 9        </joint>
10        <actuator name="${prefix}_wheel_motor">
11          <hardwareInterface>VelocityJointInterface</hardwareInterface>
12          <mechanicalReduction>30</mechanicalReduction>
13        </actuator>
14      </transmission>
15    </xacro:macro>
16
17  </robot>
```

ロボットの各車輪が速度指令を受け取る必要があるので,「VelocityJointInterface」を使用する必要があります. この「Interface」はデフォルトで用意されており, これを使用するために「transmission_interface/SimpleTransmission」を指定しています. この要素は, アクチュエータが存在する部分に設定が必要です. 各車輪にその設定が必要であるため, 左右の情報を引数とした Xacro のマクロをつくって利用しています.

gazebo_ros_control プラグイン

以下に,「libgazebo_ros_control.so」を呼び出す部分を示します. 以下のコードは, サンプルコードの「chapter6/fourth_robot_description/robots/fourth_robot.urdf.xacro」の 69〜72 行目の記述です.

ソースコード 6-6　fourth_robot.urdf.xacro（抜粋）

```
69  <gazebo>
70    <plugin name="libgazebo_ros_control" filename="libgazebo_ros_control.so">
71    </plugin>
72  </gazebo>
```

上記のとおり, プラグインには「libgazebo_ros_control」を使用します. 本プラグインを呼び出すことで, Gazebo 上のロボットモデルの各関節を「ros_control」を介して制御することができるようになります. したがって, この記述は Gazebo モデルを URDF で記述する際に, どこかに必ず記述する必要があります.

92 第6章 3D モデリングと制御シミュレーション

Gazebo 要素

以下に，Gazebo で設定する値を定義するソースコードを示します．

ソースコード 6-7　wheel.gazebo.xacro

```
 1  <?xml version="1.0"?>
 2  <robot xmlns:xacro="http://ros.org/wiki/xacro">
 3
 4    <xacro:macro name="wheel_gazebo_v0" params="prefix">
 5      <gazebo reference="${prefix}_wheel_link">
 6        <selfCollide>true</selfCollide>
 7        <mu1 value="0.8" />
 8        <mu2 value="0.8" />
 9      </gazebo>
10    </xacro:macro>
11  </robot>
```

この例では，Gazebo シミュレータで使用するパラメータを設定しています．Gazebo シミュレータはデフォルトで ODE を物理エンジンとして使用しています．「mu1」と「mu2」は，「ODE」で使用する摩擦係数を設定してます．このほかにも Gazebo での色設定などができますが，後で COLLADA ファイルを読み込むため，ここでは行っていません．また，タイヤ部分の設定をXacro のマクロで記述しており，この設定はすべての「link」に対して設定できます．

「ros_controller」の設定

ROS と Gazebo を連携させるためには「hardware_interface」と「ros_control」が必要ですが，URDF に追加しなければならない要素は上述しました．

次に，どのようなコントローラを使うのか指定する必要があります．このロボットは「diff_drive_controller」を使用していますので，タイヤ径などを設定する必要があります．ここでは，その具体的方法を説明します．

　1. **ROS パッケージをつくる**　まずは「<robot_name>_control」という ROS パッケージを作成してください．パッケージができたら，パッケージの下に「launch」ディレクトリと「config」ディレクトリを作成してください．以下のようなディレクトリ構成になります．

```
<robot_name>_control
    ├─── CMakeLists.txt
    ├─── config
    │       └─── controller.yaml
    ├─── launch
    │       └─── <robot_name>_control.launch
    └─── package.xml
```

　2. **「package.xml」を編集**　「run_depend」を追加する必要があります．コントローラによって多少変わりますが，「diff_drive_controller」を使用する場合，追加する要素は以下のとおりです．

- controller_manager
- actionlib_msgs
- control_msgs
- sensor_msgs
- robot_state_publisher

これらを追加すると，「package.xml」はソースコード 6-8 のようになります．

ソースコード 6-8　package.xml

```
1  <?xml version="1.0"?>
2  <package>
3    <name><robot_name>_control</name>
4    <version>1.0.0</version>
5    <description>The <robot_name>_control package</description>
6
7    <maintainer email="your@mail.com">YourName</maintainer>
8    <license>BSD</license>
9
10   <buildtool_depend>catkin</buildtool_depend>
11   <run_depend>controller_manager</run_depend>
12   <run_depend>actionlib</run_depend>
13   <run_depend>actionlib_msgs</run_depend>
14   <run_depend>control_msgs</run_depend>
15   <run_depend>sensor_msgs</run_depend>
16   <run_depend>robot_state_publisher</run_depend>
17
18 </package>
```

3.「config.yaml」を編集する　「config」ディレクトリの下に「controller.yaml」を作成して
ください．ファイル名は自由です．ここでは「diff_drive_controller」を使用しているの
で，ソースコード 6-9 のように設定をしてください．

ソースコード 6-9　controller.yaml

```
1  fourth_robot:
2    joint_state_controller:
3      type: joint_state_controller/JointStateController
4      publish_rate: 50
5
6    diff_drive_controller:
7      type : "diff_drive_controller/DiffDriveController"
8      left_wheel : 'left_wheel_joint'
9      right_wheel : 'right_wheel_joint'
10     publish_rate: 25.0 # default: 50
11     pose_covariance_diagonal : [0.001, 0.001, 1000000.0, 1000000.0, 1000000.0, 1000.0]
12     twist_covariance_diagonal: [0.001, 0.001, 1000000.0, 1000000.0, 1000000.0, 1000.0]
13
14     # Wheel separation and diameter. These are both optional.
15     # diff_drive_controller will attempt to read either one or both from the
16     # URDF if not specified as a parameter
17     wheel_separation : 0.43515
```

```
18        wheel_radius : 0.032
19
20        # Wheel separation and radius multipliers
21        wheel_separation_multiplier: 1.0 # default: 1.0
```

4. launch ファイルをつくる　後は，コントローラを起動する launch ファイルを作成すれば完了です．独立二輪ロボットの例をソースコード 6-10 に示します．

ソースコード 6-10　<robot_name>_control.launch

```
1  <launch>
2
3    <!-- Load joint controller configurations from YAML file to parameter server -->
4    <rosparam file="$(find <robot_name>_control)/config/controller.yaml"
          command="load"/>
5
6    <!-- load the controllers -->
7    <node name="controller_spawner" pkg="controller_manager"
8          type="spawner" output="screen"
9          args="joint_state_controller diff_drive_controller"/>
10
11   <!-- convert joint states to TF transforms for RViz, etc -->
12   <node name="robot_state_publisher" pkg="robot_state_publisher"
13         type="robot_state_publisher"
14         respawn="false" output="screen">
15   </node>
16
17 </launch>
```

この launch ファイルでは，先ほどの YAML ファイルをパラメータとして読み込み，「controller_spawner」を使ってコントローラを登録します．「joint_state_controller」は URDF か Xacro で定義したロボットの関節の状態を監視し，「/joint_states」トピックをパブリッシュします．さらに，「robot_state_publisher」は，「/joint_states」トピックをサブスクライブし，「tf」フレームとして配信します．この概念図を図 6-12 に示します．

図 6-12　joint_state_controller と robot_state_publisher の動作概念図

6.2.2　ros_control の詳細

「ros_control」により，ハードウェアの仕様に影響を受けにくい制御インタフェースを使用できます．大きく分けて二つの長所があります．

- 力制御のロボットを位置制御でも速度制御でも動かせるようなインタフェースを構築可能にする．

- ソフトウェアとハードウェアの違いに関係なくコントローラを設計できる.

ここでは,「diff_drive_controller」を用いて,この機能について説明します[1].

「Controller」が受け取る指令の種類は,「position」「velocity」「effort」の3種類で,ロボットの関節に送る指令値の種類「HardwareInterface」も同様に3種類です.それらの組合せは以下の6通りあります.

> position_controllers(関節に位置指令を送る)
> > - Joint Position Controller(位置指令を受け取る)
>
> velocity_controllers(関節に速度指令を送る)
> > - Joint Velocity Controller(速度指令を受け取る)
> > - Joint Position Controller(位置指令を受け取る)
>
> effort_controllers(関節に力指令を送る)
> > - Joint Effort Controller(力指令を受け取る)
> > - Joint Velocity Controller(速度指令を受け取る)
> > - Joint Position Controller(位置指令を受け取る)

6.2.3 基本ソフトウェア構成

「GazeboRosControlPlugin」は,一定周期で

1. 状態読込コマンドを「RobotHWSim」に送信し,Gazeboから関節の最新状態を取得する.
2. 取得した最新状態をもとに,「Controller」に制御指令更新コマンドを送信し,指令値を更新する.
3. 更新された指令値をGazeboに送信する.

という処理を実行します.とくに,2では「Controller::update()」というメソッドが呼ばれますが,これは「ros_controls::ros_controllers」が提供するPID制御の動作を決定づけるメソッドです.さらに,実際にPID制御を司るクラスとして「ros_controls::control_toolbox::Pid」があり,制御の実体はそちらにあります.

6.2.4 HardwareInterface

「diff_drive_controller」では,「joint」の制御の種類が速度制御でなければなりません.これは,「DiffDriveController」クラスが「controller_interface::Controller<hardware_interface::VelocityJointInterface>」を継承していることに起因します[2].つまり,「diff_drive_controller」の利用には,「VelocityJointInterface」を介してロボットに入力が届くようにしておく必要がある

---

[1] https://github.com/ros-controls/ros_controllers

[2] https://github.com/ros-controls/ros_controllers/blob/kinetic-devel/diff_drive_controller/include/diff_drive_controller/diff_drive_controller.h

96 第 6 章　3D モデリングと制御シミュレーション

ということです．「fourth_robot」では，ソースコード 6-11 のように「VelocityJointInterface」
を URDF に指定しています．

ソースコード 6-11　wheel.transmission.xacro（ソースコード 6-5 の再掲）

```
 1  <?xml version="1.0"?>
 2  <robot xmlns:xacro="http://ros.org/wiki/xacro">
 3
 4    <xacro:macro name="wheel_trans_v0" params="prefix">
 5      <transmission name="${prefix}_wheel_trans">
 6        <type>transmission_interface/SimpleTransmission</type>
 7        <joint name="${prefix}_wheel_joint">
 8          <hardwareInterface>VelocityJointInterface</hardwareInterface>
 9        </joint>
10        <actuator name="${prefix}_wheel_motor">
11          <hardwareInterface>VelocityJointInterface</hardwareInterface>
12          <mechanicalReduction>30</mechanicalReduction>
13        </actuator>
14      </transmission>
15    </xacro:macro>
16
17  </robot>
```

diff_drive_controller

「diff_drive_controller」がどのようにして「joint」の指令値を決定しているのかをソースコー
ド 6-12，6-13 で見てみます．前述のとおり，指令値の更新は「update()」関数で行っています．

ソースコード 6-12　ホイールオドメトリの計算とパブリッシュ　diff_drive_controller.cpp[†]（抜粋）

```
364      // COMPUTE AND PUBLISH ODOMETRY
365      if (open_loop_)
366      {
367        odometry_.updateOpenLoop(last0_cmd_.lin, last0_cmd_.ang, time);
368      }
369      else
370      {
371        double left_pos = 0.0;
372        double right_pos = 0.0;
373        for (size_t i = 0; i < wheel_joints_size_; ++i)
374        {
375          const double lp = left_wheel_joints_[i].getPosition();
376          const double rp = right_wheel_joints_[i].getPosition();
377          if (std::isnan(lp) || std::isnan(rp))
378            return;
379
380          left_pos += lp;
381          right_pos += rp;
382        }
383        left_pos /= wheel_joints_size_;
384        right_pos /= wheel_joints_size_;
385
```

[†] https://github.com/ros-controls/ros_controllers/blob/kinetic-devel/diff_drive_controller/src/
diff_drive_controller.cpp

6.2 GazeboとROS **97**

```cpp
386        // Estimate linear and angular velocity using joint information
387        odometry_.update(left_pos, right_pos, time);
388      }
389
390      // Publish odometry message
391      if (last_state_publish_time_ + publish_period_ < time)
392      {
393        last_state_publish_time_ += publish_period_;
394        // Compute and store orientation info
395        const geometry_msgs::Quaternion orientation(
396            tf::createQuaternionMsgFromYaw(odometry_.getHeading()));
397
398        // Populate odom message and publish
399        if (odom_pub_->trylock())
400        {
401          odom_pub_->msg_.header.stamp = time;
402          odom_pub_->msg_.pose.pose.position.x = odometry_.getX();
403          odom_pub_->msg_.pose.pose.position.y = odometry_.getY();
404          odom_pub_->msg_.pose.pose.orientation = orientation;
405          odom_pub_->msg_.twist.twist.linear.x  = odometry_.getLinear();
406          odom_pub_->msg_.twist.twist.angular.z = odometry_.getAngular();
407          odom_pub_->unlockAndPublish();
408        }
409
410        // Publish tf /odom frame
411        if (enable_odom_tf_ && tf_odom_pub_->trylock())
412        {
413          geometry_msgs::TransformStamped& odom_frame = tf_odom_pub_->msg_.
                 transforms[0];
414          odom_frame.header.stamp = time;
415          odom_frame.transform.translation.x = odometry_.getX();
416          odom_frame.transform.translation.y = odometry_.getY();
417          odom_frame.transform.rotation = orientation;
418          tf_odom_pub_->unlockAndPublish();
419        }
420      }
```

ソースコード6-13　Jointへの速度計算と更新　diff_drive_controller.cpp[†]（抜粋）

```cpp
422      // MOVE ROBOT
423      // Retreive current velocity command and time step:
424      Commands curr_cmd = *(command_.readFromRT());
425      const double dt = (time - curr_cmd.stamp).toSec();
426
427      // Brake if cmd_vel has timeout:
428      if (dt > cmd_vel_timeout_)
429      {
430        curr_cmd.lin = 0.0;
431        curr_cmd.ang = 0.0;
432      }
433
434      // Limit velocities and accelerations:
435      const double cmd_dt(period.toSec());
```

[†] p.96 の脚注 † と同じ.

```
436
437      limiter_lin_.limit(curr_cmd.lin, last0_cmd_.lin, last1_cmd_.lin, cmd_dt);
438      limiter_ang_.limit(curr_cmd.ang, last0_cmd_.ang, last1_cmd_.ang, cmd_dt);
439
440      last1_cmd_ = last0_cmd_;
441      last0_cmd_ = curr_cmd;
442
443      // Publish limited velocity:
444      if (publish_cmd_ && cmd_vel_pub_ && cmd_vel_pub_->trylock())
445      {
446        cmd_vel_pub_->msg_.header.stamp = time;
447        cmd_vel_pub_->msg_.twist.linear.x = curr_cmd.lin;
448        cmd_vel_pub_->msg_.twist.angular.z = curr_cmd.ang;
449        cmd_vel_pub_->unlockAndPublish();
450      }
451
452      // Compute wheels velocities:
453      const double vel_left = (curr_cmd.lin - curr_cmd.ang * ws / 2.0)/lwr;
454      const double vel_right = (curr_cmd.lin + curr_cmd.ang * ws / 2.0)/rwr;
455
456      // Set wheels velocities:
457      for (size_t i = 0; i < wheel_joints_size_; ++i)
458      {
459        left_wheel_joints_[i].setCommand(vel_left);
460        right_wheel_joints_[i].setCommand(vel_right);
461      }
462    }
```

　以上のような手順でホイールオドメトリの計算と更新,「joint」への速度計算と更新が処理されています.

　タイヤ径やホイールベースなどの情報は,ソースコード 6-14 のような YAML ファイルを読み込んでいます.

ソースコード 6-14　controller.yaml

```
1  # fourth_robot:
2    joint_state_controller:
3      type: joint_state_controller/JointStateController
4      publish_rate: 50
5
6    diff_drive_controller:
7      type : "diff_drive_controller/DiffDriveController"
8      left_wheel : 'left_wheel_joint'
9      right_wheel : 'right_wheel_joint'
10     publish_rate: 50.0 # default: 50
11     pose_covariance_diagonal : [0.001, 0.001, 1000000.0, 1000000.0, 1000000.0, 1000.0]
12     twist_covariance_diagonal: [0.001, 0.001, 1000000.0, 1000000.0, 1000000.0, 1000.0]
13
14     # Wheel separation and diameter. These are both optional.
15     # diff_drive_controller will attempt to read either one or both from the
16     # URDF if not specified as a parameter
17     wheel_separation : 0.43515
18     wheel_radius : 0.193125 #0.38625
```

```
19
20     # Wheel separation and radius multipliers
21     wheel_separation_multiplier: 1.0 # default: 1.0
22     wheel_radius_multiplier : 1.0 # default: 1.0
23
24     # Velocity commands timeout [s], default 0.5
25     cmd_vel_timeout: 1.0
26
27     # Base frame_id
28     base_frame_id: base_footprint #default: base_link
29
30     # Velocity and acceleration limits
31     # Whenever a min_* is unspecified, default to -max_*
32     linear:
33       x:
34         has_velocity_limits : true
35         max_velocity : 0.825 # m/s
36         min_velocity : -0.825 # m/s
37         has_acceleration_limits: true
38         max_acceleration : 1.0 # m/s^2
39         min_acceleration : -1.0 # m/s^2
40     angular:
41       z:
42         has_velocity_limits : true
43         max_velocity : 3.14  # rad/s
44         min_velocity : -3.14
45         has_acceleration_limits: true
46         max_acceleration : 1.0 # rad/s^2
47   min_acceleration : -1.0
```

オリジナルのロボットで「ros_control」を利用するには,「RobotHW」を作成する必要があります.「diff_drive_controller」は,「VelocityJointController」を利用するので,「controller_interface::Controller<hardware_interface::VelocityJointInterface>」を継承して「Write()」「Read()」関数を, たとえばマイコンへの書き込み操作とマイコンからの読み込み操作にすればよいでしょう.

これまでの流れをまとめます. Gazebo でオリジナルロボットを launch するには以下の要素が必要です.

- ロボットの STL ファイルもしくは COLLADA ファイルの作成
    1. CAD ソフトを使って STL ファイルをつくる.
    2. COLLADA ファイルをつくる.
- ロボットの URDF (Xacro) モデルの作成
    1. URDF ファイルをつくる.
- URDF へ HardwareInterface を記述
    1. URDF ファイルをつくる.
- URDF へ Gazebo プラグインを記述
    1. Gazebo と ROS を連携させる.

100 第6章 3Dモデリングと制御シミュレーション

- 必要に応じて URDF へセンサプラグインを記述
- 「ros_controller」
    1. 「ros_control」の設定ファイルの作成.
- 「ros_controller」の起動
    1. 実際に launch する.

launch の手順

1. Gazebo を起動
2. ロボットモデルを「robot_description」に読み込み
3. 「robot_state_publisher」を起動
4. ロボットモデルを Gazebo 上で生成（urdf_spawner）
5. ロボットのコントローラを読み込み
6. この後に joy コントローラを起動して，ロボットがサブスクライブしているトピックに指令値をパブリッシュすれば Gazebo 上のロボットが動作

実際の launch ファイル

1. Gazebo を起動
2. ロボットモデルを「robot_description」に読み込み
3. 「robot_state_publisher」を起動
4. ロボットモデルを Gazebo 上にスポーン（urdf_spawner）

ここまでを一つの launch ファイルに記述し，ロボットのコントローラを読み込みます.

　次に，順に launch ファイルを見てみます.

最初の launch ファイル

　以下に Gazebo の起動，ロボットモデルのスポーン，「ros_control」の起動を行う launch ファイルを示します.

ソースコード 6-15　husky_playworld.launch

```
1  <launch>
2
3    <!-- these are the arguments you can pass this launch file, for example paused:=
         true -->
4    <arg name="model" default="$(find fourth_robot_description)/robots/fourth_robot.
         urdf.xacro"/>
5    <arg name="paused" default="false"/>
6    <arg name="use_sim_time" default="true"/>
7    <arg name="gui" default="true"/>
8    <arg name="headless" default="false"/>
9    <arg name="debug" default="false"/>
10
11   <!-- We resume the logic in empty_world.launch, changing only the name of the
         world to be launched -->
12   <include file="$(find gazebo_ros)/launch/empty_world.launch">
```

```
13      <arg name="world_name" value="$(find fourth_robot_gazebo)/worlds/
            clearpath_playpen.world"/>
14      <arg name="debug" value="$(arg debug)" />
15      <arg name="gui" value="$(arg gui)" />
16      <arg name="paused" value="$(arg paused)"/>
17      <arg name="use_sim_time" value="$(arg use_sim_time)"/>
18      <arg name="headless" value="$(arg headless)"/>
19    </include>
20
21    <!-- lrf merger -->
22    <include file="$(find fourth_robot_bringup)/launch/sensors/lrf_merger.launch"/>
23
24    <!-- Load the URDF into the ROS Parameter Server -->
25    <param name="robot_description"
26        command="$(find xacro)/xacro.py '$(arg model)'" />
27
28    <!-- Run a python script to the send a service call to gazebo_ros to spawn a
            URDF robot -->
29    <node name="urdf_spawner" pkg="gazebo_ros" type="spawn_model" respawn="false"
            output="screen"
30        args="-urdf -model fourth_robot -param robot_description"/>
31
32    <!-- ros_control motoman launch file -->
33    <include file="$(find fourth_robot_control)/launch/fourth_robot_control.launch"/>
34  </launch>
```

まず最初に，ロボットモデルを「model」という引数に読み込みます．デフォルト値もこのときに読み込んでいます．このあたりの文法については「roslaunch」に沿っています．このほかにも，後に使うパラメータを引数で取得しています．

husky_playworld.launch（抜粋）

```
3    <!-- these are the arguments you can pass this launch file, for example paused:=
            true -->
4    <arg name="model" default="$(find fourth_robot_description)/robots/fourth_robot.
            urdf.xacro"/>
5    <arg name="paused" default="false"/>
6    <arg name="use_sim_time" default="true"/>
7    <arg name="gui" default="true"/>
8    <arg name="headless" default="false"/>
9    <arg name="debug" default="false"/>
```

続いて，Gazebo を起動します．

husky_playworld.launch（抜粋）

```
11    <!-- We resume the logic in empty_world.launch, changing only the name of the
            world to be launched -->
12    <include file="$(find gazebo_ros)/launch/empty_world.launch">
13      <arg name="world_name" value="$(find fourth_robot_gazebo)/worlds/
            clearpath_playpen.world"/>
14      <arg name="debug" value="$(arg debug)" />
15      <arg name="gui" value="$(arg gui)" />
16      <arg name="paused" value="$(arg paused)"/>
```

102 第6章 3Dモデリングと制御シミュレーション

```
17      <arg name="use_sim_time" value="$(arg use_sim_time)"/>
18      <arg name="headless" value="$(arg headless)"/>
19    </include>
```

ここでは，「gazebo_ros」パッケージの「empty_world.launch」という launch ファイルを起動しています．引数として，以下を設定しています．

- world_name: このコードでは，husky のパッケージに保持されている Gazebo の「world」ファイル
- debug: デバッグメッセージを表示するかどうか
- gui: 起動時に「gz_client」を起動するか
- paused: 起動時に停止するかどうか
- use_sim_time: 「sim_time」を使うかどうか
- headless: レンダリングを行うかどうか（gui=false のときのみ有効）

ここでは，ロボットモデルを Xacro ファイルから「robot_description」に読み込み，「urdf_spawner」を使って Gazebo にモデルを登場させます．ここまでで，動かないロボットモデルが Gazebo に登場します．

husky_playworld.launch（抜粋）

```
24    <!-- Load the URDF into the ROS Parameter Server -->
25    <param name="robot_description"
26        command="$(find xacro)/xacro.py '$(arg model)'" />
27
28    <!-- Run a python script to the send a service call to gazebo_ros to spawn a
          URDF robot -->
29    <node name="urdf_spawner" pkg="gazebo_ros" type="spawn_model" respawn="false"
          output="screen"
30        args="-urdf -model fourth_robot -param robot_description"/>
```

ros_control の launch ファイル

以下に示すコードは，「fourth_robot」のコントローラを呼び出すための部分です．

husky_playworld.launch（抜粋）

```
32    <!-- ros_control motoman launch file -->
33    <include file="$(find fourth_robot_control)/launch/fourth_robot_control.launch"/>
```

ここで読み込まれているコントローラの launch ファイルを見てみます．

ソースコード 6-16　fourth_robot_control.launch

```
1    <launch>
2
3      <!-- Load joint controller configurations from YAML file to parameter server -->
4      <rosparam file="$(find fourth_robot_control)/config/controller.yaml" command=
          "load"/>
5
```

```
6    <!-- load the controllers -->
7    <node name="controller_spawner" pkg="controller_manager"
8        type="spawner" output="screen"
9        args="joint_state_controller diff_drive_controller">
10   </node>
11
12   <!-- convert joint states to TF transforms for rviz, etc -->
13   <node name="robot_state_publisher" pkg="robot_state_publisher"
14       type="robot_state_publisher"
15       respawn="false" output="screen">
16   </node>
17
18   </launch>
```

順に見ていきます.

まず, コントローラの設定ファイルをパラメータサーバに読み込みます. 読み込んでいるファイルは「ros_control」について紹介した「diff_drive_controller」と「joint_state_controller」の設定です.

fourth_robot_control.launch（抜粋）

```
3    <!-- Load joint controller configurations from YAML file to parameter server -->
4    <rosparam file="$(find fourth_robot_control)/config/controller.yaml" command=
         "load"/>
```

以下に,「fourth_robot」で使用している「diff_drive_controller」の設定ファイルを示します. このファイルでは, ロボットの関節情報をパブリッシュする「joint_state_controller」の設定情報も記述してあります.「diff_drive_controller」の設定情報については, 公式 Wiki[†]をご覧ください.

ソースコード 6-17 controller.yaml

```
1    fourth_robot:
2      joint_state_controller:
3        type: joint_state_controller/JointStateController
4        publish_rate: 50
5
6      diff_drive_controller:
7        type : "diff_drive_controller/DiffDriveController"
8        left_wheel : 'left_wheel_joint'
9        right_wheel : 'right_wheel_joint'
10       publish_rate: 25.0 # default: 50
11       pose_covariance_diagonal : [0.001, 0.001, 1000000.0, 1000000.0, 1000000.0, 1000.0]
12       twist_covariance_diagonal: [0.001, 0.001, 1000000.0, 1000000.0, 1000000.0, 1000.0]
13
14       # Wheel separation and diameter. These are both optional.
15       # diff_drive_controller will attempt to read either one or both from the
16       # URDF if not specified as a parameter
17       wheel_separation : 0.43515
18       wheel_radius : 0.032
```

[†] http://wiki.ros.org/diff_drive_controller

104 第6章 3Dモデリングと制御シミュレーション

```
19
20      # Wheel separation and radius multipliers
21      wheel_separation_multiplier: 1.0 # default: 1.0
```

　続いて，以下で「ros_controller」を読み込みます．具体的には，「controller_manager」パッケージを起動してコントローラを読み込みます．このときの引数は，先ほど YAML ファイルに指定したコントローラの名前です．

fourth_robot_control.launch（抜粋）

```
 6      <!-- load the controllers -->
 7      <node name="controller_spawner" pkg="controller_manager"
 8          type="spawner" output="screen"
 9          args="joint_state_controller diff_drive_controller">
10      </node>
11
12      <!-- convert joint states to TF transforms for rviz, etc -->
13      <node name="robot_state_publisher" pkg="robot_state_publisher"
14          type="robot_state_publisher"
15          respawn="false" output="screen">
16      </node>
```

　そして最後に，「robot_state_publisher」を起動します．このノードは「robot_description」に記述されているロボットモデルをもとに，Gazebo から送られてくる「joint」の情報によりロボットの状態をパブリッシュしてくれるノードです．

　以上で，Gazebo 上でロボットを起動する要素と手順が揃いました．いよいよ launch してみましょう．

launch する

　これまでに作成した launch ファイルを起動します．

```
$ source <catkin_ws>/devel/setup.bash
$ roslaunch fourth_robot_gazebo husky_playworld.launch
```

　Gazebo にロボットが登場したでしょうか？　後は「/diff_drive_controller/cmd_vel」に「Twist」型のメッセージをパブリッシュすれば動きます．

6.3　tf による座標変換

6.3.1　tf とは？

　1台のロボットを構成するためには，さまざまなセンサやアクチュエータが組み合わされます．それらは，それぞれ異なる座標系をもって動作しますので，1台のロボットの内部にさまざまな座標系が同時に存在することになります．また，相対的に運動する別のロボットも近くにいるかもしれませんし，地図を扱う場合には共通となる地図の座標系をもとにした座標が必要になる場

合もあるでしょう．このように，数多くの座標系を統一的に扱えるようにする機能をもつライブラリが「tf」です．

「tf」の役割は，非同期に配信される二つのフレーム（座標系）の位置関係を取得する機能と，フレーム間のツリー構造を構築する機能の二つに大きく分けることができます．前者の機能により，分散システムであるROSネットワークと高い親和性を発揮することができます．また，後者の機能により，複雑な座標変換の計算を利用者に意識させないユーザビリティを提供することができます．さらに，「RViz」と連動させることで，フレームの動作や関係性などを容易に可視化することができ，ロボットの動作の直観的な把握やデバッグの効率化にも大きく寄与しています．

6.3.2 tfの動作概念

ここで，「tf」の動作概念を具体的な例を用いて確認してみましょう．「tf」を理解するうえで重要な要素として，ブロードキャスタ，リスナがあります．各要素の機能は以下のとおりです．

- ブロードキャスタ: 異なる二つのフレーム間の相対位置を配信する
- リスナ: 異なる二つのフレーム間の相対位置を取得する

つまり，「tf」に対しては常に異なる二つのフレーム間の座標をベースに情報のやりとりが行われます．一方，実際のロボットは二つ以上のフレーム間の座標変換が必要となります．これをどのように解決しているのかを，概念図を用いて説明します．まず，ブロードキャスタの動作を示した図6-13を参照してください．各ブロードキャスタが異なる二つのフレームの相対位置を配信している様子が描かれています（「broadcaster1」による「/base」と「/child1」，「broadcaster2」による「/base」と「/child2」，「broadcaster3」による「/child2」と「/grandchild1」）．ここで重要なのは，「tf」側で送信されたフレーム名をもとに，ツリー構造を形成している点です．

次に，リスナの動作概念図である図6-14を参照してください．「tf」はリスナから問い合わせを受けた二つのフレーム間の座標変換を求めるため，問い合わせを受けた各フレーム（「/child1」

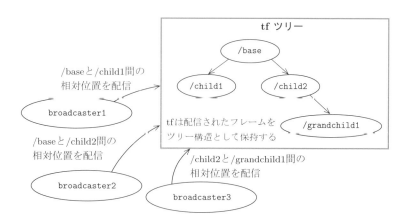

図6-13 tfのブロードキャスタの動作の概念図

と「/grandchild1」）から親の方向にツリーをたどり，共通のフレームを探索します．そのようなフレームが見つかれば，後は「tf」側で自動的に座標変換を行い，問い合わせたフレーム間の相対位置を算出してくれます．

ここでは，ROS ネットワーク内に単一の「tf」サーバのようなものがあるような描き方をしていますが，実際には各ノードが「tf」ツリーを保持しており，ブロードキャスタでフレームを更新する際には，全ノードに一斉に通知を行います．

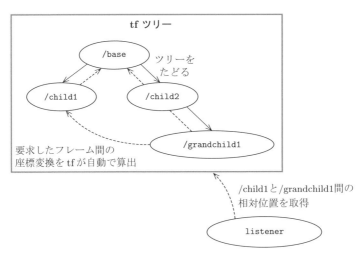

図 6-14 tf のリスナの動作の概念図

6.3.3 位置と方向のデータ形式

「tf」では，以下のデータ形式が取り扱われます．

- Quaternion: クォータニオン（四元数）．一つのスカラ要素と一つの三次元ベクトル要素を用いて，$q = [q_\omega \; \boldsymbol{q}_\nu] = [q_\omega \; (q_x \; q_y \; q_z)]$ のように方向を表す．回転の軸を表す三次元ベクトルを $\boldsymbol{n}$，その軸回りの回転角度を θ とすると，クォータニオンは $q = [\cos(\theta/2) \; \boldsymbol{n} \sin(\theta/2)]$ のように表される．
- Vector3: 三次元ベクトル．
- Point: 点の三次元位置．
- Pose: Point と Quaternion で三次元位置と方向を表す．
- Transform: Vector3 と Quaternion で平行移動と回転の組合せを表現する．

6.3.4 tf のブロードキャスタ

API を利用する方法

フレーム間の座標変換を配信する「tf2_ros.TransformBroadcaster」から見て行きましょ

う[†1]．サンプルコードは「chapter6/tf_tutorial/scripts/tf2_broadcaster.py」です．

ソースコード 6-18　tf2_broadcaster.py

```python
1  #!/usr/bin/env python
2  # -*- coding: utf-8 -*-
3  import rospy
4  import tf2_ros
5  import tf_conversions
6  from geometry_msgs.msg import TransformStamped
7  from geometry_msgs.msg import Vector3
8  from geometry_msgs.msg import Quaternion
9
10 if __name__ == '__main__':
11     rospy.init_node('tf2_broadcaster')
12     br = tf2_ros.TransformBroadcaster()
13     r = rospy.Rate(1.0)
14
15     while not rospy.is_shutdown():
16         t = TransformStamped()
17         t.header.stamp = rospy.Time.now()
18         t.header.frame_id = 'frame1'
19         t.child_frame_id = 'frame2'
20
21         translation = Vector3(0,0,1.0)
22         t.transform.translation = translation
23
24         q = tf_conversions.transformations.quaternion_from_euler(0,0,0,'sxyz')
25         rotation = Quaternion(*q)
26         t.transform.rotation = rotation
27
28         br.sendTransform(t)
29         rospy.loginfo('Transform Published')
30         r.sleep()
```

このうち重要な部分を抜粋して説明します．まず，12 行目でブロードキャスタをインスタンス化[†2]します．

tf2_broadcaster.py（抜粋）

```python
12     br = tf2_ros.TransformBroadcaster()
```

16 行目で，2 フレーム間の情報を格納する「TransformStamped」メッセージをインスタンス化します．

tf2_broadcaster.py（抜粋）

```python
16         t = TransformStamped()
```

17 行目から 19 行目で，座標変換を取得したい時間（ここでは現在時刻）と，親子のフレーム

[†1] かつては「tf.TransformBroadcaster」が用いられていましたが，現在は非推奨となっています．
[†2] クラスをもとに実際の値を生成し，使用可能な状態にすること．

名を（親を「frame1」，子を「frame2」として）登録します．

tf2_broadcaster.py（抜粋）

```
17          t.header.stamp = rospy.Time.now()
18          t.header.frame_id = 'frame1'
19          t.child_frame_id = 'frame2'
```

その後，フレーム間の相対位置座標を入力し，ブロードキャスタで配信します．

tf2_broadcaster.py（抜粋）

```
28          br.sendTransform(t)
```

これで，ブロードキャスタは機能します．なお，ここでは Python のサンプルについて説明をしましたが，本書のサンプルリポジトリで C++ のコードも提供しています．C++ でも，プログラムの基本方針は Python と同一です．「chapter6/tf_tutorial/src/tf2_broadcaster.cpp」に格納されていますので，あわせて参照してください．

ツールを利用する方法

次に，自分でコードを書かずに既存のツールを使ってフレーム間の相対位置を配信する場合には，「static_transform_publisher」というノードが利用できます[†]．このノードは，固定されていて動かない位置を周期的に配信します．起動方法は，以下のとおりです．ここでは，方向を yaw, pitch, roll で指定しています．順番に注意してください．単位は [rad] です．

```
$ rosrun tf2_ros static_transform_publisher x y z yaw pitch roll \
  frame_id child_frame_id
```

前述の Python のサンプルコードと同じパラメータの例は，次のようになります．

```
$ rosrun tf2_ros static_transform_publisher 0 0 1 0 0 0 \
  "frame1" "frame2"
```

または，以下のように並進ベクトルとクォータニオンの形式で指定することもできます．引数の個数によって，どちらの指定方法かを区別しています．

```
$ rosrun tf2_ros static_transform_publisher x y z qx qy qz qw frame_id \
  child_frame_id
```

前述の Python のサンプルコードと同じパラメータの例は，次のようになります．

```
$ rosrun tf2_ros static_transform_publisher 0 0 1 0 0 0 1 \
  "frame1" "frame2"
```

[†] http://wiki.ros.org/tf2_ros#static_transform_publisher

6.3.5 tf のリスナ

次に，フレーム間の座標変換を取得する「tf2_ros.TransformListener」の使用方法を解説します．サンプルコードは「chapter6/tf_tutorial/scripts/tf2_listener.py」です．

ソースコード 6-19　tf2_listener.py

```python
 1 #!/usr/bin/env python
 2 # -*- coding: utf-8 -*-
 3 import rospy
 4 import tf2_ros
 5 import tf_conversions
 6
 7 if __name__ == '__main__':
 8     rospy.init_node('tf2_listener')
 9
10     tfBuffer = tf2_ros.Buffer()
11     listener = tf2_ros.TransformListener(tfBuffer)
12     r = rospy.Rate(1.0)
13
14     while not rospy.is_shutdown():
15         try:
16             t = tfBuffer.lookup_transform('frame1', 'frame2', rospy.Time(0))
17         except (tf2_ros.LookupException, tf2_ros.ConnectivityException, tf2_ros.
                ExtrapolationException):
18             rospy.logerr('LookupTransform Error !')
19             rospy.sleep(1.0)
20             continue
21
22         translation = (t.transform.translation.x,
23                        t.transform.translation.y,
24                        t.transform.translation.z)
25
26         rotation = (t.transform.rotation.x,
27                     t.transform.rotation.y,
28                     t.transform.rotation.z,
29                     t.transform.rotation.w)
30
31         (roll, pitch, yaw) = tf_conversions.transformations.euler_from_quaternion(
                rotation, axes='sxyz')
32
33         rospy.loginfo("\n=== Got Transform ===\n"
34                       " Tranolation\n"
35                       " x : %f\n y : %f\n z : %f\n"
36                       " Quaternion\n"
37                       " x : %f\n y : %f\n z : %f\n w : %f\n"
38                       " RPY\n"
39                       " R : %f\n P : %f\n Y : %f",
40                       translation[0], translation[1], translation[2],
41                       rotation[0], rotation[1], rotation[2], rotation[3],
42                       roll, pitch, yaw)
43         r.sleep()
```

110 第 6 章 3D モデリングと制御シミュレーション

　ここでも，リスナに関する重要な部分を抜粋して説明を行います．まず，11 行目でリスナをインスタンス化します．このインスタンスが生成された時点から，ブロードキャストされるフレームの受信が開始されます．リスナの生成時に引数に「tf2_ros.Buffer」型のバッファが与えられていますが，このバッファは最大 10 秒間分のフレーム情報を保存します．

tf2_listener.py（抜粋）

```
10      tfBuffer = tf2_ros.Buffer()
11      listener = tf2_ros.TransformListener(tfBuffer)
```

　2 フレーム間の座標変換を取得する際には，「tf2_ros.Buffer」クラスの「lookup_transform()」メソッドを用います．引数には親子フレーム名（「frame1」と「frame2」），取得したい時刻（rospy.Time(0)）を指定します．ここで指定した時刻で有効であるフレームを探索できるように，バッファに一定時間のフレーム情報が蓄積されています．ゆえに，このバッファはなるべく生存期間の長い箇所に記述することをお勧めします．つまり，関数のローカル変数として定義するのではなく，クラスのメンバ変数として定義するなどといった方法を取ることをお勧めします．これは，C++ のコードにおいても同様です．

tf2_listener.py（抜粋）

```
16              t = tfBuffer.lookup_transform('frame1', 'frame2', rospy.Time(0))
```

　時刻に rospy.Time(0) を指定することで，引数で与えた親子フレームが両方とも有効である時間から，最新の時刻における座標変換が算出されます．

　これ以降は「lookup_transform()」の結果のログを取る処理を行っています．なお，リスナについても，ブロードキャスタと同様に C++ のサンプルコードが提供されています．「chapter6/tf_tutorial/src/tf2_listener.cpp」に格納されていますので，あわせて参照してください．

6.3.6　時間管理

　先程の「lookup_transform()」の例では，時刻に「rospy.Time(0)」を指定して最新の有効フレーム間の座標変換を取得する方法を説明しました．ここでは，「tf」の時間管理に関するオプションを利用した座標変換の取得方法を解説します．

待ち時間の設定

　時刻に「rospy.Time(0)」を指定した場合でも，必ずしも座標変換が取得できるとは限りません．実際にブロードキャストする際には，指定した時刻から数ミリ秒遅れてからでないと有効にならない場合があったり，複数のノードと連携して特定のフレームを扱う場合には，その更新周期に合わせたタイミングで問い合わせをしないと座標変換が取得できない事態が生じることがあります．

そのような事態に対応するために，「lookup_transform()」の第四引数に待ち時間を設定することができます．たとえば，先ほどの「tf2_listener.py」の16行目のコードに対して1秒間の待ち時間を設定する場合には，以下のような書き方になります．

tf2_listener.py の lookup_transform() で1秒間の待ち時間を設定したもの

```
16        t = tfBuffer.lookup_transform('frame1', 'frame2', rospy.Time(0),
17                                      rospy.Duration(1.0))
```

この引数を指定すると，問い合わせをしてから1秒間のうちに，引数で指定した2フレームが有効となれば座標変換の算出結果を返しますが，1秒経過してもどちらか一方のフレームでも有効とならない場合にはタイムアウトとなり，例外を返します．

過去のフレームの取り扱い

ここまでは「lookup_transform()」で最新の有効フレーム間の座標変換を取得する方法を述べましたが，過去の時刻の座標変換を取得することも可能です．たとえば，現在時刻から5秒前の座標変換を取得したい場合には，以下のようなコードになります．

tf2_listener.py の lookup_transform() で5秒前の座標変換を取得するように設定したもの

```
16        past = rospy.Time.now() - rospy.Duration(5.0)
17        t = tfBuffer.lookup_transform('frame1', 'frame2', past,
18                                      rospy.Duration(1.0))
```

また，一方のフレームだけ過去のものを反映させたいという要求に応えるため，各フレームの時刻を個別に指定する「lookup_transform_full()」というメソッドが提供されています．たとえば，「frame1」は現在時刻のもの，「frame2」は5秒前のものを利用したい場合には，以下のような記述になります．

lookup_transform_full() の利用例

```
1        past = rospy.Time.now() - rospy.Duration(5.0)
2        trans = tfBuffer.lookup_transform_full(
3          target_frame='frame1',
4          target_time=rospy.Time.now(),
5          source_frame='frame2',
6          source_time=past,
7          fixed_frame='world',
8          timoout=rospy.Duration(1.0)
9          )
```

「fixed_frame」には，時刻によって変わらない静的なフレームを指定します．ここでは例として，一般的に用いられる「world」というフレームを指定しています．地図を利用する場合には「map」という地図を基点とするフレームを指定するほうが都合がよいこともあるでしょう．

6.3.7 tf_static とは？

ここまで，「tf_listener」による「tf」の取得方法とその注意点を述べました．前述のとおり，「tf」は過去 10 秒間しか「tf」の情報を保持しません．しかし実際には，10 秒を超えても「tf」ツリーを取得したい場合があります．そういった場合に，「tf2」から「tf_static」が用意されており，「tf」の情報を制限時間なく保持してくれます．

この「tf_static」のブロードキャスタのサンプルコードは，「chapter6/tf_tutorial/scripts/tf2_static_broadcaster.py」です．ほとんどの要素は前述の「tf2_broadcaster.py」と同様です．異なる部分は，

ソースコード 6-20 tf2_static_broadcaster.py（抜粋）

```
13    br = tf2_ros.StaticTransformBroadcaster()
```

のみです．また，C++ のサンプルコードは「chapter6/tf_tutorial/src/tf2_static_broadcaster.cpp」に格納してありますので，あわせて参照してください．

リスナについては，前述の「tf2_listener.py」とまったく同じプログラムを用いればよく，これは C++ のコードでも同様です．つまり「tf_static」を利用したい場合には，ブロードキャスタのみ記述法が異なり，リスナは「tf」と同様でよいということです．

6.3.8 フレームの可視化

「tf」でブロードキャストされたフレームは，いくつかの標準機能により可視化することが可能です．たとえば，その位置関係を「RViz」により三次元空間上で表示したり，そのツリー構造を「rqt_tf_tree」によってグラフ形式で表示したりすることが可能です．これらは ROS のプログラムをデバッグする際に非常に役立つ，強力な可視化機能となっています．

ここではその機能の一端を，サンプルを用いて確認してみましょう．サンプルリポジトリに，可視化機能を確認するために必要なノードを起動する launch ファイルとして，「chapter6/tf_tutorial/launch/tf_tutorial.launch」を用意しました．

ソースコード 6-21 tf_tutorial.launch

```
1  <launch>
2    <node name="tf2_broadcaster" pkg="tf_tutorial" type="tf2_broadcaster.py" />
3    <node name="rqt_tf_tree" pkg="rqt_tf_tree" type="rqt_tf_tree" />
4    <node name="rviz" pkg="rviz" type="rviz" args="-d $(find tf_tutorial)/rviz/
       tf_sample.rviz" required="true" />
5  </launch>
```

これは，先に解説したブロードキャスタのサンプルである「tf2_broadcaster.py」，三次元ビューアの「RViz」に加え，「tf」のツリー構造を可視化する「rqt_tf_tree」を起動するファイルです．このファイルを実行してみましょう．

```
$ roslaunch tf_tutorial tf_tutorial.launch
```

図 6-15 のように,「RViz」で「frame1」と「frame2」のフレームが表示されていることが確認できます.「tf2_broadcaster.py」では,「frame1」から z 軸方向に 1.0 だけ並行移動させた位置に「frame2」が位置するように設定されており,「RViz」でその様子を直観的に確認することができます.

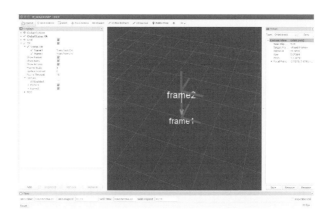

図 6-15 tf を RViz で表示した様子

さらに,図 6-16 のようなフレームのツリー構造を模式化した図が表示されていることも確認できます.各フレームをブロードキャストしているノード名や,その周期,タイムスタンプなどを確認することができます.

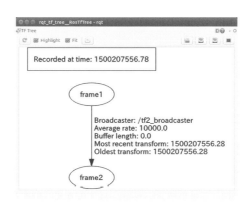

図 6-16「tf2_broadcaster.py」でブロードキャストされたフレームを「rqt_tf_tree」で表示した様子

第7章
コンピュータビジョン

　　カメラはロボットでよく使われるセンサです．カメラで画像を撮影し，その画像に対してさまざまな処理を行うことで，目標物を発見したり，安全な走行経路を調べたりすることができます．カメラは小型かつ安価であり，USB によってパソコンに接続できるものも多くあります．また，ロボットの目をつくる目的に適したライブラリも多く存在します．この章では，そのなかでも広く普及していて，ROS とも標準で連携できる「OpenCV」を紹介します．OpenCV にはコンピュータビジョンに関する多くの機能が含まれているので，最新の研究成果を容易に体験することができます．その一部を，ソースコードとともに示して解説します．また，画像を処理した結果を ROS のほかのプログラムで利用する方法を解説します．ここで書ききれないことも多いので，興味が湧いた読者は，ウェブサイト[†1]も参考にしてください．

7.1　ROS で OpenCV を使うための基本的な設定

　　OpenCV は，コンピュータビジョン向けのオープンソースソフトウェアです．C/C++, Python, Java などの複数の言語でのプログラミングが可能で，画像処理だけでなく，機械学習などのライブラリも利用できます．

　　以下のコマンドによって ROS をインストールしているのであれば，すぐに OpenCV のプログラミングを始めることができます．

```
$ sudo apt install ros-kinetic-desktop-full
```

そうでない場合は，以下のコマンドで OpenCV をインストールしましょう[†2]．

```
$ sudo apt install ros-kinetic-vision-opencv
```

　　この後に紹介するプログラムを置く場所として，「<catkin_ws>/src」に，以下のようにパッケージを作成しておきます．

[†1] http://opencv.jp/
[†2] 2018 年 7 月時点で ROS Kinetic のビジョンパッケージには OpenCV 3.3.1 が含まれていますので，このバージョンの OpenCV を利用することを前提とします．

116 第 7 章 コンピュータビジョン

```
$ catkin_create_pkg test_opencv roscpp
$ cd test_opencv
```

このディレクトリにある「CMakeLists.txt」をエディタで開き，以下を書き込んでおきます．サンプルコードを参照してください[†]．

CMakeLists.txt への追記

```
8  find_package(OpenCV REQUIRED)
```

以下を実行してエラーが出ないようなら次に進みます．

```
$ catkin_make
```

もしエラーが出る場合は，OpenCV のインストールがうまくできていないのかもしれませんので，たとえば以下を実行して出力を確認してください．

```
$ pkg-config --cflags opencv
$ pkg-config --libs opencv
```

それぞれのコマンドに対して何かしらのパスが返ってくるようなら，OpenCV はインストールされ，設定もできています．もし，「Package opencv was not found...」などと表示されるようでしたら，OpenCV は正常にインストールされていないと考えて，インストール作業を注意深くおさらいしてください．

では，簡単なプログラムを作成してみます．まず，適当な画像を 1 枚選んで，「<catkin_ws>/src/test_opencv/img」に置いてください．仮にこの画像ファイル名を「image1.jpg」としましょう．次に，「<catkin_ws>/src/test_opencv/src」以下に「test_opencv.cpp」という名前のソースファイルを以下のように作成します．各行の説明は 7.2 節以降でします．

ソースコード 7-1　test_opencv.cpp

```
1   #include <ros/ros.h>
2   #include <ros/package.h>
3   #include <iostream>
4   #include <opencv2/opencv.hpp>
5   #include <opencv2/highgui/highgui.hpp>
6
7   int main(int argc, char** argv)
8   {
9     std::string file_dir = ros::package::getPath("test_opencv") + "/img/";
10    std::string input_file_path = file_dir + "image1.jpg";
11    cv::Mat source_image = cv::imread(input_file_path, cv::IMREAD_GRAYSCALE);
12    cv::imshow("image", source_image);
13    cv::waitKey();
14
15    std::string output_file_path = file_dir + "capture.jpg";
```

[†] chapter7/test_opencv/CMakeLists.txt

```
16    cv::imwrite(output_file_path, source_image);
17    return 0;
18  }
```

OpenCVを使用したプログラミングでは，最初の2行にある「opencv.hpp」と「highgui.hpp」のインクルードを忘れないようにしてください．ほとんどの関数はこの二つのどちらかに含まれていますが，必要に応じて「imgproc.hpp」やそのほかの処理に特化したヘッダファイルもインクルードしてください．

次に，「test_opencv」以下にある「CMakeLists.txt」に以下の項目を書き込みます．

CMakeLists.txtへの追記

```
17  include directories(include ${catkin_INCLUDE_DIRS} ${OpenCV_INCLUDE DIRS})
18
19  add_executable(test_opencv src/test_opencv.cpp)
20  target_link_libraries(test_opencv ${catkin_LIBRARIES} ${OpenCV_LIBRARIES})
```

もう一度「catkin_make」を実行し，エラーが出ないようであれば，以下のようにプログラムを実行しましょう．

```
$ source devel/setup.bash
```

これはパッケージに新しいノードが追加されたときに実行してください．「roscore」の起動を忘れないでください．

```
$ rosrun test_opencv test_opencv
```

このコマンドで画像が表示されれば，プログラムの実行は成功です．何かキーを押せばプログラムは終了します．

7.2 OpenCV の利用

7.2.1 OpenCV における画像のデータ構造

OpenCV には，画像データを扱うために「cv::Mat」というクラスが用意されています．このクラスは非常に多機能で，行列計算ライブラリである「Eigen」[†]などの機能も取り込んでいるので，画像処理にとどまらず線形代数の計算にも便利に使えます．

前節のソースコードで示したように，もし「<catkin ws>/src/test_opencv/img」に「image1.jpg」という画像が置いてあるのなら，その画像の取り込みは以下の1行でできます．

```
11  cv::Mat source_image = cv::imread(input_file_path, cv::IMREAD_GRAYSCALE);
```

[†] http://eigen.tuxfamily.org/

118   第 7 章　コンピュータビジョン

これで「image1.jpg」がグレースケール画像として読み込まれます.
「source_image」について,特定の画素の画素値を知りたい場合は,

```
1  unsigned char c = source_image.at<unsigned char>(100, 200);
```

とします.ここでは,画像の左上を基準にして,下方向に 100 番目,右方向に 200 番目の画素の
輝度値を変数「c」に代入しています†.入力画像をグレースケールではなくカラーで読み込みた
ければ,

```
1  cv::Mat source_image = cv::imread(input_file_path, cv::IMREAD_COLOR);
```

とします.もともとの画像のチャンネル数で読み込みたければ,第 2 引数に「cv::IMREAD
_UNCHANGED」を設定します.
　カラー画像の画素値を知りたければ,

```
1  unsigned char b = source_image.at<cv::Vec3b>(100, 200).val[0];
2  unsigned char g = source_image.at<cv::Vec3b>(100, 200).val[1];
3  unsigned char r = source_image.at<cv::Vec3b>(100, 200).val[2];
```

とすれば,(青,緑,赤)のそれぞれが,0 から 255 の値で得られます.ここで,グレースケール
画像とカラー画像での画素値の取り方の違いに注意してください.カラー画像では,画像座標と
して指定した場所で 3 種類の値を保持しており,それぞれ個別にアクセスします.
　画像を表示したい場合は以下のようにします.

```
1  cv::imshow("image", source_image);
2  cv::waitKey();
```

第 1 引数の文字列「"image"」は,表示するときのウインドウにつける名前です.また,2 行目の
「waitKey()」は,たとえば引数として 100 を入れると,100 ミリ秒だけ処理を停止してから次の
処理へ進みます.引数を取らない,もしくは 0 にすると,画像が表示されているウインドウ上で
何かキーを押さない限り,次の処理に進みません.
　画像を保存する場合には,以下の一文をプログラム中に記載します.

```
1  cv::write(file_path + "capture.jpg", source_image);
```

こうすると,「source_image」の中身が「capture.jpg」という名前で「<catkin_ws>/src/test
opencv/img/」に保存されます.
　画像のサイズを知りたい場合には,

---

† 画像座標を指定するときは,(横,縦)の順番で書くことが多いですが,「cv::Mat」では画像座標を(縦,横)で
　指定します.

```
1  source_image.rows
2  source_image.cols
```

を出力します．前者は横方向の大きさ，後者は縦方向の大きさです．

以下に「cv::Mat」の利用方法をまとめます．

```
 1  // 画像サイズ 640 x 480 , 画素値 0 に初期化して生成
 2  cv::Mat test_image = cv::Mat::zeros(cv::Size(640, 480), CV_8U);
 3  cv::Mat test_image = cv::Mat::zeros(cv::Size(640, 480), CV_8UC3);
 4
 5  // 以下のように書いてもよい（数字の順番に注意）
 6  cv::Mat test_image = cv::Mat::zeros(480, 640, CV_8U);
 7  cv::Mat test_image = cv::Mat::zeros(480, 640, CV_8UC3);
 8
 9  // source_imageと同じ大きさにしたいのであれば，次のように書いてもよい
10  cv::Mat test_image = cv::Mat::zeros(source_image.size(), CV_8UC3);
11
12  // 配列の要素をfloat型として，640 x 480 のサイズの画像を生成
13  cv::Mat test_image = cv::Mat(cv::Size(640, 480), CV_32F);
14
15  // source_imageのコピーを生成
16  cv::Mat copied_image = source_image.clone();
17
18  // copied_imageにsource_imageを代入
19  // clone()と異なりcopied_imageを変更するとsource_imageも変更されるので注意
20  cv::Mat copied_image = source_image;
21
22  // source_imageのすべての画素を 0 に初期化（グレースケールのときのみ有効）
23  source_image = 0*source_image; /* 注意!!! */
24
25  // source_imageのすべての画素を 100 に初期化（グレースケールのときのみ有効）
26  cv::Mat source_image = 100*cv::Mat::ones(cv::Size(640, 480), CV_8U); /* 注意!!! */
27  // 以下のようにしてもよい
28  source_image = 0*source_image + 100; /* 注意!!! */
29
30  // 画像の一部を矩形で切り出し
31  // 横方向 50 pixel，縦方向 60 pixelの位置から，横30，縦40の部分領域をpart_imageとする
32  cv::Mat part_image = source_image(cv::Rect(50, 60, 30, 40));
```

ソースコード中の「CV_**」の部分では，画素値の型を指定しています．たとえば「CV_8U」は unsigned char 型を，「CV_32F」は float 型を意味します．また，「CV_8UC3」は，一つの画素が 3 チャンネルをもち，各チャンネルが unsigned char 型であることを意味します．

また，cv::Mat クラスにはさまざまなオペレータが実装されており，以下のような行列演算も容易です．

```
1  cv::Mat c = a + b;  // aとbの足し算 /* 注意!!! */
2  cv::Mat c = a - b;  // aからbの引き算 /* 注意!!! */
3  cv::Mat c = a / 10; // aのすべての要素を10分の1にする /* 注意!!! */
```

120 第 7 章　コンピュータビジョン

さて，「/* 注意 !!! */」と書いたものについて説明します．「cv::Mat」を複数チャネルとして
扱う場合（CV_**C3 として定義した場合）には，これらの演算は各画素の 3 種のうち最初の値
だけにしか反映されません．たとえば，

```
1  cv::Mat a = cv::Mat::ones(cv::Size(1, 3), CV_8UC3);
2  std::cout << a << std::endl;
3  a = a + 10;
4  std::cout << a << std::endl;
```

とすると，出力は以下のようになります．

```
1  [1, 0, 0;   // 一つの画素が 3 種類の値をもつが，最初の値しか 1 になっていない！
2   1, 0, 0;
3   1, 0, 0]
4  [11, 0, 0;  // 最初の値にしか 10 が足されていない
5   11, 0, 0;
6   11, 0, 0]
```

以上のことを忘れていると，想定しない結果が出て苦しむことになるので，注意が必要です．

7.2.2　画像のパブリッシュとサブスクライブ

ここでは，ROS で画像処理の結果をほかのプログラムと連携する方法について解説します．こ
れ以降のすべてのサンプルコードでは，処理結果の画像を ROS メッセージとしてパブリッシュ
する処理が追加されますので確認してください．まず，画像を取得するノードと画像処理を行う
ノードについて考えます．たとえば，Kinect を「openni」で起動します．すると，画像を取得す
るノードは，カラー画像や深度画像を ROS トピックとしてパブリッシュします．画像処理ノー
ドでは，それをサブスクライブします．

画像が「/camera/image_color」というトピック名で存在している状況を考えましょう．ここ
では一定の周期で読み込んだ画像をトピックとしてパブリッシュする処理を行い，そのトピック
をサブスクライブするサンプルソースコードを示します．

ソースコード 7-2　opencv_ros.cpp

```
1  #include <time.h>
2  #include <ros/ros.h>
3  #include <ros/package.h>
4  #include <image_transport/image_transport.h>
5  #include <sensor_msgs/image_encodings.h>
6  #include <cv_bridge/cv_bridge.h>
7  #include <opencv2/imgproc/imgproc.hpp>
8  #include <opencv2/highgui/highgui.hpp>
9
10 const std::string OPENCV_WINDOW = "ImageWindow";
11
12 class ImageConverter
13 {
14   ros::NodeHandle nh_;
```

```
15    image_transport::Subscriber image_sub_;
16    image_transport::Publisher image_pub_ori_;
17    image_transport::Publisher image_pub_drawn_;
18
19 public:
20    ImageConverter(ros::NodeHandle& nh)
21    {
22      // Subscribe to input video feed and publish output video feed
23      image_transport::ImageTransport it(nh);
24      image_sub_ = it.subscribe("/camera/image_raw", 1,
25                                &ImageConverter::imageCb, this);
26      image_pub_ori_ = it.advertise("/camera/image_raw", 1);
27      image_pub_drawn_ = it.advertise("/image_converter/output_video", 1);
28
29      cv::namedWindow(OPENCV_WINDOW, CV_WINDOW_AUTOSIZE |
          CV_WINDOW_KEEPRATIO | CV_GUI_NORMAL);
30    };
31
32    ~ImageConverter()
33    {
34      cv::destroyWindow(OPENCV_WINDOW);
35    };
36
37    void publishReadImage(void)
38    {
39      std::string file_path = ros::package::getPath("test_opencv") +
          "/img/image1.jpg";
40      cv::Mat color_image = cv::imread(file_path, cv::IMREAD_COLOR);
41      sensor_msgs::ImagePtr msg = cv_bridge::CvImage(std_msgs::Header(), "bgr8",
          color_image).toImageMsg();
42      image_pub_ori_.publish(msg);
43    };
44
45    void imageCb(const sensor_msgs::ImageConstPtr& msg)
46    {
47      cv_bridge::CvImagePtr cv_ptr = cv_bridge::toCvCopy(msg,
          sensor_msgs::image_encodings::BGR8);
48
49      //円の描画
50      cv::RNG rng(clock());
51      int circle_r = 20;
52      int rand_x = (int)rng.uniform(0, cv_ptr->image.cols - circle_r*2);
53      int rand_y = (int)rng.uniform(0, cv_ptr->image.rows - circle_r*2);
54      cv::circle(cv_ptr->image, cv::Point(rand_x, rand_y), circle_r,
          CV_RGB(255, 0, 0), -1);
55
56      // GUI ウインドウのアップデート
57      cv::imshow(OPENCV_WINDOW, cv_ptr->image);
58
59      //結果の描画
60      image_pub_drawn_.publish(cv_ptr->toImageMsg());
61    };
62 };
63
64 int main(int argc, char** argv)
```

122 第 7 章 コンピュータビジョン

```
65 {
66   ros::init(argc, argv, "opencv_ros");
67   ros::NodeHandle nh;
68   ImageConverter ic(nh);
69
70   ros::Rate looprate (5);    // read image at 5Hz
71   while (ros::ok())
72   {
73     if (cv::waitKey(1) == 'q')
74       break;
75
76     ic.publishReadImage();
77     ros::spinOnce();
78     looprate.sleep();
79   }
80   return 0;
81 }
```

　OpenCV の画像と ROS のメッセージを相互変換する重要なパッケージが「cv_bridge」です．
OpenCV の画像を ROS のメッセージに変換する際には，次のような処理を行います．

opencv_ros.cpp（抜粋）

```
41     sensor_msgs::ImagePtr msg = cv_bridge::CvImage(std_msgs::Header(), "bgr8",
           color_image).toImageMsg();
```

　一方，ROS のメッセージを OpenCV の画像に変換するには，以下の処理を行います．実際に
「cv::Mat」型の画像を扱う場合には，「cv_ptr->image」というメンバにアクセスします．

opencv_ros.cpp（抜粋）

```
47     cv_bridge::CvImagePtr cv_ptr = cv_bridge::toCvCopy(msg,
           sensor_msgs::image_encodings::BGR8);
```

　それでは，このプログラムを実行してみましょう．まずは，「test_opencv.cpp」の場合と同様に，
「CMakeLists.txt」の中に「add_executable」と「target_link_libraries」の行を書き加えます．

CMakeLists.txt（抜粋）

```
22 add_executable(opencv_ros src/opencv_ros.cpp)
23 target_link_libraries(opencv_ros ${catkin_LIBRARIES} ${OpenCV_LIBRARIES})
```

その後「catkin_make」を実行すれば実行ファイルができますので，「source」コマンドを実行後，
以下のコマンドでプログラムを実行します．一定の周期でパブリッシュされる画像をサブスクラ
イブし，OpenCV の画像に変換したものを「cv::imread」で表示する様子が確認できます．円の
描画位置をランダムに設定しており，その位置が一定の周期で変化していることから，ROS メッ
セージのやりとりが成功していることを実感できるでしょう．

```
$ rosrun test_opencv opencv_ros
```

あるいは，本書のサンプルに含まれる launch ファイルを用いれば，パブリッシュされた描画前と後の画像が，それぞれ「RViz」のウィンドウで表示されることを確認できます．

```
$ roslaunch test_opencv opencv_ros.launch
```

ところで，画像はデータ量が多く，処理に時間がかかる場合があります．センサデータを取得してから処理結果を得るまでの間に，ロボットや認識対象などが動いてしまうことがあります．このような時間差が問題となる場合には，以下を組み合わせる対策が考えらます．

- 画像撮影時と画像データ処理終了時の時間差を計算する
- ロボットや認識対象の動きを予測する

前者は，たとえば「sensor_msgs」の Image メッセージを使っているのであれば，画像取得時に以下のように処理することで，撮影時の時刻を取得できます．

```
1  image_msg.header.stamp = ros::Time::now();
```

画像データの処理が終わった後で，もう一度「ros::Time::now()」を実行すれば，経過時間を正確に知ることができます．

後者については種々の方法がありますが，簡便で効果があるのは等速仮定です．つまり，一つ前のフレームから現在のフレームの間での動きが，現在のフレームから一つ後のフレームでも起こると想定して，画像データの処理プログラムを走らせます．

7.2.3　画像への描画とイベント検出

OpenCV には，研究開発の助けとなる補助機能がいくつか存在します．ここでは，描画機能や，マウスやキーボードからの入力を受け付ける機能を紹介します．

「test_get_input.cpp」を以下のように作成します．

ソースコード 7-3　test_get_input.cpp

```
1  #include <ros/ros.h>
2  #include <ros/package.h>
3  #include <image_transport/image_transport.h>
4  #include <sensor_msgs/image_encodings.h>
5  #include <cv_bridge/cv_bridge.h>
6  #include <opencv2/opencv.hpp>
7  #include <opencv2/highgui/highgui.hpp>
8
9  const std::string g_window_name = "display";
10 cv::Mat g_display_image;
11
12 void on_mouse(int event, int x, int y, int flags, void* param)
13 {
14   switch (event)
15   {
16     case CV_EVENT_MOUSEMOVE:
```

```
17      g_display_image.at<cv::Vec3b>(y, x).val[1] = 255;
18      g_display_image.at<cv::Vec3b>(y, x).val[2] = 255;
19      break;
20    case CV_EVENT_LBUTTONDOWN:
21      cv::circle(g_display_image, cv::Point(x, y), 5,
              cv::Scalar(255, 255, 255), 3);
22      break;
23    case CV_EVENT_RBUTTONDOWN:
24      cv::line(g_display_image, cv::Point(x-20, y), cv::Point(x+20, y),
              cv::Scalar(255, 255, 0), 2);
25      break;
26    case CV_EVENT_RBUTTONUP:
27      cv::line(g_display_image, cv::Point(x, y-20), cv::Point(x, y+20),
              cv::Scalar(255, 0, 255), 2);
28      break;
29    default:
30      break;
31  }
32  cv::imshow(g_window_name, g_display_image);
33 }
34
35 int main(int argc, char* argv[])
36 {
37   g_display_image = cv::Mat::zeros(300, 300, CV_8UC3);
38   cv::namedWindow(g_window_name,
39   CV_WINDOW_AUTOSIZE | CV_WINDOW_KEEPRATIO | CV_GUI_NORMAL);
40   cv::imshow(g_window_name, g_display_image);
41   cv::setMouseCallback(g_window_name, on_mouse, 0);
42
43   ros::init(argc, argv, "test_get_input");
44   ros::NodeHandle nh;
45   image_transport::ImageTransport it(nh);
46   image_transport::Publisher image_pub = it.advertise("/camera/image_raw", 1);
47   sensor_msgs::ImagePtr msg;
48
49   ros::Rate looprate (30);
50   while (ros::ok())
51   {
52     if (cv::waitKey(1) == 'q')
53       break;
54
55     msg = cv_bridge::CvImage(std_msgs::Header(), "bgr8",
              g_display_image).toImageMsg();
56     image_pub.publish(msg);
57     ros::spinOnce();
58     looprate.sleep();
59   }
60   return 0;
61 }
```

次に，「test_opencv.cpp」と同様に，「CMakeLists.txt」の中に「add_executable」と
「target_link_libraries」の行を書き加えます．

CMakeLists.txt（抜粋）

```
25  add_executable(test_get_input src/test_get_input.cpp)
26  target_link_libraries(test_get_input ${catkin_LIBRARIES} ${OpenCV_LIBRARIES})
```

「catkin_make」を実行したのち，プログラムを実行しましょう．

```
$ rosrun test_opencv test_get_input
```

すると，300 × 300 ピクセルの大きさで真っ黒な画像が表示されます．マウスカーソルをこの画像の上にもっていくと何が起こるかを確認してください．マウスを動かしながら左右のボタンをクリックすると，図 7-1 のようになったでしょうか．

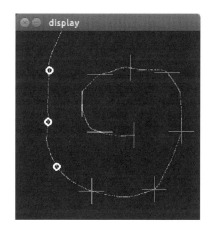

図 7-1　イベント検知プログラムの実行結果

このプログラムには以下の機能があります．

1. マウスカーソルが通った軌跡を黄色い点で描画
2. マウスの左ボタンを押した瞬間に画像上に白丸を描画
3. マウスの右ボタンを押した瞬間に水色の横棒を描画
4. マウスの右ボタンを離した瞬間に紫色の縦棒を描画
5. キーボードの「q」を押すとプログラムを終了

1〜4 の機能は，ソースコード中の「CV_EVENT_***」の部分で実現されます．1 は，画像の画素値を直接書き換えることで描画を実現します．2〜4 は，「cv::circle」と「cv::line」という 2 種類の関数を用いて，描画を実現しています．「cv::circle」の第 2 引数は画像座標，第 3 引数は円の半径，第 4 引数は色，第 5 引数は線の太さです．第 5 引数に「−1」を入れると円は塗りつぶされます．一方，「cv::line」の第 2，第 3 引数はそれぞれ線分の始点と終点です．

126 第7章 コンピュータビジョン

「on_mouse()」関数は，メイン文でコールバック関数として呼ばれます．引数の「x，y」は，上述した1～4からわかるように，現在のマウスカーソルが存在する場所の座標値です．コールバック関数を利用することにより，「display」と名付けられたウィンドウ上では，メインプロセスと並行にマウスイベントの検知ができるようになります．そして，キーボードが押されたことは「waitKey()関数」で検知し，それが「q」であったときのみプログラムが終了されます．

このプログラムが実行されている間は，「/camera/image_raw」トピックに，描画された画像がパブリッシュされますので，「image_view」というパッケージのノードを利用して，そのトピックのサブスクライブと表示を行ってみましょう．

```
$ rossun image_view image_view image:=/camera/image
```

画像トピック名である「/camera/image_raw」という名称のウィンドウに，描画された画像が表示されていれば，メッセージのやりとりに成功しています．

7.3 画像処理

7.3.1 エッジ検出

隣接した画素の間で濃度値もしくは色値が不連続に変化する部分を画像エッジとよびます．このエッジを検出することで，物体の輪郭や印刷された模様などを取得するための基礎的な情報を得ることができます．エッジ検出の画像処理方法はたくさん提案されていますが，ここでは，そのいくつかをサンプルプログラムとともに示します．

まず，次のように「test_edge_detection.cpp」を作成します．

ソースコード 7-4　test_edge_detection.cpp

```cpp
1  #include <ros/ros.h>
2  #include <ros/package.h>
3  #include <image_transport/image_transport.h>
4  #include <sensor_msgs/image_encodings.h>
5  #include <cv_bridge/cv_bridge.h>
6  #include <opencv2/opencv.hpp>
7  #include <opencv2/highgui/highgui.hpp>
8
9  const std::string g_window_name = "sobel";
10 const std::string g_file_path = ros::package::getPath("test_opencv") +
       "/img/image3.jpg";
11
12 class ImageConverter
13 {
14   ros::NodeHandle nh_;
15   image_transport::Publisher image_pub_ori_;
16   image_transport::Publisher image_pub_edge_;
17   cv::Mat image_ori_;
18
```

```
19  public:
20    ImageConverter(ros::NodeHandle& nh)
21    {
22      image_transport::ImageTransport it(nh);
23      image_pub_ori_ = it.advertise("/image_ori", 1);
24      image_pub_edge_ = it.advertise("/image_edge", 1);
25
26      cv::namedWindow(g_window_name,
27      CV_WINDOW_AUTOSIZE | CV_WINDOW_KEEPRATIO | CV_GUI_NORMAL);
28    };
29
30    ~ImageConverter()
31    {
32      cv::destroyWindow(g_window_name);
33    };
34
35    void publishEdgeImage(cv::Mat& edge_image)
36    {
37      cv::Mat image_ori_ = cv::imread(g_file_path, cv::IMREAD_COLOR);
38      sensor_msgs::ImagePtr msg_ori =
39      cv_bridge::CvImage(std_msgs::Header(), "bgr8", image_ori_).toImageMsg();
40      image_pub_ori_.publish(msg_ori);
41
42      cv::Mat image_edge_8u;
43      edge_image.convertTo(image_edge_8u, CV_8U);
44      sensor_msgs::ImagePtr msg_edge =
45      cv_bridge::CvImage(std_msgs::Header(), "mono8", image_edge_8u).toImageMsg();
46      image_pub_edge_.publish(msg_edge);
47    };
48  };
49
50  int main(int argc, char* argv[])
51  {
52    cv::Mat source_image = cv::imread(g_file_path, cv::IMREAD_GRAYSCALE);
53    cv::Mat edge_image;
54    cv::Sobel(source_image, edge_image, CV_32F, 1, 1, 3);
55
56    ros::init(argc, argv, "test_edge_detection");
57    ros::NodeHandle nh;
58    ImageConverter ic(nh);
59
60    ros::Rate looprate (5);
61    while (ros::ok())
62    {
63      if (cv::waitKey(1) == 'q')
64        break;
65      cv::imshow(g_window_name, edge_image);
66
67      ic.publishEdgeImage(edge_image);
68      ros::spinOnce();
69      looprate.sleep();
70    }
71    return 0;
72  }
```

128　第7章　コンピュータビジョン

　ここでも，「CMakeLists.txt」の中に「add_executable」と「target_link_libraries」の行を書き加えます．

CMakeLists.txt（抜粋）

```
28  add_executable(test_edge_detection src/test_edge_detection.cpp)
29  target_link_libraries(test_edge_detection ${catkin_LIBRARIES}
        ${OpenCV_LIBRARIES})
```

　その後「catkin_make」を実行すれば，実行ファイルができます．「source」コマンドを実行後，以下のコマンドでプログラムを実行できます．

```
$ rosrun test_opencv test_edge_detection
```

　もしくは，サンプルファイル「test_edge_detection.launch」を以下のコマンドで用いれば，パブリッシュされたエッジ検出前と後の画像が，それぞれ「image_view」のウィンドウで表示されることを確認できます．

```
$ roslaunch test_opencv test_edge_detection.launch
```

　ここで少し技術的な説明をしましょう．エッジ検出のための基本的な方式は，畳み込み演算（convolution）です．畳み込み演算では，たとえば 3×3 ピクセルの小さな配列を考え，配列の各要素にはエッジ検出器にふさわしい数値を代入しておきます．たとえば，上のプログラムでは「Sobel()」という関数を呼び出していますが，そこでは図7-2のように二つの配列（ソーベルオペレータとよびます．C++ のオペレータとは異なります）を用いています．

-1	0	1
-2	0	2
-1	0	1

-1	-2	-1
0	0	0
1	2	1

縦エッジ検出用　　　　横エッジ検出用

図7-2　ソーベルオペレータ

　画像エッジの計算方法は次のようにします．まず，ソーベルオペレータを画像のある部位に重ね合わせます．ここでは，画像はグレースケールであり，その部位の画素値は図7-3のようであったとしましょう（値が小さいほどその画素は暗く，大きいほど明るい）．この二つの配列を利用し，以下のような計算を実行します．

$$
\begin{aligned}
dx = &(-1) \times 50 \ + 0 \times 60 \ + 1 \times 130 \\
&+ (-2) \times 65 \ + 0 \times 150 + 2 \times 180 \\
&+ (-1) \times 120 + 0 \times 160 + 1 \times 200
\end{aligned}
$$

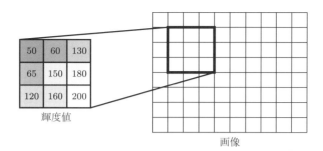

図 7-3 ソーベルオペレータを用いたエッジ検出

$$dy = (-1) \times 50 \ + (-2) \times 60 + (-1) \times 130$$
$$+ 0 \times 65 \quad\ \ + 0 \times 150 \ \ + 0 \times 180$$
$$+ 1 \times 120 \ \ + 2 \times 160 \ \ + 1 \times 200$$

これらの計算では，$dx = 390$ と $dy = 340$ になります．これらの値から，エッジの強さと方向を次のように計算できます．

$$r = \sqrt{dx^2 + dy^2}$$
$$\theta = \tan^{-1}\left(\frac{dy}{dx}\right)$$

もし隣り合う画素の輝度差が大きい場合は，r の値は大きくなります．つまり，r の大小を見ることで，画像エッジを検出できます．この例では，この画素周辺には強いエッジが存在する，と判断できます．

エッジ検出処理は，通常，このような処理をすべての画素に対して実行します．プログラム上では，左上の画素から始めて，最初の 1 行分の画素を処理し終わったら，次の行に移ります[†]．もし自分でエッジ検出のソースコードを書くのであれば，以下のように for ループを回すのが定石です．

```
for (int i=0; i<source_image.rows; i++)
  for (int j=0; j<source_image.cols; j++) {
    float val = sobel_calculation(); /* ソーベルオペレータによるエッジの強度計算 */
    edge_image.at<float>(i, j) = val;
  }
```

つまり，「edge_image」をもとの画像と同じ大きさの配列とし，そこに val を代入していくと，エッジ画像が得られます．

さて，OpenCV を利用すれば，次の 1 行を書けば十分です．

```
cv::Sobel(source_image, edge_image, CV_32F, 1, 1);
```

[†] このような走査方法は，ラスタ走査やラスタスキャンなどとよばれます．

130 第7章 コンピュータビジョン

「source_image」は「CV_8U（unsigned char）」型の「cv::Mat」で与えるべきですが，結果として得られる「edge_image」の型は「CV_32F（float）」型となります．

このほかにも，ラプラシアンフィルタ（cv::Laplacian），キャニーアルゴリズム（cv::Canny）などがあります．これらを使用したければ，「test_edge_detection.cpp」の「cv::Sobel」の部分をそれぞれ以下のように書き変えてください．

test_edge_detection.cpp の変更

```
1  // Laplacian
2  cv::Laplacian(source_image, edge_image, CV_32F, 3);
3
4  // Canny
5  cv::Canny(source_image, edge_image, 50, 200);
```

ラプラシアンフィルタは，エッジ検出の方式こそソーベルフィルタとは異なりますが，エッジ検出の処理自体はほとんど変わりがありません．オペレータの中身が違うだけです．一方で，キャニーアルゴリズムは少し複雑です．エッジ検出オペレータをもとの画像に適用した後に，エッジ強度が強い部分をたどる処理を実行します．「cv::Canny」の第3引数と第4引数は，大きいほうの値がエッジをたどる処理の初期値の閾値で，小さいほうの値はたどる処理を続けるか否かを決めるための閾値です．キャニーアルゴリズムを適用した後の画像では，画像エッジが細い線分として得られるので，輪郭の大きさを画素数として得たいときなどにも便利です．

また，エッジ検出と同様に畳み込み演算を行う画像処理として，平滑化処理があります．以下は，ガウシアンフィルタを適用した例です．

```
1  cv::Mat smoothed_image;
2  cv::GaussianBlur(source_image, smoothed_image, cv::Size(3, 3), 1.0);
```

このようにして得られる「smoothed_image」は，隣り合う画素どうしの輝度差が小さくなります．平滑化処理は，ランダムノイズやデータ圧縮の影響などを軽減する目的で用いられます．なお，上記のような単純な平滑化は画像が本来もっているエッジ情報も小さくしてしまう可能性があります．それを避けたい場合は，「cv::bilateralFilter」の利用も検討してみてください．ほかにも，畳み込み演算のカーネルを自前で設定できる「cv::filter2D」などがあります．

7.3.2 キーポイントの抽出と照合

画像に映り込んだ特定の物体を見つけたい，カメラの動きを画像から知りたいなどの目的には，画像特徴点の利用が便利です．画像特徴点とは，ある点とその周辺の画素値から，その点に特有の表現を与えるものです．

OpenCV には多くの画像特徴点が実装されており，目的や状況に応じて便利に使うことができます．以下にサンプルプログラムを示します．

ソースコード 7-5　test_feature_detection.cpp

```cpp
 1 #include <ros/ros.h>
 2 #include <ros/package.h>
 3 #include <image_transport/image_transport.h>
 4 #include <sensor_msgs/image_encodings.h>
 5 #include <cv_bridge/cv_bridge.h>
 6 #include <opencv2/imgproc/imgproc.hpp>
 7 #include <opencv2/highgui/highgui.hpp>
 8 #include <opencv2/features2d/features2d.hpp>
 9
10 int main(int argc, char** argv)
11 {
12   std::string file_path = ros::package::getPath("test_opencv") +
         "/img/image1.jpg";
13   cv::Mat color_image = cv::imread(file_path, cv::IMREAD_COLOR);
14   cv::Mat gray_image;
15   cv::cvtColor(color_image, gray_image, CV_BGR2GRAY);
16
17   cv::Ptr<cv::MSER> detector = cv::MSER::create();
18
19   std::vector<cv::KeyPoint> keypoints;
20   detector->detect(gray_image, keypoints);
21
22   std::vector<cv::KeyPoint>::iterator it = keypoints.begin();
23   for(; it!=keypoints.end(); ++it)
24   {
25     cv::circle(color_image, it->pt, 1, cv::Scalar(0, 0, 255), -1);
26     cv::circle(color_image, it->pt, it->size, cv::Scalar(0, 255, 255), 1, CV_AA);
27   }
28
29   ros::init(argc, argv, "test_feature_detection");
30   ros::NodeHandle nh;
31   image_transport::Publisher image_pub;
32   image_transport::ImageTransport img_trans(nh);
33   image_pub = img_trans.advertise("/image_feature", 1);
34
35   ros::Rate looprate (5);   // read image at 5Hz
36   while (ros::ok())
37   {
38     if (cv::waitKey(1) == 'q')
39       break;
40     cv::imshow("Features", color_image);
41
42     sensor_msgs::ImagePtr msg =
43     cv_bridge::CvImage(std_msgs::Header(), "bgr8", color_image).toImageMsg();
44     image_pub.publish(msg);
45     ros::spinOnce();
46     looprate.sleep();
47   }
48   return 0;
49 }
```

132　第 7 章　コンピュータビジョン

「CMakeLists.txt」の中に「add_executable」と「target_link_libraries」の行を書き加え,「catkin _make」をします.

CMakeLists.txt（抜粋）

```
31  add_executable(test_feature_detection src/test_feature_detection.cpp)
32  target_link_libraries(test_feature_detection ${catkin_LIBRARIES}
        ${OpenCV_LIBRARIES})
```

「source」コマンドを実行後,以下のコマンドでプログラムを実行できます.

```
$ rosrun test_opencv test_feature_detection
```

本書のサンプルでは,下記のコマンドにより「image_view」も実行されます.

```
$ roslaunch test_opencv test_feature_detection.launch
```

キーポイント（日本語では特徴点とよばれることが多い）を得るには,基本モジュールの場合は「cv::****」,拡張モジュール[†1]の場合は「cv::xfeatures2d::****」というクラスを使います.「****」の部分は手法の名称であり,基本モジュールでは「FastFeatureDetector」「MSER」「BRISK」などを,拡張モジュールでは「StarDetector」「SIFT」「SURF」などを入れます[†2].これらの手法の詳細は,それぞれの単語で検索すれば,わかりやすいスライドや論文などが入手できます.

前述のソースコードでは「MSER」を利用しています.「detector」というオブジェクトを生成し,「detect」メソッドを利用して「cv::KeyPoint」というクラスオブジェクトにキーポイントの位置やスケール,方向情報などを格納します.そして,「cv::KeyPoint」に格納されたそれらの情報は,そのオブジェクトのメンバ変数にアクセスすることで得ることができます.上の例では,「pt」は座標値を格納している「cv::Point」クラスで,「size」はキーポイントのスケールを表す「float」型の変数です.

さて,次はキーポイントどうしを照合することを考えましょう.照合に必要な情報として,ディスクリプタ（日本語では特徴ベクトルとよばれることが多い）の算出が必要です.キーポイントの抽出はキーポイントとするのに適切な画素を探す処理でしたが,ディスクリプタは,各キーポイントごとに算出される数値列です.キーポイントどうしの照合では,このディスクリプタの類似度を計算します.

前準備として,「image1.jpg」と「image2.jpg」という 2 枚の画像を作成しましょう.「image2.jpg」には「発見したい物」が写っており,「image1.jpg」から「発見したい物」を探すことを考えます.図 7-4 に,著者の手元にあった画像の例を示します.「image1.jpg」の一部を切り取って 1.2 倍に拡大したものを「image2.jpg」としました.

[†1] OpenCV3 ではライセンスの問題で,拡張モジュールは「opencv_contrib」というリポジトリで管理されています.

[†2] 性能面でのお勧めは「SIFT」です.

image1.jpg　　　　　　　　　　　image2.jpg

図 7-4　キーポイント照合のために用意した 2 枚の画像

では，少し複雑になりますが，以下にソースコードを示します．

ソースコード 7-6　test_feature_detection_matching.cpp

```cpp
#include <ros/ros.h>
#include <ros/package.h>
#include <image_transport/image_transport.h>
#include <sensor_msgs/image_encodings.h>
#include <cv_bridge/cv_bridge.h>
#include <opencv2/imgproc/imgproc.hpp>
#include <opencv2/highgui/highgui.hpp>
#include <opencv2/features2d/features2d.hpp>

void detectFeature(cv::Mat& source_image,
std::vector<cv::KeyPoint>& keypoints, cv::Mat& descriptors)
{
  cv::Mat gray_image;
  cv::cvtColor(source_image, gray_image, CV_BGR2GRAY);

  cv::Ptr<cv::MSER> detector = cv::MSER::create();
  detector->detect(source_image, keypoints);

  cv::Ptr<cv::DescriptorExtractor> descriptor_extractor =
  cv::ORB::create();
  descriptor_extractor->compute(gray_image, keypoints, descriptors);
}

void extractGoodMatches(cv::Mat descriptors1,
      std::vector<cv::DMatch>& matches, std::vector<cv::DMatch>& good_matches)
{
  double max_dist = 0; double min_dist = 100;
  for ( int i = 0; i < descriptors1.rows; i++ )
  {
    double dist = matches[i].distance;
```

```
31      if  (dist < min_dist) min_dist = dist;
32      if  (dist > max_dist) max_dist = dist;
33    }
34    for( int i = 0; i < descriptors1.rows; i++ )
35    {
36      if  (matches[i].distance <= cv::max(2*min_dist, 0.02))
37        good_matches.push_back( matches[i]);
38    }
39  }
40
41  int main(int argc, char** argv)
42  {
43    std::string file_path1 = ros::package::getPath("test_opencv") +
          "/img/image2.jpg";
44    cv::Mat color_image1 = cv::imread(file_path1, cv::IMREAD_COLOR);
45    std::vector<cv::KeyPoint> keypoints1;
46    cv::Mat descriptors1;
47    detectFeature(color_image1, keypoints1, descriptors1);
48
49    std::string file_path2 = ros::package::getPath("test_opencv") +
          "/img/image1.jpg";
50    cv::Mat color_image2 = cv::imread(file_path2, cv::IMREAD_COLOR);
51    std::vector<cv::KeyPoint> keypoints2;
52    cv::Mat descriptors2;
53    detectFeature(color_image2, keypoints2, descriptors2);
54
55    cv::Ptr<cv::DescriptorMatcher> descriptor_matcher =
56    cv::DescriptorMatcher::create("BruteForce");
57
58    std::vector<cv::DMatch> matches, good_matches;
59    descriptor_matcher->match(descriptors1, descriptors2, matches);
60
61    extractGoodMatches(descriptors1, matches, good_matches);
62
63    cv::Mat result_image;
64    cv::drawMatches(color_image1, keypoints1, color_image2, keypoints2,
65    good_matches, result_image, cv::Scalar::all(-1), cv::Scalar::all(-1),
66    std::vector<char>(), cv::DrawMatchesFlags::NOT_DRAW_SINGLE_POINTS);
67
68    ros::init(argc, argv, "test_feature_detection_matching");
69    ros::NodeHandle nh;
70    image_transport::Publisher image_pub;
71    image_transport::ImageTransport img_trans(nh);
72    image_pub = img_trans.advertise("/image_feature_matching", 1);
73
74    ros::Rate looprate (5);
75    while (ros::ok())
76    {
77      if (cv::waitKey(1) == 'q')
78        break;
79      cv::imshow("Matching result", result_image);
80
81      sensor_msgs::ImagePtr msg =
82      cv_bridge::CvImage(std_msgs::Header(), "bgr8", result_image).toImageMsg();
83      image_pub.publish(msg);
```

```
84    ros::spinOnce();
85    looprate.sleep();
86  }
87  return 0;
88 }
```

これまでと同様に,「CMakeLists.txt」の中に「add_executable」と「target_link_libraries」の行を書き加え,「catkin_make」を実行します.

CMakeLists.txt（抜粋）

```
34  add_executable(test_feature_detection_matching
        src/test_feature_detection_matching.cpp)
35  target_link_libraries(test_feature_detection_matching ${catkin_LIBRARIES}
        ${OpenCV_LIBRARIES})
```

「source」コマンドの実行後,以下のコマンドでプログラムを実行できます.

```
$ rosrun test_opencv test_feature_detection_matching
```

本書のサンプルでは,次のコマンドで「image_view」も実行されます.

```
$ roslaunch test_opencv test_feature_detection_matching.launch
```

メイン文の中で,「descriptors1」,「descriptors2」という「cv::Mat」型の変数を定義しています.ここに,「image2.jpg」,「image1.jpg」のそれぞれから算出したディスクリプタを格納します.これらの変数は,キーポイントの数を n,ディスクリプタの次元を m とした場合に,$n \times m$ の行列になります.つまり,一つの行に一つのディスクリプタの数値が並べられ,それがキーポイントの数だけ縦に並べられた行列ができます.

このソースコードでは,「DetectFeature()」という関数を準備し,キーポイントの抽出とディスクリプタの算出を行っています.キーポイントの抽出には,先ほどと同様に「MSER」を用い,ディスクリプタの算出には「ORB」を用いました.なお,著者の手元で確認できたキーポイントとディスクリプタの組合せを表7-1に示します.おそらく,もっと多くの組合せが利用できると思いますので,興味があれば確認をしてください.

キーポイントどうしの照合と結果の描画は,「cv::DescriptorMatcher」と「cv::drawMatches」が使えます.図7-5に,これらのプログラムの出力結果を示しました.対応がついた二つのキーポイントは線で結ばれています[†].

表7-1 キーポイント,ディスクリプタの組合せ

Keypoint	FAST	STAR	FAST	MSER	BRISK	SIFT	SURF
Descriptor	SURF	SIFT	ORB	ORB	BRIEF	SIFT	SURF

[†] 照合の精度を上げるために,クロスチェックという相互照合を行う手法があります.詳細はウェブで解説資料を参照してください.

図 7-5　キーポイント照合の結果

7.3.3　機械学習

OpenCV では，いくつかの機械学習手法も利用できます．例として，入力するデータが，あらかじめ設定しておいた 2 クラスのどちらに所属するかを判別してみましょう．

機械学習の実装を利用するためには，まず「ml.hpp」のインクルードが必要です．ここでは，サポートベクターマシン（SVM）を利用してみましょう[†]．

ソースコード 7-7　test_svm.cpp

```
1  #include <ros/ros.h>
2  #include <ros/package.h>
3  #include <image_transport/image_transport.h>
4  #include <sensor_msgs/image_encodings.h>
5  #include <cv_bridge/cv_bridge.h>
6  #include <opencv2/imgproc.hpp>
7  #include <opencv2/highgui.hpp>
8  #include <opencv2/ml.hpp>
9  #include <iostream>
10
11 cv::Mat makeData(float offset)
12 {
13   cv::Mat data = cv::Mat::zeros(100, 2, CV_32F);
14   cv::randn(data, offset, 0.5);
15   return data;
16 }
17
18 int main(int argc, char** argv)
19 {
20   // (1) 学習データの生成（ディスクリプタの生成）
```

[†] ほかにも，ベイズ分類器（NormalBayesClassier），KNN 法（CvKNearest），ランダムツリー（RTrees）などがあります．

```cpp
21   cv::Mat positive_data = makeData(0.8);
22   cv::Mat negative_data = makeData(-0.8);
23   cv::Mat training_data;
24   cv::vconcat(positive_data, negative_data, training_data);
25
26   // (2) 学習データの生成（クラスの付与）
27   cv::Mat positive_class = 1*cv::Mat::ones(positive_data.rows, 1, CV_32SC1);
28   cv::Mat negative_class = 2*cv::Mat::ones(negative_data.rows, 1, CV_32SC1);
29   cv::Mat training_class;
30   cv::vconcat(positive_class , negative_class , training_class);
31
32   // (3) 識別器の訓練
33   cv::Ptr<cv::ml::SVM> svm = cv::ml::SVM::create();
34   svm->setType(cv::ml::SVM::C_SVC);
35   svm->setKernel(cv::ml::SVM::LINEAR);
36   svm->setTermCriteria(cv::TermCriteria(cv::TermCriteria::MAX_ITER, 100, 1e-6));
37   svm->train(training_data, cv::ml::ROW_SAMPLE, training_class);
38
39   // (4) データの入力と識別処理
40   std::cout<< "-1.0から1.0の範囲の数値を空白で区切って二つ入力してください";
41   cv::Mat data = cv::Mat::zeros(1, 2, CV_32F);
42   std::cin >> data.at<float>(0, 0) >> data.at<float>(0, 1);
43   float ret = svm->predict(data);
44   std::cout << "所属クラスは" << ret << "です. " << std::endl;
45
46   // 結果の描画
47   cv::Mat canvas= cv::Mat::zeros(200, 200, CV_8UC3);
48   cv::Scalar p_color = cv::Scalar(0, 0, 255);
49   cv::Scalar n_color = cv::Scalar(0, 255, 0);
50   for (int i=0; i<positive_data.rows; i++)
51   {
52       cv::Mat p = 50*positive_data(cv::Rect(0, i, 2, 1)) + 100;
53       cv::Mat n = 50*negative_data(cv::Rect(0, i, 2, 1)) + 100;
54       cv::circle(canvas, cv::Point(p.at<float>(0, 0), p.at<float>(0, 1)), 1,
55           p_color, -1);
55       cv::circle(canvas, cv::Point(n.at<float>(0, 0), n.at<float>(0, 1)), 1,
           n_color, -1);
56   }
57
58   cv::Scalar color = (ret >= 0 ? p_color : n_color) + cv::Scalar(255, 0, 0);
59   cv::Mat d = 50*data + 100;
60   cv::circle(canvas, cv::Point(d.at<float>(0, 0), d.at<float>(0, 1)), 5,
           color, -1);
61
62   ros::init(argc, argv, "test_svm");
63   ros::NodeHandle nh;
64   image_transport::Publisher image_pub;
65   image_transport::ImageTransport img_trans(nh);
66   image_pub = img_trans.advertise("/image_svm", 1);
67
68   ros::Rate looprate(5);
69   while (ros::ok())
70   {
71       if (cv::waitKey(1) == 'q')
```

138　第 7 章　コンピュータビジョン

```
72        break;
73      cv::imshow("SVM", canvas);
74
75      sensor_msgs::ImagePtr msg =
76      cv_bridge::CvImage(std_msgs::Header(), "bgr8", canvas).toImageMsg();
77      image_pub.publish(msg);
78      ros::spinOnce();
79      looprate.sleep();
80    }
81    return 0;
82  }
83 }
```

これまでと同様に，「CMakeLists.txt」の編集と「catkin_make」を行います．

CMakeLists.txt（抜粋）

```
37   add_executable(test_svm src/test_svm.cpp)
38   target_link_libraries(test_svm ${catkin_LIBRARIES} ${OpenCV_LIBRARIES})
```

「source」コマンドの実行後，以下のコマンドでプログラムを実行できます．

```
$ rosrun test_opencv test_svm
```

本書のサンプルでは，次のコマンドで「image_view」も実行されます．

```
$ roslaunch test_opencv test_svm.launch
```

このソースコードの処理は，大きく三つに分けることができます．

(1)，(2) **学習データの生成**: 異なる正規分布に従う二次元ベクトルの集合を二つ生成します．一つの集合に含まれるベクトルの数は 100 で，一つ目のベクトル集合をクラス 1，二つ目のベクトル集合をクラス 2 とよぶことにします．

(3) **識別器の訓練**: 学習データを利用して，SVM の識別器を訓練します．

(4) **データの入力と識別処理**: 入力されたベクトルのクラスを判別します．クラス 1 であれば正の値，クラス 2 であれば負の値が出力されます．

(3) の部分では，具体的な二つの数値（2 次元ベクトル）を入力します．図 7-6 に，二つの識別結果の例を示します．クラス 1 に属する学習データは赤い点，クラス 2 に属する学習データは緑の点で表示されています．大きな点は入力ベクトルを表しており，それが水色であればクラス 1，ピンク色であればクラス 2 に属することを意味します．サンプルソースコードの中で使用している「vconcat(A, B, C)」という関数は，A と B という cv::Mat 型の行列データを垂直方向に連結して，新たに C をつくる関数です．水平方向に連結する「hconcat()」という関数もなかなか便利です．59 行目の「50*data + 100」の部分は，7.2 節の解説を参照してください．

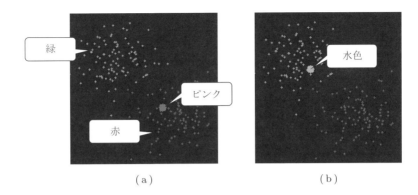

図 7-6　二クラス分類プログラムの処理結果

なお，上記のサンプルは紙面の制約の都合上機能を絞り込んでいますが，次のような事柄も知っておくと，実装の幅がより広がります．

- 二次元のベクトルのソースコードを紹介しましたが，もちろん，このベクトルはもっと大きな次元としても大丈夫です．たとえば，7.3.2項で紹介したディスクリプタは，場合によっては数百，数千次元のベクトルになりますし，それらを学習データとする方法もあります（ただし，高次元ベクトルを扱うときほど，学習データも多く用意しておく必要があります）．
- 「svm.save("svm.xml")」とすると，学習された識別器を保存できます．保存した識別器を読み出すには，「svm.load("svm.xml")」とします．
- 3種類以上のクラスを定義した場合でも識別器を生成することができます．ただし，その場合は「predict()」関数の戻り値が整数となり，その数値はクラス番号を示すことになります．
- 学習データを生成するプログラムと，学習を行うプログラムを分けておくと，ソースコードの管理が楽になります．そのためには，データの保存と読み出しが必要です．あるプログラム中で，学習データを「cv::Mat training_data」として保持しているのであれば，以下のようにすればファイルに保存できます．

```
1 cv::FileStorage file_storage("training_data.yaml", cv::FileStorage::WRITE);
2 file_storage << "data" >> training_data;
```

読み出すときには以下のように書きます．

```
1 cv::Mat training_data;
2 cv::FileStorage file_storage("training_data.yaml", cv::FileStorage::READ);
3 file_storage["data"] >> training_data;
```

7.3.4 画像と空間

画像処理の結果からロボットの動きを決めるためには，画像という二次元平面の世界だけでなく，ロボットが動き回る三次元空間の世界を考慮した処理が必要です．ここでは，二次元画像と三次元空間を結びつけるための初歩的な知識を説明し，OpenCV で実装されているいくつかの関数を紹介します．

まず，図 7-7 を見てください．この図は，三次元空間中にある点 P をカメラで撮影している様子を簡略化し，真横から見たものです．紙面と垂直な方向に x 軸，紙面上方向に y 軸，紙面右方向に z 軸を定義します．また，この座標系の原点は「カメラ中心」と書かれた部分にあり，点 P の座標を (x, y, z) とします．

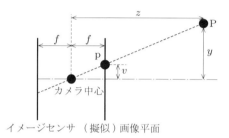

図 7-7 画像の生成過程（透視投影モデルに基づいて簡略化している）

点 P からカメラ中心の方向へ伸ばした光がイメージセンサに当たり，その位置によって画像上の座標 (u, v) が決まります．カメラ中心からイメージセンサまでの距離を焦点距離 f とよび，これがピクセルを単位とする数値でわかっているとします[†]．ここで，「イメージセンサ」の平面を「カメラ中心」に対して反対側に移動したものを「擬似画像平面」とすると，相似により以下が成り立ちます．

$$\frac{v}{f} = \frac{y}{z} \tag{1}$$

x と u の間にも同様の関係があるので，それぞれの式を変形して以下の 2 式を得ることができます．

$$u = f\frac{x}{z}, \quad v = f\frac{y}{z} \tag{2}$$

図 7-7 のように簡略化した表現を透視投影モデルとよび，空間中の点 P と画像上の点 p とを結びつける式 (2) の計算を透視変換とよびます．この変換を用いると，点 P の座標が既知であると

[†] 焦点距離 f などを撮影画像から求める手段を，カメラの内部パラメータ推定，もしくはカメラキャリブレーションとよぶこともあります（ただし，カメラキャリブレーションという言葉はカメラの位置姿勢推定も含む場合がありますので，使い方に注意が必要です）．ROS には，カメラキャリブレーションのためのツールが用意されていますが，一般的な画角のカメラを使っていて，焦点距離がそれほど正確でなくてもよければ，$f =$ 画像の横幅 [pixel] としてしまうのも一つの手です．

きに，点 p の座標，つまり点 P が画像上のどこに映るかを知ることができます．一方で，点 p だけがわかったとしても，一つの式に未知の変数が二つ残っているので，点 P の座標を得ることはできません．ただし，たとえば Kinect などの三次元距離画像センサでは，カラー画像と深度画像が得られます．その深度情報を参照することで，z 座標を得ることができます．これによって，既知である (u, v, z, f) を用いて (x, y) を算出することができ，点 P の三次元座標が求められます．

画像と空間の関係を利用する別のアプリケーションとして，撮影の視点を変えたときの対象物の映り方を推定する方法を一つ紹介しましょう．図 7-5 のように，二つの画像間でキーポイントの抽出と照合を行ったとしましょう．もし，これらのキーポイントがある平面上に存在している（図 7-5 はそうなっていませんが）ことがわかっているのであれば，「findHomography」関数を利用することで，次のような処理が可能です．

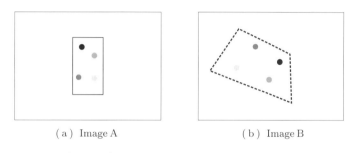

（a）Image A　　　　　　　　　（b）Image B

図 7-8　平面上のキーポイントの対応から認識対象の輪郭を推定

図 7-8(a) に示す「Image A」は，四角い板を正面から撮影した画像だとします．そして，その板からいくつかの特徴点が画像処理で抽出されたとします．そして，カメラを移動し，別の視点から撮影した画像を図 (b) の「Image B」とします．「findHomography」関数は，4 点以上のキーポイントがあれば利用できます．この関数の戻り値を利用すれば，たとえば，あらかじめ「Image A」で長方形に見えていた板の輪郭が，「Image B」ではどのような形になっているかを予測することができます．

このほかに，「findFundamentalMat」関数を利用すると，2 か所の撮影視点における位置と方位の変化量がわかります[†]．この場合は，キーポイントは同一平面上に存在していなくても計算ができます．ただし，手順はやや複雑です．まず，「findFundamentalMat」関数を用いて基礎行列 F を求め，そこから基本行列 E を求めた後，それを回転行列 R と平行移動ベクトル T に分解します．安定した結果を得るためには，多数のキーポイントが精度よく照合できている必要があります．

ほかに利用できる関数には，たとえば，キーポイントの三次元位置が既知であるときに撮影対象の位置と方位を計算する「solvePnP」関数などがあります．

[†] 正確には，位置変化の絶対量はわかりません．撮影対象の大きさをあらかじめ与えておくなどの準備が必要です．

本章では，OpenCV の使い方を中心に，コンピュータビジョンのプログラミングや ROS との連携方法を解説しました．しかし，これらは OpenCV の機能の一部でしかありません．ぜひ個人で研鑽を続け，応用をきかせたソフトウェアを開発してください．たとえば，7.3 節の内容を第 4 章の内容と組み合わせれば，特定の物体を発見してそれを追跡するようなロボットシステムが構築できるでしょう．このとき，画像処理のソースコードだけを ROS パッケージ化しておけば，ほかのアプリケーションや，ほかのロボットシステムへの転用も簡単になります．

OpenCV に関する情報は，本書のほかにも詳しいものがたくさん存在します．インターネットを使えるのならば，OpenCV のリファレンスマニュアル[†]を見ることを強くお勧めします．日本語が得意な（日本語以外の言語が苦手な）読者にとっては，opencv.jp というすばらしいサイトがあるので，参考にしてください．サンプルプログラムも多く紹介されており，目的に応じたプログラミングを強力に手助けしてくれることでしょう．

[†] たとえば，http://opencv.jp/opencv-2svn/cpp/

第8章
ポイントクラウド

　近年，ロボットの認識に関する研究開発において，ポイントクラウド（点群）の活用が活発化しています．ポイントクラウドとは，計測対象の三次元構造を点の集合で表現したものです．これをリアルタイムに取得する方法として，距離画像カメラや3次元 LiDAR などが広く用いられています．また，この三次元点群についてさまざまな処理を行うライブラリとして，PCL（Point Cloud Library）が広く用いられています．PCL は，ポイントクラウドの位置や色，法線ベクトル，反射強度などのさまざまなデータタイプを扱うことができるうえ，フィルタリング，特徴抽出，レジストレーション，モデルフィッティングといった主要な点群処理アルゴリズムを提供します．もともと，PCL は ROS の一部として公開されたという経緯があります．たとえば，PCL のポイントクラウドデータと ROS のメッセージを相互変換できる親和性の高い連携パッケージも存在しているため，ROS においても容易に点群処理のプログラミングが可能です．

　この章では，PCL で処理したポイントクラウドを ROS ネットワークと連携させるための簡単なサンプルプログラムを解説します．まずは PCL によるアルゴリズム実行の基本，続いて PCL と ROS 間のデータ変換に関する主な API，そして実際に PCL と ROS を連携させるサンプルプログラムという順で説明します．サンプルコードの構成は，オブジェクト指向の特長を意識した実践的なつくりとなっています．

8.1　PCL と ROS の連携の概要

8.1.1　PCL による処理の基本

　PCL は，三次元点群処理のライブラリです．PCL では各種点群処理のテンプレートクラスが存在しており，これをインスタンス化†した後に，処理対象のポイントクラウドやパラメータを入力して，処理メソッドを実行します．ポイントクラウドのデータ型をテンプレートとして指定することで，そのデータ型に即した処理が可能です．この概念を，次の擬似的なコードで確認してみましょう．斜体部分は処理対象によって入れ替えられる箇所として表現しています．

---

† クラスを使える状態にすること．

144 第 8 章　ポイントクラウド

ソースコード 8-1　PCL によるアルゴリズム実行の基本構造

```
1  pcl::PointCloud<pcl::CloudT> input;  // PCL のポイントクラウド（入力）
2  pcl::PointCloud<pcl::CloudT> output; // PCLのポイントクラウド（出力）
3
4  pcl::AlgorithmClass<pcl::CloudT> instance; // アルゴリズムクラスをインスタンス化
5  instance.setInputCloud(input.makeShared()); // 入力データを渡す
6  instance.setParameter(parameter); // パラメータを設定する
7  instance.execute(output); // 処理結果を変数に格納する
```

　PCL では入出力のポイントクラウドのクラス型として「pcl::PointCloud」が使用されます．
使用するポイントクラウドのデータ型はテンプレートとして「*CloudT*」を指定します．代表的
なデータ型の例として三次元の点を表す「pcl::PointXYZ」や，それに加えて反射強度を格納し
た「pcl::PointXYZI」などがありますが，本章で扱うサンプルコードでは「pcl::PointXYZ」の
みを扱うものとします．

　さらに，処理を入れ替えることが可能な項目として，アルゴリズムのクラス型である
「*AlgorithmClass*」，それぞれパラメータ設定メソッドと設定パラメータである「*setParameter*」
と「*parameter*」，そしてアルゴリズムを実行するメソッドである「*execute*」があり，これを処
理に応じて使い分けるのが PCL におけるアルゴリズム実行の基本構造です[†]．これさえ理解して
おけば，後に掲載するサンプルコードの処理が理解できます．

8.1.2　ROS API

　PCL のデータと ROS のデータを相互に変換するための API が，「pcl_conversions」という
パッケージで提供されています．ROS を PCL と連携させる場合には，ROS ネットワーク内の
ROS のメッセージをサブスクライブした後に，PCL のデータに変換し，さらに PCL のアルゴ
リズムクラスで処理を実行した後に，再度 ROS のメッセージに変換してパブリッシュする，と
いう手順を踏みます．その概念図を図 8-1 に示します．

　PCL のデータ型に対応した種々の ROS メッセージの型が，このようなソフトウェア構成で
PCL を扱えるように用意されています．ここでは，それらから抜粋して，本章のサンプルコード
で扱うデータについて説明をします．

ポイントクラウドデータの変換

　ポイントクラウドのデータを変換するメソッドは以下のとおりです．

ソースコード 8-2　PCL・ROS 間のポイントクラウドデータの変換メソッド

```
1  void toROSMsg(const pcl::PointCloud<CloudT> &, sensor_msgs::PointCloud2 &);
2  void fromROSMsg(const sensor_msgs::PointCloud2 &, pcl::PointCloud<CloudT> &);
```

「toROSMsg()」は PCL データ型である「pcl::PointCloud⟨*CloudT*⟩」から，ROS メッセー
ジ型である「sensor_msgs::PointCloud2」への変換を行います．「fromROSMsg」はその反対で，
ROS メッセージ型から PCL データ型への変換を行います．

[†] 例外もありますが，本章で扱うサンプルコードの範囲では問題はありません．

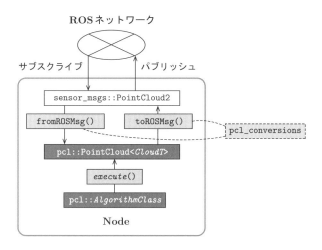

図 8-1 pcl_conversions を利用した ROS と PCL の連携の概念図

ポイントクラウド以外のデータの変換

ポイントクラウド以外のパラメータを変換する API も提供されています．まずはデータ変換のメソッドを掲載します．

ソースコード 8-3 PCL・ROS 間のポイントクラウド以外のデータの変換メソッド

```
1  void fromPCL(const <DataTypePCL> &, <MsgTypeROS> &);
2  void moveToPCL(<MsgTypeROS> &, <DataTypePCL> &);
```

「fromPCL」は PCL データ型から ROS メッセージ型への変換，「moveToPCL」は ROS メッセージ型から PCL データ型への変換を行います．これらでは，PCL のデータ型である「$DataTypePCL$」と ROS のメッセージ型である「$MsgTypeROS$」の両者が対応する型である必要があります．

参考として本章のサンプルコードで使用する型を参照します．

- インデックス: フィルタやセグメント後に抽出されたポイントクラウドのインデックス
    - $DataTypePCL$:「pcl_msgs::PointIndices」
    - $MsgTypeROS$:「pcl::PointIndices」
- モデル係数: PCL のアルゴリズムで推定したモデルの係数
    - $DataTypePCL$:「pcl_msgs::ModelCoefficients」
    - $MsgTypeROS$:「pcl::ModelCoefficients」

8.2 サンプルパッケージの設定

8.2.1 インストール

PCL がパソコンの環境にない場合は，まずインストールをしましょう．

146　第8章　ポイントクラウド

```
$ sudo apt install libpcl-dev pcl-tools
```

8.2.2　パッケージの作成

「catkin」ワークスペース以下の「src」ディレクトリ以下にパッケージを作成します．<catkin_ws>は自分の環境のワークスペースのパスに置き換えてください．

```
$ cd <catkin_ws>/src/rosbook_pkg/chapter8
$ catkin_create_pkg cloud_exercise pcl_conversions pcl_ros pcl_msgs
  std_msgs sensor_msgs geometry_msgs eigen_conversions
```

さまざまなパッケージの依存関係を追加していますが，後のサンプルコードで使用するパッケージですので，初めから追加しておきます．

8.2.3　CMakeLists.txt の編集

「CMakeLists.txt」を以下のように編集します．

ソースコード 8-4　CMakeLists.txt

```
 1 cmake_minimum_required(VERSION 2.8.3)
 2 project(cloud_exercise)
 3
 4 find_package(catkin REQUIRED COMPONENTS
 5   pcl_conversions pcl_ros roscpp rospy  sensor_msgs  std_msgs  geometry_msgs
       eigen_conversions
 6 )
 7
 8 find_package(PCL REQUIRED)
 9
10 include_directories(include ${catkin_INCLUDE_DIRS} ${PCL_INCLUDE_DIRS})
11
12 link_directories(${PCL_LIBRARY_DIRS})
13
14 catkin_package(
15   INCLUDE_DIRS include
16   LIBRARIES ${PROJECT_NAME}
17   CATKIN_DEPENDS pcl_conversions pcl_ros roscpp rospy sensor_msgs std_msgs
       geometry_msgs eigen_conversions
18 )
19
20 add_executable(cloud_creator src/cloud_creator.cpp)
21 target_link_libraries(cloud_creator ${catkin_LIBRARIES} ${PCL_LIBRARIES})
```

PCL 独自の設定として，PCL のインクルードパスやリンクパスの追加があります．

CMakeLists.txt（抜粋）

```
 8 find_package(PCL REQUIRED)
 9
10 include_directories(include ${catkin_INCLUDE_DIRS} ${PCL_INCLUDE_DIRS})
11
12 link_directories(${PCL_LIBRARY_DIRS})
```

また，ポイントクラウドを作成する「cloud_creator」ノードを実行形式でビルドする設定を加えています．

CMakeLists.txt（抜粋）

```
20 add_executable(cloud_creator src/cloud_creator.cpp)
21 target_link_libraries(cloud_creator ${catkin_LIBRARIES} ${PCL_LIBRARIES})
```

8.3 サンプル1：ポイントクラウドのマッチング

ここでは，大別して2種類のサンプルを作成します．一つ目のサンプルでは，二つのポイントクラウドのデータセットを作成し，それらのマッチングを行うサンプルを作成します．PCL専用のポイントクラウドデータ形式であるpcd形式によるインタフェースを介すことで，ファイルの読み書きの演習も兼ねています．

8.3.1 ポイントクラウドの作成と保存

ポイントクラウドを作成し，ファイルに保存するノード「cloud_creator」を作成します．また，作成したポイントクラウドを「RViz」で表示させて視覚的に確認できるようにします．

「cloud_creator」は直方体内部に分布するポイントクラウドのデータを二つ作成します．一方は xyz 軸に沿った直方体内に分布するデータを，他方はそれを回転・移動させた直方体内に分布するデータを作成するものとします．

その概念図を図8-2に示します．

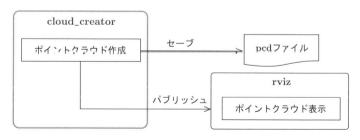

図8-2　cloud_creatorの概念図

ソフトウェア構成

「cloud_creator」のクラス図を図 8-3 に示します．

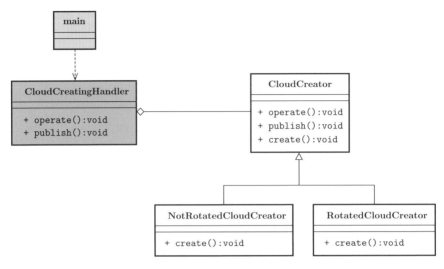

図 8-3 「cloud_creator」のクラス図

各要素の役割は次のとおりです．

- main: ノードを生成するメイン関数
- CloudCreatingHandler: ポイントクラウド作成統括クラス
- CloudCreator: ポイントクラウド作成の抽象クラス
    - NotRotatedCloudCreator: 三次元基底軸に沿った直方体内に分布するポイントクラウド作成の実装クラス
    - RotatedCloudCreator: 上記直方体を回転させた直方体内に分布するポイントクラウド作成の実装クラス

「CloudCreatingHandler」クラスを仲介させるのが冗長に見えますが，このような構成にすることで，メイン関数をシンプルにすることができます．

ファイル構成

本書のサンプルリポジトリに含まれるファイルから，「cloud_creator」に関するファイルを抜粋したもののファイル構成を下記に示します．

```
cloud_excercise
    ├── CMakeLists.txt
    ├── package.xml
    ├── src
    │   └── cloud_creator.cpp // ポイントクラウド作成用クラス&ノード
    ├── rviz
```

```
            └────creation.rviz // RViz設定ファイル
      ├────launch
      │     └────creation.launch // ノード起動用launchファイル
      └────data
            ├────not_rotated.pcd   // ポイントクラウドpcdファイル
            └────rotated.pcd   // ポイントクラウドpcdファイル
```

メイン関数

まずはメイン関数を確認します．ファイルの所在は「chapter8/cloud_excercise/src/cloud
_creator.cpp」です．

ソースコード 8-5　cloud_creator.cpp（抜粋）

```
118  main(int argc, char **argv)
119  {
120    ros::init(argc, argv, "cloud_creator");
121    ros::NodeHandle nh;
122
123    CloudCreatingHandler handler(nh);
124    handler.operate();
125
126    ros::Rate loop_rate(1);
127    while (ros::ok())
128    {
129      handler.publish();
130      ros::spinOnce();
131      loop_rate.sleep();
132    }
133
134    return 0;
135  }
```

ここで重要なのは，「CloudCreatingHandler」で処理を行っている部分です．下記の「operate()」
メソッドでポイントクラウドを作成し，ファイルを保存しています．

cloud_creator.cpp（抜粋）

```
123    CloudCreatingHandler handler(nh);
124    handler.operate();
```

次の「publish()」メソッドで，作成したポイントクラウドをパブリッシュしています．

cloud_creator.cpp（抜粋）

```
129      handler.publish();
```

このように，「CloudCreatingHandler」を利用することで，非常に少ない行数でメイン関数を
構成することができます．

150　第8章　ポイントクラウド

ハンドラクラス

続いて，「CloudCreatingHandler」の「operate()」「publish()」メソッドを確認しましょう．

cloud_creator.cpp（抜粋）

```
101  void operate()
102  {
103    for(std::vector<CloudCreator*>::iterator it = creators_.begin();
         it != creators_.end(); ++it)
104      (*it)->operate();
105  }
106
107  void publish()
108  {
109    for(std::vector<CloudCreator*>::iterator it = creators_.begin();
         it != creators_.end(); ++it)
110      (*it)->publish();
111  }
```

「creators_」というメンバがありますが，これは「CloudCreator」のインスタンスの配列です．

cloud_creator.cpp（抜粋）

```
114  std::vector<CloudCreator*> creators_;
```

このメソッドでは「CloudCreator」のメソッドをイテレータ[†1]で実行しています[†2]．

ポイントクラウド作成ベースクラス

それでは，具体的な処理を行っている「CloudCreator」のメソッドを確認しましょう．

cloud_creator.cpp（抜粋）

```
22  void operate()
23  {
24    cloud_pcl_.width = 5000;
25    cloud_pcl_.height = 1;
26    cloud_pcl_.points.resize(cloud_pcl_.width * cloud_pcl_.height);
27
28    create();
29
30    pcl::toROSMsg(cloud_pcl_, cloud_ros_);
31    cloud_ros_.header.frame_id = "base_link";
32
33    pcl::io::savePCDFile(file_path_, cloud_pcl_);
34  }
35
36  void publish()
37  {
38    cloud_pub_.publish(cloud_ros_);
39  }
```

[†1] データを順番に取り出すプログラム．

[†2] 抽象クラスのポインタ型の配列をイテレータで読み込みながら仮想メソッドを実行するテクニックは，ROSのプログラムでよく用いられます．

「operate()」では PCL ポイントクラウドのメタ情報の初期化（点数を 5000 とする）をして，「create()」を実行した後，ROS メッセージへの変換と pcd 形式でファイルを保存します．パブリッシュするトピック名と保存ファイル名は「CloudCreatingHandler」側のコンストラクタ[†1]で指定しています．

cloud_creator.cpp（抜粋）

```
95  CloudCreatingHandler(ros::NodeHandle &nh)
96  {
97    creators_.push_back(new NotRotatedCloudCreator(nh, "cloud_not_rotated",
          "not_rotated.pcd"));
98    creators_.push_back(new RotatedCloudCreator(nh, "cloud_rotated","rotated.pcd"));
99  }
```

「create()」は純粋仮想メソッドであり，継承クラス側でオーバーライド[†2]します．二つの異なるポイントクラウドを作成するため，「create()」だけを抽象化しています．

cloud_creator.cpp（抜粋）

```
41  virtual void create() = 0;
```

また，「publish()」ではポイントクラウドの ROS メッセージをパブリッシュします．

ポイントクラウド作成継承クラス

継承されたクラスは「NotRotatedCloudCreator」と「RotatedCloudCreator」であり，それぞれ前述した，直方体（非回転）内部に分布するポイントクラウドと，回転された直方体内部に分布するポイントクラウドを作成する「create()」メソッドをオーバーライドしています．

まずは，「NotRotatedCloudCreator」の「create()」メソッドを確認します．単純に，x について 0〜3，y について 0〜1，z について 0〜0.5 の範囲の直方体内部の座標を乱数で発生させています．

cloud_creator.cpp（抜粋）

```
58  virtual void create()
59  {
60    for(size_t i = 0; i < cloud_pcl_.points.size(); ++i)
61    {
62      cloud_pcl_.points[i].x = 3.0 * rand () / (RAND_MAX + 1.0f);
63      cloud_pcl_.points[i].y = 1.0 * rand () / (RAND_MAX + 1.0f);
64      cloud_pcl_.points[i].z = 0.5 * rand () / (RAND_MAX + 1.0f);
65    }
66  }
```

[†1] 内容の初期化を行う関数．
[†2] 動作を上書きすることです．

152　第8章　ポイントクラウド

「RotatedCloudCreator」は，上に示した範囲内の直方体の形状を基準として，z軸方向に45度回転させ，y軸方向に2だけ並行移動させた範囲に，ランダムにポイントクラウドを作成しています．

cloud_creator.cpp（抜粋）

```cpp
76  virtual void create()
77  {
78    double theta = M_PI / 4;
79
80    for(size_t i = 0; i < cloud_pcl_.points.size(); ++i)
81    {
82      double x_tmp = 3.0 * rand () / (RAND_MAX + 1.0f);
83      double y_tmp = 1.0 * rand () / (RAND_MAX + 1.0f);
84
85      cloud_pcl_.points[i].x = cos(theta) * x_tmp - sin(theta) * y_tmp;
86      cloud_pcl_.points[i].y = sin(theta) * x_tmp + cos(theta) * y_tmp + 2.0f;
87      cloud_pcl_.points[i].z = 0.5 * rand () / (RAND_MAX + 1.0f) ;
88    }
89  }
```

launch ファイルによる実行

「cloud_creator」ノードを実行する launch ファイルを下記のように作成します．

ソースコード 8-6　creation.launch

```xml
1  <launch>
2    <node name="cloud_creator" pkg="cloud_exercise" type="cloud_creator" />
3    <node name="rviz" pkg="rviz" type="rviz" args="-d $(find cloud_exercise)/
       rviz/creation.rviz" required="true" />
4  </launch>
```

可視化のための「RViz」も同時に起動しています．設定ファイルである「creation.rviz」は，本書のサンプルコードが格納されたリポジトリに格納されていますのでご利用ください．

次のコマンドを実行します．

```
$ roslaunch cloud_exercise creation.launch
```

「RViz」が起動して，図 8-4 のような表示がされれば成功です．二つのポイントクラウドの集合が，回転と平行移動した位置にあることが確認できます．

そして，本プログラムの実行後には，「cloud_exercise/data」ディレクトリに「not_rotated.pcd」と「rotated.pcd」が格納されているはずです．

8.3.2　ポイントクラウドの読み込みとマッチング

ポイントクラウドを作成し，ファイルに保存するノード「cloud_matcher」を作成します．「cloud_creator」で作成した二つの pcd ファイルを読み込み，ICP（Iterative Closest Point）によるマッチングを行い，その結果をポイントクラウドを「RViz」で表示させて，視覚的に確認で

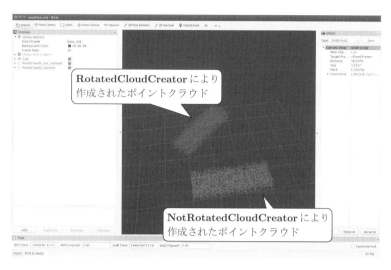

図 8-4 cloud_creator の実行結果を RViz で表示させた様子

きるようにします．その概念図を図 8-5 に示します．

ICP とは，始点となるポイントクラウド（PC1 とする）と終点となるポイントクラウド（PC2 とする）が与えられたときに，PC1 を回転と平行移動によって PC2 と一致させるように位置合わせを行う手法です[†]．ここでは ICP の詳細には踏み込まず，PCL のクラスに全面的に頼ることにします．

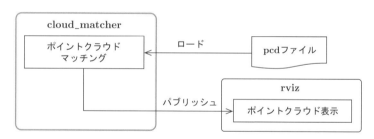

図 8-5 cloud_matcher の概念図

ソフトウェア構成

「cloud_matcher」のクラス図を図 8-6 に示します．
各要素役割は次のとおりです．

- main: ノードを生成するメイン関数
- CloudMatchingHandler: ポイントクラウドマッチング統括クラス
- CloudLoader: ポイントクラウド読み込みクラス

[†] この位置合わせをレジストレーションとよびます．

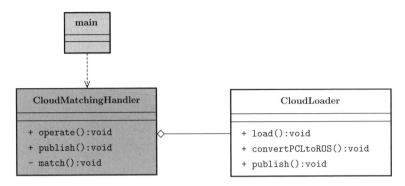

図 8-6 cloud_matcher のクラス図

　基本的な構造は「cloud_creator」と同様です．とくに，メイン関数はほぼ同一です．
　なお，プログラムの凝集度[†]を高めるには，「CloudMatchingHandler」に同時に担わせている統括とマッチング処理の役割を分割するべきですが，ここではクラス数自体が少ないので，ソースコードをシンプルにすることを重視した構成としています．

ファイル構成

　本書のサンプルリポジトリに含まれるファイルのうち，「cloud_matcher」に関するファイルを抜粋したもののファイル構成を以下に示します．

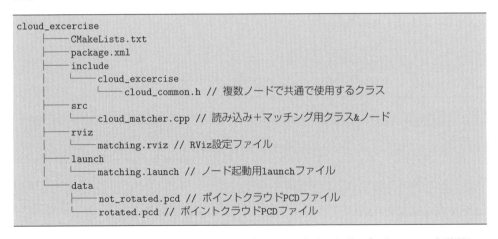

　「CloudLoader」は「cloud_common.h」で定義されています．以降，各プログラムを説明していきますが，メイン関数は「cloud_creator」とほぼ同一なので省略します．

[†] クラスの責任分担の集中度を示す指標です．高いほど適切な責任分担がされており，コードの可読性・再利用性も高くなります．

ポイントクラウド読み込みクラス

「CloudLoader」は，ポイントクラウドの読み込みと，PCL・ROS 間のデータ変換およびポイントクラウドのメッセージのパブリッシュを担当します．

読み込み対象のファイル名と，パブリッシュするトピック名はコンストラクタで指定します．後ほど「CloudMatchingHandler」で，マッチング後のポイントクラウドを扱う都合上，ファイル名を指定しなくてもインスタンス化ができるようにしています．そのため，メンバの PCL のポイントクラウドデータに public スコープでアクセスできるように，クラスの外部から直接データを入力できるようにしています†．

ソースコード 8-7　cloud_common.h（抜粋）

```
10  CloudLoader(ros::NodeHandle &nh, const std::string &pub_topic_name,
       const std::string &pcd_file_name = "") :
11  nh_(nh),
12  cloud_pub_(nh_.advertise<sensor_msgs::PointCloud2>(pub_topic_name, 1))
13  {
14    if(pcd_file_name == "")
15    return;
16
17    file_path_ = ros::package::getPath("cloud_exercise") + "/data/" + pcd_file_name;
18  }
```

本クラスで重要なメソッドは「CloudLoader::load()」と「CloudLoader::convertPCLtoROS()」です．「CloudLoader::load()」では PCL のファイル IO の API で読み込みを行います．

cloud_common.h（抜粋）

```
20  void load()
21  {
22    if(file_path_ == "")
23    return;
24
25    pcl::io::loadPCDFile(file_path_, cloud_pcl_);
26  }
```

「CloudLoader::convertPCLtoROS()」では，先に説明した「toROSMsg()」によって型変換を行い，ベースとなるリンク名を登録しています．ここでのサンプルでは該当するフレームを出力してはいませんが，「RViz」で表示する場合に同一のフレームを基準にしてポイントクラウドを表示できるように，ここで設定しておきます．

cloud_common.h（抜粋）

```
28  void convertPCLtoROS()
29  {
30    pcl::toROSMsg(cloud_pcl_, cloud_ros_);
31    cloud_ros_.header.frame_id = "base_link";
32  }
```

---

† これはサンプルコードをシンプルにするための処置で，本来プログラムの信頼性を高める「カプセル化」という概念に反します．開発用途のプログラムを作成する場合は気をつけてください．

156 第8章 ポイントクラウド

変換されたポイントクラウドのメッセージは,「CloudLoader::publish()」でパブリッシュできます.

cloud_common.h（抜粋）

```
34  void publish()
35  {
36    cloud_pub_.publish(cloud_ros_);
37  }
```

ポイントクラウドマッチング統括クラス

「cloud_creator」の場合と同様に,「operate()」と「publish()」を見てみます.

ソースコード 8-8　cloud_matcher.cpp（抜粋）

```
27  void operate()
28  {
29    for(std::vector<CloudLoader*>::iterator it = loaders_.begin();
          it != loaders_.end(); ++it)
30      (*it)->load();
31
32    match();
33    convertTransformEigenToROS();
34
35    for(std::vector<CloudLoader*>::iterator it = loaders_.begin();
          it != loaders_.end(); ++it)
36      (*it)->convertPCLtoROS();
37  }
```

「loaders_」は「CloudLoader」クラスのインスタンスの配列で, イテレータでポイントクラウドのファイルを読み込みます. 読み込むファイル名はコンストラクタで指定しています.

cloud_matcher.cpp（抜粋）

```
19  CloudMatchingHandler(ros::NodeHandle &nh) :
20  transform_pub_(nh.advertise<geometry_msgs::Transform>("icp_transformation", 1))
21  {
22    loaders_.push_back(new CloudLoader(nh, "cloud_not_rotated", "not_rotated.pcd"));
23    loaders_.push_back(new CloudLoader(nh, "cloud_rotated", "rotated.pcd"));
24    loaders_.push_back(new CloudLoader(nh, "cloud_aligned"));
25  }
```

三つ目に登録した「CloudLoader」はマッチング後のポイントクラウドを扱うので, ファイル名は指定せずにパブリッシュするトピック名である「cloud_aligned」のみを設定しています.

さて, マッチング処理が記述されている重要なメソッドは「CloudMatchingHandler::match()」です.

cloud_matcher.cpp（抜粋）

```
50  void match()
51  {
52    pcl::IterativeClosestPoint<pcl::PointXYZ, pcl::PointXYZ> icp;
```

```
53
54    icp.setInputSource(loaders_[INDEX_NOT_ROTATED]->cloud_pcl_.makeShared());
55    icp.setInputTarget(loaders_[INDEX_ROTATED]->cloud_pcl_.makeShared());
56
57    icp.setMaxCorrespondenceDistance(5);
58    icp.setMaximumIterations(100);
59    icp.setTransformationEpsilon (1e-12);
60    icp.setEuclideanFitnessEpsilon(0.1);
61
62    icp.align(loaders_[INDEX_ALIGNED]->cloud_pcl_);
63    transform_eigen_ = icp.getFinalTransformation().cast<double>();
64 }
```

「pcl::IterativeClosestPoint」が ICP アルゴリズムのクラスです．始点と終点のポイントクラウド，パラメータ設定，処理の実行と，前に説明した PLC の基本構造に沿った流れになっています．始点は回転していないもとのポイントクラウド，終点は回転した後のポイントクラウドです．このメソッドの最後に，「getFinalTransformation()」でマッチングしたときの同次変換行列[†]を取得します．

そして，「CloudMatchingHandler::match()」に続いて「convertTransformEigenToROS()」によってその同次変換行列を，ROS メッセージである「geometry_msgs::Transform」型に変換します．「geometry_msgs::Transform」は，並進ベクトルとクォータニオンを表現するメッセージ型です．「ROS_INFO_STREAM」によってこのメッセージをコンソール画面に出力できるようにしましたので，後ほど確認しましょう．

cloud_matcher.cpp（抜粋）

```
66 void convertTransformEigenToROS()
67 {
68    // convert Matrix4d to Affine3d for ROS conversion
69    Eigen::Affine3d transform_affine_eigen;
70    transform_affine_eigen = transform_eigen_;
71
72    tf::transformEigenToMsg(transform_affine_eigen, transform_ros_);
73    ROS_INFO_STREAM(std::endl << transform_ros_);
74 }
```

「CloudMatchingHandler::operate()」内ではさらに，各「CloudLoader」のインスタンスに含まれる PCL のポイントクラウドを ROS のメッセージに変換しています．

cloud_matcher.cpp（抜粋）

```
35    for(std::vector<CloudLoader*>::iterator it = loaders_.begin();
          it != loaders_.end(); ++it)
36       (*it)->convertPCLtoROS();
```

そして，「CloudMatchingHandler::publish()」では，ここまでで変換した ROS メッセージをパブリッシュします．

[†] 回転行列と並進ベクトルから構成されます．

cloud_matcher.cpp（抜粋）

```
39  void publish()
40  {
41    // Publish pointcloud
42    for(std::vector<CloudLoader*>::iterator it = loaders_.begin();
         it != loaders_.end(); ++it)
43      (*it)->publish();
44
45    // Publish transformation in Translation and Quaternion
46    transform_pub_.publish(transform_ros_);
47  }
```

「CloudMatchingHandler」については以上です.

launch ファイルによる実行

「cloud_matcher」ノードを実行する launch ファイルを次のように作成します.

ソースコード 8-9　matching.launch

```
1  <launch>
2    <node name="cloud_matcher" pkg="cloud_exercise" type="cloud_matcher"
        output="screen" />
3    <node name="rviz" pkg="rviz" type="rviz" args="-d $(find cloud_exercise)/rviz/
        matching.rviz" required="true" />
4  </launch>
```

可視化用の「RViz」も同時に起動しています. 設定ファイルである「matching.rviz」は, 本書のサンプルコードが格納されたリポジトリに格納されていますのでご利用ください.

そして, 次のコマンドを実行します.

```
$ cd <catkin_ws>
$ catkin_make
$ roslaunch cloud_exercise matching.launch
```

「RViz」が起動して, 図 8-7 のように表示されれば成功です. 二つのポイントクラウドの集合が, 回転と平行移動がなされた位置にあることが確認できます.

「CloudMatchingHandler」によって位置合わせされたポイントクラウドが, 回転されたポイントクラウドの近くに分布していることが確認できます[†].

さて, それでは PCL で出力された位置姿勢パラメータは妥当なものなのかを確かめていきましょう. 前述の「cloud_creation」で設定した位置姿勢の変化は, z 軸方向に 45 度回転し, y 軸方向に 2 だけ平行移動させるように設定しました. すなわち, クォータニオンは $[\cos(45°/2)\ 0\ 0\ \sin(45°/2)] = [0.924\ 0\ 0\ 0.383]$, 並進ベクトルは $[0\ 2\ 0]$ となることが期待されます. 一方, コンソール側で「ROS_INFO_STREAM」により実際に出力されたメッセージを確認すると, 図 8-8 のようになりました.

[†] 本書のグレースケール画像では見えにくいのですが, 「RViz」で表示すると異なる色で表示されるので容易に確認できます.

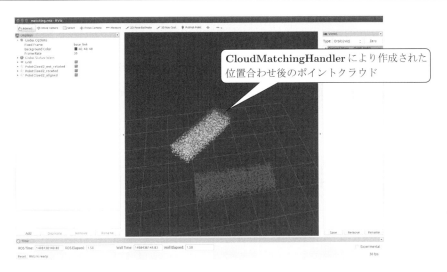

図 8-7 cloud_matcher の実行結果を RViz で表示させた様子

```
translation:
  x: -0.195916
  y: 1.77509
  z: 0.0493928
rotation:
  x: -0.00433473
  y: 0.0176265
  z: 0.366338
  w: 0.930305
```

図 8-8 cloud_matcher で出力された位置姿勢変化のパラメータを ROS_INFO_STREAM で出力したコンソール画面

結果は，クォータニオンは [0.930 −0.004 0.017 0.366]，並進ベクトルは [−0.19 1.77 0.049] となりました．あまり特徴的とはいえない直方体どうしのマッチングのため，この程度の誤差が発生してしまいます．ここで重要なことは，PCL で出力した位置姿勢パラメータを ROS メッセージとして出力できたことです．

また，このメッセージはパブリッシュもされていますので，最後に，次のコマンドでそのメッセージを出力してみましょう．

```
$ rostopic echo /icp_transformation
```

図 8-9 のように，位置姿勢パラメータが繰り返し出力されれば成功です．

```
---
translation:
  x: -0.195915609598
  y: 1.77509272099
  z: 0.0493927635252
rotation:
  x: -0.00433472736741
  y: 0.0176265466753
  z: 0.366338288219
  w: 0.930305227649
---
translation:
  x: -0.195915609598
  y: 1.77509272099
  z: 0.0493927635252
rotation:
  x: -0.00433472736741
  y: 0.0176265466753
  z: 0.366338288219
  w: 0.930305227649
---
```

図 8-9 cloud_matcher で出力された位置姿勢変化のパラメータを rostopic echo で出力したコンソール画面

8.4 サンプル 2：ポイントクラウドのクラスタリング

二つ目のサンプルでは，あらかじめ作成された pcd ファイルに事前処理を施した後に，クラスタリング†を行います．読み込み，事前処理，フィルタリングを行うノード名とその概要は次のとおりです．

1. ファイル読み込み（cloud_loader）：ポイントクラウドデータ取得
2. フィルタリング（cloud_filter）：ノイズ除去
3. ダウンサンプリング（cloud_downsampler）：処理速度の向上
4. 平面セグメンテーション（cloud_planar_segmenter）：平面除去
5. クラスタリング（cloud_clusterer）：グループ分類

各ノードは，自身の一つ前の番号のノードが処理したポイントクラウドをサブスクライブし，それに対して自身の施すべき処理を実行し，処理結果のポイントクラウドをパブリッシュします．この処理の流れを図 8-10 に示します．

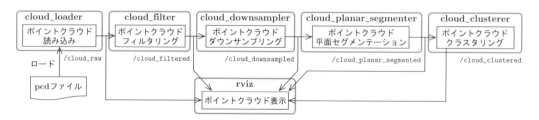

図 8-10 ポイントクラウドのクラスタリングの処理フローの概念図

---

† あるデータ集合を類似度に従っていくつかのグループに分類すること．ポイントクラウドのデータセットの中から物体を検出する際によく利用されます．

8.4.1 サンプル2のノードでの共通事項

本節のサンプルプログラムは，基本となる構成は共通となっています．まずは，その構成について説明します．

ソフトウェア構成

構成要素は「cloud_creator」のときとほぼ同様です．

- main: ノードを生成するメイン関数
- CloudOperationHandler: ポイントクラウド処理統括クラス
- CloudOperator: ポイントクラウド処理クラス

基本構成のクラス図を図8-11に示します．

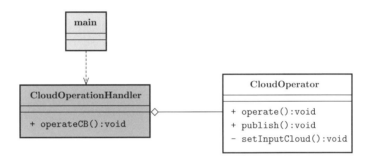

図8-11 サンプル2内のノードにおける共通となるクラス図

「CloudOperator」は抽象クラスで，ノードの処理に応じてクラスを継承させて内部の仮想メソッドをオーバーライドします．

メイン関数

いずれのノードにおいても，メイン関数は次の記述が基本になります．

ソースコード8-10 サンプル2のノードのメイン関数　main.cpp

```
 1  main(int argc, char **argv)
 2  {
 3    ros::init(argc, argv, "cloud_operator");
 4    ros::NodeHandle nh;
 5
 6    CloudOperationHandler handler(nh, new CloudOperator(nh), "cloud_operated");
 7
 8    ros::spin();
 9
10    return 0;
11  }
```

ノードによって変わるのは,「ros::init()」でノード名を指定する部分,「CloudOperationHandler」のコンストラクタで「CloudOperator」が処理が実装されたサブクラスに置き換わる部分,サブスクライブするポイントクラウドのトピック名を指定する部分です.

ハンドラクラス

「CloudOperationHandler」では,ポイントクラウドのメッセージをサブスクライブしたときのコールバックメソッド「operateCB()」を定義しています.以降で解説するすべてのノードにおいて「CloudOperationHandler」を共通で用います.

ソースコード8-11　cloud_common.h（抜粋）

```
64  class CloudOperationHandler
65  {
66  public:
67    CloudOperationHandler(ros::NodeHandle &nh,
68    CloudOperator *cloud_operator,
69    const std::string &sub_topic_name) :
70    cloud_operator_(cloud_operator),
71    cloud_sub_(nh.subscribe(sub_topic_name, 10, &CloudOperationHandler::operateCB,
          this))
72    {}
73
74    void operateCB(const sensor_msgs::PointCloud2 &cloud_input_ros)
75    {
76      cloud_operator_->setInputCloud(cloud_input_ros);
77      cloud_operator_->operate();
78      cloud_operator_->publish();
79    }
80
81  protected:
82    CloudOperator *cloud_operator_;
83    ros::Subscriber cloud_sub_;
84  };
```

ポイントクラウド処理のベースクラス

ノードどうしで異なるのは「CloudOperationHandler」のメンバである「CloudOperator」,その純粋仮想メソッドである「CloudOperator::operate()」と「CloudOperator::publish()」です.これらのメソッドをノードの処理と合わせてオーバーライドすることで,「CloudOperationHandler::operateCB()」の処理も置き換わります.これにより,最低限の変更だけでプログラムの挙動を切り替えることができるようになります.

cloud_common.h（抜粋）

```
49  class CloudOperator
50  {
51  public:
52    void setInputCloud(const sensor_msgs::PointCloud2 &cloud_input_ros)
53    {
54        cloud_input_ros_ = cloud_input_ros;
55    }
```

```
56    virtual void operate() = 0;
57    virtual void publish() = 0;
58
59 protected:
60    sensor_msgs::PointCloud2 cloud_input_ros_;
61 };
```

以上の説明をもとにクラス図に「CloudOperator」の実装クラスを追加したものを，図8-12に示します．

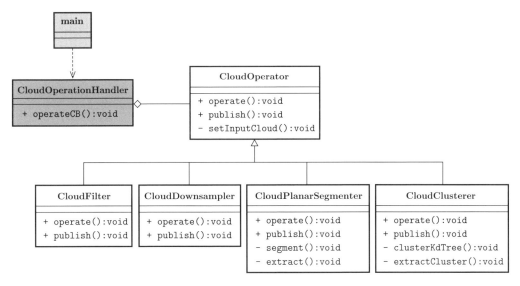

図 8-12 図 8-11 に CloudOperator の実装クラスを追加したクラス図

各ノードと「CloudOperator」の実装クラス名の対応は下記のとおりです．

- フィルタリング（cloud_filter）: CloudFilter クラス
- ダウンサンプリング（cloud_downsampler）: CloudDownsampler クラス
- 平面セグメンテーション（cloud_planar_segmenter）: CloudPlanarSegmenter クラス
- クラスタリング（cloud_clusterer）: CloudClusterer クラス

各ノードと対応するクラスを実装したソースコードを順に説明します．ただし，ファイルの読み込みノードについては，「cloud_matcher」からマッチング機能を除いたものとほぼ同等なので解説を省略します．

164 第8章 ポイントクラウド

8.4.2 フィルタリング

フィルタリングを行うノードは「cloud_filter」です．このノードは，ポイントクラウドのデータセットから，ノイズやアウトライヤ[†1]を除去する役割があります．

ファイル構成

「cloud_excercise」パッケージ内の「cloud_filter」に関連するファイルを抜粋したファイル構成を以下に示します．フィルタリング処理自体には直接関係していませんが，フィルタリング対象である生データを読み込む「CloudLoader」クラスが定義されている「cloud_loader.cpp」も加えてあります．

```
cloud_excercise
    ├────── CMakeLists.txt
    ├────── package.xml
    ├────── include
    │       └────── cloud_excercise
    │               └────── cloud_common.h // 複数ノードで共通で使用するクラス
    ├────── src
    │       ├────── cloud_loader.cpp // ロード用クラス&ノード
    │       └────── cloud_filter.cpp // フィルタリング用クラス&ノード
    ├────── rviz
    │       └────── filtering.rviz // RViz設定ファイル
    ├────── launch
    │       └────── filtering.launch // ノード起動用launchファイル
    └────── data
            └────── table_scene_lms400.pcd // ポイントクラウドPCD
```

サンプル2で読み込むpcdファイルは「table_scene_lms400.pcd」というもので，これはGitHub上のPCLのサンプルデータ用のリポジトリに格納されたものを使用しました[†2]．

フィルタリングクラス

フィルタリングを行うクラスは，「CloudOperator」を継承した「CloudFilter」クラスです．

ソースコード 8-12 cloud_filter.cpp（抜粋）

```
 9  class CloudFilter : public CloudOperator
10  {
11    public:
12    CloudFilter(ros::NodeHandle &nh) :
13    cloud_pub_(nh.advertise<sensor_msgs::PointCloud2>("cloud_filtered", 1))
14    {}
15
16    void operate()
17    {
18      pcl::PointCloud<pcl::PointXYZ> cloud_input_pcl;
19      pcl::PointCloud<pcl::PointXYZ> cloud_filtered_pcl;
```

[†1] 外れ値．統計的にほかの値から大きく外れた値．

[†2] https://github.com/PointCloudLibrary/data

```
20
21      pcl::fromROSMsg(cloud_input_ros_, cloud_input_pcl);
22
23      pcl::StatisticalOutlierRemoval<pcl::PointXYZ> statFilter;
24      statFilter.setInputCloud(cloud_input_pcl.makeShared());
25      statFilter.setMeanK(10);
26      statFilter.setStddevMulThresh(0.2);
27      statFilter.filter(cloud_filtered_pcl);
28
29      pcl::toROSMsg(cloud_filtered_pcl, cloud_filtered_ros_);
30    }
31
32    void publish()
33    {
34      cloud_pub_.publish(cloud_filtered_ros_);
35    }
36
37  protected:
38    ros::Publisher cloud_pub_;
39    sensor_msgs::PointCloud2 cloud_filtered_ros_;
40 };
```

「CloudFilter::operate()」で「pcl::StatisticalOutlierRemoval」を利用したフィルタリングの処理と ROS メッセージへの変換を，「CloudFilter::publish()」でその結果をパブリッシュするようにオーバーライドしています．

「pcl::StatisticalOutlierRemoval」においても，ポイントクラウドの入力，パラメータ設定，処理の実行，という PCL の処理の基本構成を踏襲していることが確認できます．

cloud_filter.cpp（抜粋）

```
23      pcl::StatisticalOutlierRemoval<pcl::PointXYZ> statFilter;
24      statFilter.setInputCloud(cloud_input_pcl.makeShared());
25      statFilter.setMeanK(10);
26      statFilter.setStddevMulThresh(0.2);
27      statFilter.filter(cloud_filtered_pcl);
```

メイン関数

後は，メイン関数において「CloudOperationHandler」のコンストラクタで「CloudOperator」のインスタンスを生成する部分で，「CloudFilter」を指定します．

cloud_filter.cpp（抜粋）

```
48      CloudOperationHandler handler(nh, new CloudFilter(nh), "cloud_raw");
```

これだけの変更でノードの処理を切り替えることができます．

launch ファイルによる実行

pcd ファイルを読み込む「cloud_loader」ノードと，フィルタリングを行う「cloud_filter」ノードを実行する launch ファイルを以下のように作成します．

ソースコード 8-13　filtering.launch

```
1  <launch>
2    <node name="cloud_loader" pkg="cloud_exercise" type="cloud_loader" />
3    <node name="cloud_filter" pkg="cloud_exercise" type="cloud_filter" />
4    <node name="rviz" pkg="rviz" type="rviz" args="-d $(find cloud_exercise)/rviz/
         filtering.rviz" required="true" />
5  </launch>
```

設定ファイルである「filtering.rviz」は，本書のサンプルコードが格納されたリポジトリに格納されていますのでご利用ください．

そして，次のコマンドを実行します．

```
$ cd <catkin_ws>
$ catkin_make
$ roslaunch cloud_exercise filtering.launch
```

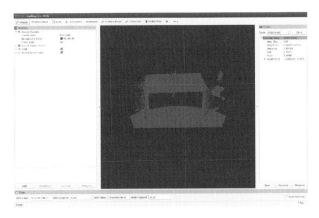

図 8-13　「/cloud_raw」トピックを RViz で表示した様子

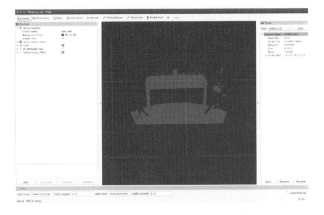

図 8-14　「/cloud_filtered」トピックを RViz で表示した様子

「RViz」が起動します.「RViz」の設定で,「/cloud_raw」を出力したときに図 8-13 のような表示がされ,「/cloud_filtered」を出力した際に図 8-14 のような表示がされていれば成功です.後者のほうが前者よりも点数が少ないポイントクラウドになっていることが確認できます.実際に点数を確認すると,「/cloud_raw」の点数は 460400 点,「/cloud_filtered」の点数は 349136 となっており,生データに対して 24% 程度点数が削減されています.

8.4.3　ダウンサンプリング

ダウンサンプリングを行うノードは「cloud_downsampler」です.このノードは,密集したポイントクラウドのデータを間引く処理を行います.ポイントクラウドが分布する空間内に立方格子グリッドを設け,各グリッドでそれに含まれる三次元点の重心を求め,その 1 点にデータを置き換える処理を行います.

ファイル構成

「cloud_excercise」パッケージ内の「cloud_downsampler」に関連するファイルを抜粋したファイル構成を下記に示します.

```
cloud_excercise
    ├── CMakeLists.txt
    ├── package.xml
    ├── include
    │    └── cloud_excercise
    │         └── cloud_common.h // 複数ノードで共通で使用するクラス
    ├── src
    │    └── cloud_downsampler.cpp // ダウンサンプリング用クラス&ノード
    ├── rviz
    │    └── downsampling.rviz // Rviz設定ファイル
    └── launch
         └── downsampling.launch // ノード起動用launchファイル
```

ダウンサンプリングクラス

ダウンサンプリングを行うクラスは,「CloudOperator」を継承した「CloudDownsampler」クラスです.

ソースコード 8-14　cloud_downsampler.cpp（抜粋）

```
 9  class CloudDownsampler : public CloudOperator
10  {
11    public:
12    CloudDownsampler(ros::NodeHandle &nh) :
13    cloud_pub_(nh.advertise<sensor_msgs::PointCloud2>("cloud_downsampled", 1))
14    {}
15
16    void operate()
17    {
18      pcl::PointCloud<pcl::PointXYZ> cloud_input_pcl;
19      pcl::PointCloud<pcl::PointXYZ> cloud_downsampled_pcl;
20
```

168　第8章　ポイントクラウド

```
21     pcl::fromROSMsg(cloud_input_ros_, cloud_input_pcl);
22
23     pcl::VoxelGrid<pcl::PointXYZ> voxelSampler;
24     voxelSampler.setInputCloud(cloud_input_pcl.makeShared());
25     voxelSampler.setLeafSize(0.01f, 0.01f, 0.01f);
26     voxelSampler.filter(cloud_downsampled_pcl);
27
28     pcl::toROSMsg(cloud_downsampled_pcl, cloud_filtered_ros_);
29   }
30
31   void publish()
32   {
33     cloud_pub_.publish(cloud_filtered_ros_);
34   }
35
36   protected:
37   ros::Publisher cloud_pub_;
38   sensor_msgs::PointCloud2 cloud_filtered_ros_;
39 };
```

「CloudDownsampler::operate()」で「pcl::VoxelGrid」を利用したダウンサンプリングの処理とROSメッセージへの変換を,「CloudDownsampler::publish()」でその結果をパブリッシュするようにオーバーライドしています.

「pcl::VoxelGrid」においても,PCLの処理の基本構成を踏襲しています.

cloud_downsampler.cpp（抜粋）

```
23     pcl::VoxelGrid<pcl::PointXYZ> voxelSampler;
24     voxelSampler.setInputCloud(cloud_input_pcl.makeShared());
25     voxelSampler.setLeafSize(0.01f, 0.01f, 0.01f);
26     voxelSampler.filter(cloud_downsampled_pcl);
```

メイン関数

後は,メイン関数において「CloudOperationHandler」のコンストラクタで「CloudOperator」のインスタンスを生成する部分で,「CloudDownsampler」を指定します.

cloud_downsampler.cpp（抜粋）

```
44 CloudOperationHandler handler(nh, new CloudDownsampler(nh), "cloud_filtered");
```

launch ファイルによる実行

フィルタリングを行う「cloud_downsampler」ノードと,それに伴い起動が必要となるノードを実行するlaunchファイルを下記のように作成します.

ソースコード 8-15　downsampling.launch

```
1 <launch>
2   <node name="cloud_loader" pkg="cloud_exercise" type="cloud_loader" />
3   <node name="cloud_filter" pkg="cloud_exercise" type="cloud_filter" />
4   <node name="cloud_downsampler" pkg="cloud_exercise" type="cloud_downsampler" />
```

```
5    <node name="rviz" pkg="rviz" type="rviz" args="-d $(find cloud_exercise)/rviz/
        downsampling.rviz" required="true" />
6  </launch>
```

設定ファイルである「downsampling.rviz」は本書のサンプルコードが格納されたリポジトリから取得してください．

そして，以下のコマンドを実行します．

```
$ cd <catkin_ws>
$ catkin_make
$ roslaunch cloud_exercise downsampling.launch
```

その後起動する「RViz」において，「/cloud_downsampled」を出力した際に，図 8-15 のように表示がされていれば成功です．後者のほうが前者よりも点数が少ないポイントクラウドになっていることが確認できます．「/cloud_filtered」の点数は 349136，「/cloud_downsampled」の点数は 27963 なので，92% もの点数が削減されています．それにもかかわらず，「RViz」で目視する限りはほぼ同様にポイントクラウドが分布していることが確認できます．

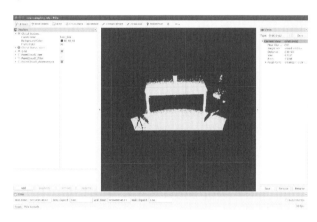

図 8-15 cloud_downsampler の実行結果を RViz で表示させた様子

8.4.4　ポイントクラウドからの平面セグメンテーション

平面セグメンテーションを行うノードは「cloud_planar_segmenter」です．このノードは，ポイントクラウドから平面的に分布している点を検出し，除外する処理を行います．ポイントクラウドから物体検出をする際に地面や壁が邪魔になる場合があるので，この処理が頻繁に利用されます．

170 第8章　ポイントクラウド

ファイル構成

「cloud_excercise」パッケージ内の「cloud_planar_segmenter」に関連するファイルを抜粋したファイル構成を下記に示します.

```
cloud_excercise
      ├── CMakeLists.txt
      ├── package.xml
      ├── include
      │       └── cloud_excercise
      │               └── cloud_common.h // 複数ノードで共通で使用するクラス
      ├── src
      │       └── cloud_planar_segmenter.cpp // 平面検出用クラス&ノード
      ├── rviz
      │       └── planar_segmentation.rviz // RViz設定ファイル
      └── launch
              └── planar_segmentation.launch // ノード起動用launchファイル
```

平面セグメンテーションクラス

平面検出を行うクラスは,「CloudOperator」を継承した「CloudPlanarSegmenter」クラスです. オーバーライドされた「CloudPlanarSegmenter::operate()」と「CloudPlanarSegmenter::publish()」を確認します.

ソースコード 8-16　cloud_planar_segmenter.cpp（抜粋）

```
20   void operate()
21   {
22     pcl::PointIndices::Ptr inliers(new pcl::PointIndices());
23     segment(inliers);
24     extract(inliers);
25   }
26
27   void publish()
28   {
29     cloud_segmented_pub_.publish(cloud_segmented_ros_);
30     cloud_without_segmented_pub_.publish(cloud_without_segmented_ros_);
31     indices_pub_.publish(indices_ros_);
32     coefficients_pub_.publish(coefficients_ros_);
33   }
```

「CloudPlanarSegmenter::operate()」内で, 平面部分を抽出する「CloudPlanarSegmenter::segment()」と, その結果から平面に属する点を除去したポイントクラウドを抽出する「CloudPlanarSegmenter::extract()」を実行しています.

「CloudPlanarSegmenter::publish()」では, 平面部と平面除去部のポイントクラウドおよび平面モデルの係数をパブリッシュしています. 各変数を ROS メッセージに変換する処理は,「CloudPlanarSegmenter::segment()」と「CloudPlanarSegmenter::extract()」内で行われているので, それらのメソッドも確認します.

8.4 サンプル2：ポイントクラウドのクラスタリング **171**

cloud_planar_segmenter.cpp（抜粋）

```cpp
36  void segment(pcl::PointIndices::Ptr inliers)
37  {
38    pcl::fromROSMsg(cloud_input_ros_, cloud_input_pcl_);
39
40    pcl::ModelCoefficients coefficients_pcl;
41    pcl::SACSegmentation<pcl::PointXYZ> segmentation;
42
43    // Create the segmentation object
44    segmentation.setModelType(pcl::SACMODEL_PLANE);
45    segmentation.setMethodType(pcl::SAC_RANSAC);
46    segmentation.setMaxIterations(1000);
47    segmentation.setDistanceThreshold(0.01);
48    segmentation.setInputCloud(cloud_input_pcl_.makeShared());
49    segmentation.segment(*inliers, coefficients_pcl);
50
51    pcl_conversions::fromPCL(*inliers, indices_ros_);
52    pcl_conversions::fromPCL(coefficients_pcl, coefficients_ros_);
53  }
54
55  void extract(pcl::PointIndices::Ptr inliers)
56  {
57    pcl::PointCloud<pcl::PointXYZ> cloud_segmented_pcl;
58    pcl::PointCloud<pcl::PointXYZ> cloud_without_segmented_pcl;
59    pcl::ExtractIndices<pcl::PointXYZ> extract;
60
61    // Create the filtering object
62    extract.setInputCloud(cloud_input_pcl_.makeShared());
63    extract.setIndices(inliers);
64    // Extract the planar inlier pointcloud from indices
65    extract.setNegative(false);
66    extract.filter(cloud_segmented_pcl);
67    // Remove the planar inlier pointcloud, extract the rest
68    extract.setNegative(true);
69    extract.filter(cloud_without_segmented_pcl);
70
71    // Convert to ROS msg
72    pcl::toROSMsg(cloud_segmented_pcl, cloud_segmented_ros_);
73    pcl::toROSMsg(cloud_without_segmented_pcl, cloud_without_segmented_ros_);
74  }
```

「CloudPlanarSegmenter::segment()」で，「pcl::SACSegmentation」を利用して特定領域の抽出を行います．

cloud_planar_segmenter.cpp（抜粋）

```cpp
43    // Create the segmentation object
44    segmentation.setModelType(pcl::SACMODEL_PLANE);
45    segmentation.setMethodType(pcl::SAC_RANSAC);
46    segmentation.setMaxIterations(1000);
47    segmentation.setDistanceThreshold(0.01);
48    segmentation.setInputCloud(cloud_input_pcl_.makeShared());
49    segmentation.segment(*inliers, coefficients_pcl);
```

ここで得られた「pcl::PointIndices::Ptr」型の「inliers」に，抽出された点のインデックスの集合が格納されており，次の処理に渡されます．

抽出点のインデックスと平面モデルのパラメータは，次の「fromPCL()」で変換しています．

cloud_planar_segmenter.cpp（抜粋）

```
51    pcl_conversions::fromPCL(*inliers, indices_ros_);
52    pcl_conversions::fromPCL(coefficients_pcl, coefficients_ros_);
```

「CloudPlanarSegmenter::extract()」で，先に取得したポイントクラウドのインデックスをもとに再構成したポイントクラウドを作成します．ここでは，「pcl::ExtractIndices::setNegative()」メソッドでインライヤ[†]の真偽を切り替え，平面領域と平面除去領域それぞれのポイントクラウドを生成します．

cloud_planar_segmenter.cpp（抜粋）

```
61    // Create the filtering object
62    extract.setInputCloud(cloud_input_pcl_.makeShared());
63    extract.setIndices(inliers);
64    // Extract the planar inlier pointcloud from indices
65    extract.setNegative(false);
66    extract.filter(cloud_segmented_pcl);
67    // Remove the planar inlier pointcloud, extract the rest
68    extract.setNegative(true);
69    extract.filter(cloud_without_segmented_pcl);
```

そして作成したポイントクラウドを ROS メッセージに変換しています．

cloud_planar_segmenter.cpp（抜粋）

```
71    // Convert to ROS msg
72    pcl::toROSMsg(cloud_segmented_pcl, cloud_segmented_ros_);
73    pcl::toROSMsg(cloud_without_segmented_pcl, cloud_without_segmented_ros_);
```

メイン関数

これまでと同様，メイン関数において「CloudOperationHandler」のコンストラクタで「CloudOperator」のインスタンスを生成する部分で，「CloudPlanarSegmenter」を指定します．

cloud_planar_segmenter.cpp（抜粋）

```
89  CloudOperationHandler handler(nh, new CloudPlanarSegmenter (nh),
        "cloud_downsampled");
```

launch ファイルによる実行

フィルタリングを行う「cloud_segmentation」ノードと，それに伴い起動が必要となるノードを実行する launch ファイルを以下のように作成します．

[†] 想定される誤差範囲内にある計測をインライヤ，範囲外の計測をアウトライヤや外れ値といいます．

ソースコード 8-17　planar_segmentation.launch

```
1  <launch>
2    <node name="cloud_loader" pkg="cloud_exercise" type="cloud_loader" />
3    <node name="cloud_filter" pkg="cloud_exercise" type="cloud_filter" />
4    <node name="cloud_downsampler" pkg="cloud_exercise" type="cloud_downsampler" />
5    <node name="cloud_planar_segmenter" pkg="cloud_exercise"
          type="cloud_planar_segmenter" />
6    <node name="rviz" pkg="rviz" type="rviz" args="-d $(find cloud_exercise)/rviz/
          planar_segmentation.rviz" required="true" />
7  </launch>
```

設定ファイルである「planar_segmentation.rviz」は本書のサンプルコードが格納されたリポジトリから取得してください．

そして，以下のコマンドを実行します．

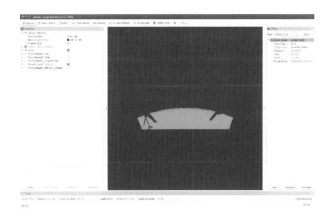

図 8-16　cloud_planar_segmenter の平面抽出結果を RViz で表示させた様子

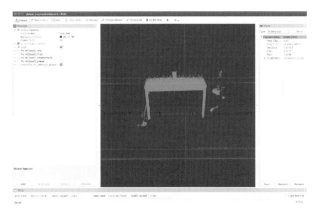

図 8-17　cloud_planar_segmenter の平面除去結果を RViz で表示させた様子

```
$ cd <catkin_ws>
$ catkin_make
$ roslaunch cloud_exercise planar_segmentation.launch
```

その後「RViz」が起動します.「RViz」の設定で,「/cloud_segmented」を出力した際に平面部である図8-16のような表示がされ,「/cloud_without_segmented」を出力した際に平面除去部である図8-17のような表示がされていれば成功です.

8.4.5 クラスタリング

平面クラスタリングを行うノードは「cloud_clusterer」です.このノードは,「cloud_planar_segmenter」で平面除去を施したポイントクラウドに対してクラスタリング処理を行います.ポイントクラウド内の個々の物体を分離・検出します.

ファイル構成

「cloud_excercise」パッケージ内の「cloud_clusterer」に関連するファイルを抜粋したファイル構成を以下に示します.

```
cloud_excercise
    ├── CMakeLists.txt
    ├── package.xml
    ├── include
    │   └── cloud_excercise
    │       └── cloud_common.h // 複数ノードで共通で使用するクラス
    ├── src
    │   └── cloud_clusterer.cpp // クラスタリング用クラス&ノード
    ├── rviz
    │   └── clustering.rviz // RViz設定ファイル
    └── launch
        └── clustering.launch // ノード起動用launchファイル
```

クラスタリングクラス

平面クラスタリングを行うクラスは,「CloudOperator」を継承した「CloudClusterer」クラスです.オーバーライドされた「CloudClusterer::operate()」と「CloudClusterer::publish()」を確認します.

ソースコード 8-18　cloud_clusterer.cpp（抜粋）

```
29  void operate()
30  {
31    pcl::PointCloud<pcl::PointXYZ>::Ptr cloud_input_pcl_ptr (new pcl::
          PointCloud<pcl::PointXYZ>);
32    std::vector<pcl::PointIndices> cluster_indices;
33
34    pcl::fromROSMsg(cloud_input_ros_, *cloud_input_pcl_ptr);
35
36    clusterKdTree(cloud_input_pcl_ptr, cluster_indices);
37    extractCluster(cloud_input_pcl_ptr, cluster_indices);
```

```
38 }
39
40 void publish()
41 {
42   for(std::vector<ros::Publisher>::iterator it = pcl_pubs_.begin();
        it !=pcl_pubs_.end(); ++it)
43   {
44     int index = it - pcl_pubs_.begin();
45     it->publish(cloud_clusters_ros_[index]);
46   }
47 }
```

「CloudClusterer::operate()」では，「clusterKdTree()」でクラスタリングを行い，「extractCluster()」で各クラスタのポイントクラウドのデータセットを作成します．

「clusterKdTree()」では，「pcl::EuclideanClusterExtraction」と「pcl::search::KdTree〈pcl::PointXYZ〉::Ptr」によってクラスタリングを行います．

cloud_clusterer.cpp（抜粋）

```
50   pcl::EuclideanClusterExtraction<pcl::PointXYZ> ec;
51   ec.setClusterTolerance(0.02);
52   ec.setMinClusterSize(100);
53   ec.setMaxClusterSize(25000);
54   ec.setSearchMethod(tree);
55   ec.setInputCloud(cloud_filtered_ptr);
56   ec.extract(cluster_indices);
```

「extractCluster()」における各クラスタごとのポイントクラウドの作成は，「cloud_planar_segmenter」の処理と同様なので割愛します．

メイン関数で「CloudOperator」を「CloudClusterer」に置き換えるのも，これまでのノードと同様なので割愛します．

launch ファイルによる実行

フィルタリングを行う「cloud_clusterer」ノードと，それに伴い起動が必要となるノードを実行する launch ファイルを以下のように作成します．

ソースコード 8-19　clustering.launch

```
1 <launch>
2   <node name="cloud_loader" pkg="cloud_exercise" type="cloud_loader" />
3   <node name="cloud_filter" pkg="cloud_exercise" type="cloud_filter" />
4   <node name="cloud_downsampler" pkg="cloud_exercise" type="cloud_downsampler" />
5   <node name="cloud_planar_segmenter" pkg="cloud_exercise"
      type="cloud_planar_segmenter" />
6   <node name="cloud_clusterer" pkg="cloud_exercise" type="cloud_clusterer" />
7   <node name="rviz" pkg="rviz" type="rviz" args="-d $(find cloud_exercise)/
      rviz/clustering.rviz" required="true" />
8 </launch>
```

設定ファイルである「clustering.rviz」は，本書のサンプルコードが格納されたリポジトリから取得してください．

そして，以下のコマンドを実行します．

```
$ cd <catkin_ws>
$ catkin_make
$ roslaunch cloud_exercise clustering.launch
```

起動したRVizで「/cloud_clustered」を出力し，図8-18のような表示がされていれば成功です．三つの異なる領域がそれぞれ別の色で表示されています．

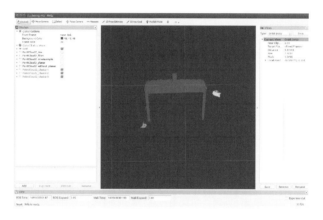

図 8-18　「cloud_clustered」の実行結果をRVizで表示させた様子

ポイントクラウドを作成してマッチングを行うサンプルと，pcdファイルを読み込んで「pcl_conversion」を活用することで，非常に簡単にPCLのデータ型とROSのメッセージ型間の相互変換ができることが理解できたと思います．

サンプルコードの構成は，ROSのソースコードで頻繁に用いられているオブジェクト指向の特長を意識した実践的なつくりとなっているので，これを理解できれば多くのROSのソースコードを理解できるようになるでしょう．

第9章

ナビゲーション

　本章では，ROS の既存パッケージを利用して，ロボットの自律走行（ナビゲーション）を実現する方法について説明します．自律走行は，各種の移動ロボットにとって必要不可欠な，重要な機能です．自律走行には，自己位置推定，地図生成（SLAM: Simultaneous Localization and Mapping），障害物検出，経路・動作計画などの各手法が必要になります．これらの実現方法は複数ありますが，ここでは標準的に使われるパッケージを利用した方法について述べます．単に使い方を説明するだけでなく，各手法のアルゴリズムの中身について説明するとともに，これらを用いた自律移動ロボットの開発事例を紹介します．

　ナビゲーション関連の機能は，「navigation」[†1]と「slam_gmapping」[†2]の二つのメタパッケージとして提供されています．ほかにも自律走行機能を提供するパッケージは存在しますが，この二つが標準的です．なお，ROS の基盤となる通信ライブラリや開発ツールなどを使いつつ，自律走行機能を自分で新たに実装することも可能です．

　自律走行を行うワークフローの例は，次のとおりです．

1. 移動ロボットを手動走行させてセンサデータを取得，bag ファイルに記録．
2. bag ファイルを再生し，「slam_gmapping」メタパッケージを使用してオフラインで地図生成[†3]．
3. 生成した地図に基づき，「navigation」メタパッケージを使用して自律走行．

あるいは，「slam_gmapping」で地図を生成しながら，同時に「navigation」で自律走行することもできます．

9.1　自律走行のためのロボット設定

　「navigation」と「slam_gmapping」を使うためには，使用するロボットに応じてパソコンのセットアップが必要です．ROS Wiki のセットアップページ[†4]（以降，セットアップページと表記）には，詳細な手順が記載されています[†5]．充実したチュートリアルになっており，ページのとおり

[†1] http://wiki.ros.org/navigation
[†2] http://wiki.ros.org/slam_gmapping
[†3] bag ファイルの再生ではなく，1 と同時にオンラインで実行してもかまいません．
[†4] http://wiki.ros.org/navigation/Tutorials/RobotSetup
[†5] セットアップページには「navigation stack」と書かれていますが，古い記述のため，「navigation meta package」と読み替えてください．

に作業を進めれば，これらのパッケージを用いてロボットを動かすことができます．そこで本章でも，このページに従って注意点をピックアップしつつ，第6章で作成したロボット「fourth_robot」のモデルを題材にして，Gazebo でシミュレーションをする手順を説明します．また必要に応じて，不足している情報を補足したり，ほかの有用なウェブサイトへのリンクを提示したりします．ウェブサイトを参照しながら本章を読むと理解が深まると思います．

　まずは，セットアップページの「Robot Setup」の内容から説明します．なお，「navigation」と「slam_gmapping」を単に使うだけならば，ほとんどソースコードを書く必要はありません．

9.1.1　ロボットの構成

　これらのパッケージでは，前提としているロボットの構成があります．まず，ロボットは二次元平面を移動することが想定されています．移動の形態は，車輪型が標準的です．差動駆動（Differential Drive）と全方向移動（Omni-Directional）の構成に対応しています．また，脚型の歩行ロボットでも，平面を移動する前提ならば，一応使えます．一方で，飛行ロボットなどの三次元空間の移動には基本的に対応していません．

　差動駆動では，ロボットが移動する二次元平面での位置（方向を含む）が (x, y, θ) の3自由度であるのに対して，直接制御できる自由度が並進速度と回転角速度の2自由度と不足しています．このような自由度の構成の系を，ノンホロノミック（非ホロノミック）系といいます．また，全方向移動のように全自由度を直接制御できる系を，ホロノミック系といいます．セットアップページにも用語として出てきますので，覚えておきましょう．

　使用できる外界センサは，主に LiDAR（Light Detection and Ranging，レーザスキャナ）です．単眼カメラは使用できません．距離画像カメラ（RGB-D カメラ）は，データをレーザスキャン型に変換するなどして使える部分もあります．

9.1.2　センサ設置位置の配信

　セットアップページの「Transform Configuration」の内容です．6.3節で述べたとおり，ROS では「tf」とよばれる仕組みを用いて座標変換を行います．センサデータを使うために，ロボットの構成に合わせた座標系の情報を配信（パブリッシュ）する必要があります．これは，ロボットのベース座標とセンサ座標にずれがある場合，自己位置推定などの際にはそのオフセットを考慮しなければならないため，その相対位置を「tf」のフレームとして出力するということです．

　「tf」でセンサ設置位置を定義する方法は，次のように大別されます．

- 自分で「tf_broadcaster」のコードを書く
- 「static_transform_publisher」ツールで配信する
- ロボットモデル「URDF」か「Xacro」で定義する

　一番目と二番目の場合は，C++ や Python の API あるいは ROS が提供するツールを利用することで，非常に簡便に「tf」のフレームを配信できます．こちらの方法でセンサ位置を配信する方法については6.3節で説明してありますので，そちらを参照してください．ただし，配信す

るフレームごとにコードを追加したりツールを起動する必要があるので，さまざまなセンサを搭載したロボットの管理をする場合には不向きです．

一方，三番目の方法を用いる場合は，ロボットモデル「URDF」（あるいは「Xacro」）で定義したセンサ位置情報をパラメータとして登録し，「joint_state_controller」と「robot_state_publisher」を経由して「tf」フレームを配信します．一見，起動するプログラムの構成を複雑化させるような印象を与えますが，ロボットの構成情報を URDF 側で一元管理できるので，ロボットの構成に変更が生じてもフレーム配信プログラム側を一切意識する必要がないという特長があります．これにより，複雑な構成をもったロボットでもセンサ位置の管理がしやすく，こちらの方法をとるロボットが多いようです．本書でも，後者の「URDF」か「Xacro」を利用する方法を推奨しており，6.1 節と 6.2 節でもこの方法によってセンサ位置のフレームを配信しています．

フレーム配信における注意点

重要な点として，配信周期を十分に速くすることが挙げられます．「tf」では，座標変換を座標系の名前を用いて行いますが，その際に時刻（タイムスタンプ）も使用します．すなわち，座標系 A から座標系 B までの，時刻 t における変換を取得するといった形で使います．したがって，センサ設置位置の配信周期が遅いと，適切に座標変換ができないという問題が生じます．そのため，センサが固定されていて動かないとしても，十分に速い周期で配信する必要があります．

また，ロボットのベースとセンサの座標系の名前が，後述するセンサノード（9.1.3 項）や車体コントローラノード（9.1.4 項）の座標系と一致するように注意しましょう．各自の環境に合致した名前になっている必要があります．なお，第 6 章の「fourth_robot」のモデルでは，ロボットのベースを「base_link」，センサを「front_lrf_link」というフレーム名にしています[†1]．

9.1.3 センサデータの取得と配信

セットアップページの「Sensor Information」の内容です．ここでは，LiDAR からレーザスキャンを取得して配信します．

ROS では，多くのセンサに対して，対応するノードがパッケージとして提供されています．Wiki[†2]に一覧があります．たとえば北陽電機の LiDAR に対しては，「urg_node」パッケージ[†3]が利用できます．

使用するセンサのパッケージが提供されている場合はそれを使えばよいため，自分でコードを書かなくても大丈夫です．一方，自分でセンサノードを書く場合には，Wiki[†4]の説明が参考になります．Gazebo でセンサを使う方法については，第 6 章のサンプルを参照してください．

[†1] 第 6 章のサンプルコードを参照してください．同ロボットにはほかにも複数のセンサが搭載されていますが，本章のナビゲーションのプログラムで利用するセンサは「front_lrf_link」のみとして話を進めます．

[†2] http://wiki.ros.org/Sensors

[†3] http://wiki.ros.org/urg_node

[†4] http://wiki.ros.org/navigation/Tutorials/RobotSetup/Sensors

9.1.4 車体コントローラの入出力

セットアップページの「Odometry Information」と「Base Controller」の内容です．ここでは，ロボットの車体をコマンドに応じて制御し，オドメトリを計算して配信します．

オドメトリとは，各車輪の回転数を測定することで，車体の位置（ロボット位置）を計算する手法です．車体の並進速度と回転角速度を求め，これらを積分してロボット位置を推定するという，移動ロボットの基本的な技術です．逐次的に積分を繰り返すため，ロボットの移動に伴って誤差が累積し続ける問題があり，LiDAR などを用いた累積誤差の修正が必要になります．

また「navigation」メタパッケージは，車体の速度コマンドとして並進速度と回転角速度を配信します．したがって車体コントローラは，この速度コマンドに応じて各車輪を制御することが求められます．

車体コントローラについても，多くのロボットに対して，対応するノードがパッケージとして提供されています．公式ページ[1]に一覧があります．筑波大学発の技術移転を目的とした T-frog プロジェクト[2]で販売されている移動ロボット（i-Cart シリーズ）も，ROS 対応の「ypspur_ros」パッケージ[3]が公開されています．これは，以前の「ypspur_ros_bridge」を置き換えるパッケージです．使用方法は，日本ロボット学会のセミナー資料[4]が参考になります．

センサと同様に，使用する車体のパッケージが提供されている場合はそれを使えばよいため，自分でコードを書かなくても大丈夫です．一方，自分でコントローラノードを書く場合には，Wiki[5]の説明が参考になります．

車体の速度制御の本体は，ROS の外側に実装される場合もあります．ロボットには，ROS が動いているパソコンとは別に，マイコン（モータコントローラ）が搭載されているでしょう．車体レベルの並進速度と回転角速度の目標値は，各車輪レベルの目標値に変換され，この制御はマイコンに実装されることも多いです．

9.1.5 ジョイパッドによる速度指令

自律走行の準備などで，手動走行が必要になる場面があります．たとえば，地図生成のためにロボットを走行させるには，ジョイパッドで手動走行ができると便利です．ROS では，ジョイパッドの入力をメッセージで配信する「joy」パッケージ[6]が提供されています．なお「joy」ノード自体は速度コマンドを配信しないので，「teleop_twist_joy」パッケージ[7]の「teleop_node」ノードを利用して速度コマンドに変換します．このパッケージには，あらかじめいくつかのジョイパッド製品に対して，適切なパラメータを設定する YAML ファイルが含まれています．

---

[1] http://robots.ros.org/

[2] http://t-frog.com/

[3] https://github.com/openspur/ypspur_ros

[4] 渡辺敦志，原 祥尭: "ロボットの作り方 — 移動ロボットの制御と ROS による動作計画実習"，第 99 回ロボット工学セミナー講演資料，2016. https://at-wat.github.io/ROS-quick-start-up/

[5] http://wiki.ros.org/navigation/Tutorials/RobotSetup/Odom

[6] http://wiki.ros.org/joy

[7] http://wiki.ros.org/teleop_twist_joy

手動走行を実現する launch ファイルを,「chapter9/joy_control/launch/joy_control.launch」として提供しています. 本サンプルでは, PlayStation®3 のコントローラを使用する場合のコードとなっています.

ソースコード 9-1 joy_control.launch

```
 1  <launch>
 2    <!-- arguments -->
 3    <arg name="joy_config" default="ps3" />
 4    <arg name="joy_dev" default="/dev/input/js0" />
 5    <arg name="config_filepath" default="$(find teleop_twist_joy)/config/
         $(arg joy_config).config.yaml" />
 6
 7    <!-- joy_node -->
 8    <node respawn="true" pkg="joy" type="joy_node" name="joy">
 9      <param name="dev" type="string" value="$(arg joy_dev)" />
10      <param name="deadzone" value="0.12" />
11      <param name="autorepeat_rate" value="25" />
12    </node>
13
14    <!-- joy_twist -->
15    <node pkg="teleop_twist_joy" type="teleop_node" name="teleop_node"
         output="screen">
16      <rosparam command="load"  file="$(arg config_filepath)" />
17      <!-- L2 for enable_button, L1 for enable_turbo_button -->
18      <remap from="cmd_vel" to="/diff_drive_controller/cmd_vel"/>
19    </node>
20  </launch>
```

速度コマンドを配信するトピック名は, 車体コントローラが読むものに合わせて修正するように注意してください. 上記の例では,「/diff_drive_controller/cmd_vel」になっています.

なお,「joy」ノードによるトピック経由でジョイパッドの入力を読まずに, ジョイパッドのデバイスを直接読んで速度コマンドを配信するノードを書くこともできます. ジョイパッドの入力値をメッセージとして配信する必要がなければ, この構成のほうがシンプルでしょう.

9.2 slam_gmapping メタパッケージの設定と実行

ここまでの設定で,「navigation」と「slam_gmapping」を使う準備が整いました. 続いて,「slam_gmapping」を使用して SLAM による地図生成を行います.「navigation」での自律走行には, 地図が必要となるためです.

SLAM とは, Simultaneous Localization and Mapping という言葉のとおり, 自己位置推定と地図生成を同時に行うことです. 移動ロボットがレーザスキャンなどのセンサデータを配置して地図を生成するには, ロボット位置を知る必要があります. しかし, ロボット位置を正確に推定するには, 基準となる地図が必要です. ところが, 地図はこれからつくるもので, 未知の状態です. ロボット位置と地図の両方が未知のため, 自己位置推定と地図生成は同時に行わなければなりません. これが SLAM です.

Wiki[†1]の説明を参考に，第6章の「fourth_robot」のモデルを例として作業を進めます．まず，bagファイルをダウンロードするか，自分のロボットで「rosbag」コマンドを用いて記録します．

9.2.1 手動走行の各種ノードの起動

実際にロボットを走行させてセンサデータを記録する場合，次のように実行します．まず「roscore」を起動した状態で，センサ設置位置を配信するノード（9.1.2項），センサノード（9.1.3項），コントローラノード（9.1.4項）を起動します．

「fourth_robot」のモデルをGazebo上で動作させる場合には，次のコマンドを実行します．図9-1の画面が表示されれば成功です．

```
$ roslaunch fourth_robot_gazebo fourth_robot_with_husky_playworld.launch
```

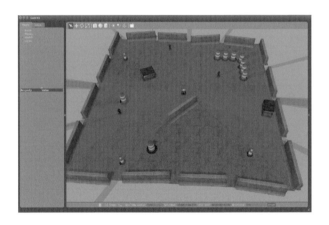

図9-1 Gazeboで「fourth_robot」のモデルを動作させた様子

初回起動時は，環境モデルをインターネット経由でダウンロードするため，完了するまでGazebo内にモデルが登場しません．少し時間がかかるかもしれませんが，お待ちください．また，ダウンロードの速度によっては「ros_controller」の起動に失敗し，GazeboのGUIをうまく起動できないことがあります．その場合には，しばらく待った後もう一度起動し直せばうまく立ち上がるはずです．なお，図9-1におけるフィールドは，ROS対応のオープンロボットモデルであるHusky[†2]のシミュレータで使用しているものを採用しました．

続いて，ジョイパッドによる速度指令のノード（9.1.5項）を起動します．「fourth_robot」の例では，本章のサンプルに「joy_control」というパッケージを追加していますので，ジョイパッドとの接続を確立したうえで，下記のコマンドを実行してください．ただし，ご利用のジョイパッドや接続したポートに合わせて，パラメータは調整してください（5.4節を参照）．

[†1] http://wiki.ros.org/slam_gmapping/Tutorials/MappingFromLoggedData
[†2] http://wiki.ros.org/Robots/Husky

```
$ roslaunch joy_control joy_control.launch
```

9.2.2 bag ファイルへのセンサデータの記録

この状態で，別のターミナルで以下のように「rosbag」を起動することで，手動走行しながら bag ファイルにセンサデータを記録します．

```
$ rosbag record -O my_data /tf /odom /front/scan
```

ここでは，「/tf」「/odom」「/front/scan」の各トピックを「my_data.bag」ファイルに記録しています．トピック名は，各自の環境に合わせて指定しましょう（「/odom」は記録しなくても大丈夫です）．また，「-a」オプションで全トピックを指定することはせず，記録するトピックを明示的に指定しましょう．これは，再生時に不要なトピックを bag ファイルに記録しないためです．地図を生成したい環境を十分に走行させたら，「rosbag」を終了してデータの記録を終えましょう．一般に，ロボットをゆっくり走行（とくに回転）させたほうが，地図生成は成功しやすいです．

9.2.3 bag ファイルの再生と地図生成

bag ファイルの準備ができたら，「roscore」を起動した状態で次のように「slam_gmapping」による地図生成を行います．まず最初に，bag ファイルに記録されている時間をシミュレーションするように設定します．

```
$ rosparam set use_sim_time true
```

続いて，「slam_gmapping」ノードを起動します．レーザスキャンのトピック名は，各自の環境に合わせて指定しましょう．以下の例では，スキャンを「/front/scan」に指定し，パーティクル数を 50 個に指定しています．SLAM のアルゴリズムに関するほかのパラメータは指定せずに起動していますが，一般にはパラメータを試行錯誤することになります．

```
$ rosrun gmapping slam_gmapping scan:=/front/scan _particles:=50
```

「slam_gmapping」が起動した状態で，別のターミナルで「rosbag」を起動して bag ファイルを再生します．これにより，SLAM の処理がセンサデータの再生とともに進んでいきます．

```
$ rosbag play --clock -r 1.0 my_data.bag
```

ここでは，「--clock」オプションにより，bag ファイルの時間をシミュレーションしています．また「-r」オプションで，再生速度を 1.0 倍速に指定しています．処理が間に合わずに地図生成に失敗する場合などは，「-r 0.5」のように再生速度を遅くするとよいでしょう．

処理の途中経過は,「RViz」で確認できます.「/map」トピックを可視化することで,その時点での地図を見ることが可能です.ただし,「RViz」の可視化処理の計算コストはそれなりに高いので注意しましょう.

以上の処理を「fourth_robot」の例で行うための launch ファイルを,「chapter9/fourth_robot_2dnav/launch/gmapping.launch」として提供しています.なお,bag ファイルを「fourth_robot_2dnav/bag/my_data.bag」に保存したと仮定しています.地図が作成されれば,「RViz」上で図 9-2 のように表示されます.

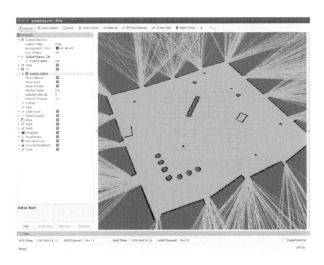

図 9-2 Gazebo 上で「fourth_robot」によって地図を生成した様子

ソースコード 9-2 gmapping.launch

```
 1  <launch>
 2    <arg name="bag_filename" default="$(find fourth_robot_2dnav)/bag/my_data.bag"/>
 3    <arg name="use_sim_time" value="true"/>
 4    <node pkg="gmapping" type="slam_gmapping" name="slam_gmapping">
 5      <rosparam>
 6        particles: 50
 7      </rosparam>
 8      <remap from="scan" to="/front/scan"/>
 9    </node>
10
11    <node name="playbag" pkg="rosbag" type="play" args="--clock -r 1.0
         $(arg bag_filename)" />
12
13    <node name="rviz" pkg="rviz" type="rviz" required="true" args="-d
         $(find fourth_robot_2dnav)/rviz/gmapping.rviz" />
14  </launch>
```

slam_gmapping のパラメータ設定における注意点

「slam_gmapping」ノードのパラメータ調整は，Wiki[†]の説明が参考になります．また，9.5節で後述するアルゴリズムの中身を理解しておくことも必須です．アルゴリズムがわかれば，パラメータ調整の感覚がつかめるでしょう．

重要なパラメータは，主に以下です．まず「~particles」は，パーティクル数です．多いほうが地図生成は成功しやすいですが，計算コストも高くなります．「~srr」「~srt」「~str」「~stt」は，オドメトリによる動作モデルの誤差パラメータです．デフォルト値は大きめになっているので，車体コントローラのオドメトリが正確な場合は，値を小さく調整したほうがよいでしょう．また「~minimumScore」は，計測モデルでパーティクルごとに行うスキャンマッチングの失敗判定の閾値です．地図が途中で折れ曲がってしまう場合は，スキャンマッチングの失敗が原因であることが多いため，閾値を大きくしてみましょう．「~resampleThreshold」は，リサンプリング処理のタイミングを決定するパラメータです．9.5節で後述しますが，各パーティクルの重みから計算する n_{eff}（Number of Effective Particles）とよばれる指標に基づいています．

9.2.4 地図の保存

「rosbag」による再生が終了したら，生成された地図を以下のコマンドで保存しましょう．「map_server」パッケージの「map_saver」ノード（サーバではなくセーバなので注意）を使います．

```
$ rosrun map_server map_saver -f my_map
```

上記コマンドの実行により，「my_map.pgm」と「my_map.yaml」の二つのファイルとして地図が保存されます．pgmファイルは，占有／自由／未知を黒色／白色／灰色の3状態で表現した画像ファイルです．YAMLファイルには，画像の1ピクセルと実世界のサイズを対応付けるスケールなどの情報が記録されています．

なお，生成したpgmファイルを，画像編集ソフトで手動で修正することも可能です．パラメータを調整しても地図生成に失敗する場合には，試してみてもよいかも知れません．

9.3 navigation メタパッケージの設定と実行

地図も準備できたので，「navigation」を使った自律走行を行いましょう．セットアップページの「Navigation Stack Setup」と「Running the Navigation Stack」の内容です．

なお，セットアップページの「Creating a Robot Configuration Launch File」では，前述のセンサ設置位置を配信するノード（9.1.2項），センサノード（9.1.3項），コントローラノード（9.1.4項）を一括して起動するlaunchファイルを作成しています．起動手順が簡単になるため，必要に応じて作業しましょう．

[†] http://wiki.ros.org/gmapping

186 第9章 ナビゲーション

9.3.1 設定ファイルの作成

　以降では，「navigation」メタパッケージ自体の設定をしていきます．ここからが，自律走行の
挙動に関する設定になります．

　セットアップページの「Costmap Configuration」では，障害物情報を管理するコストマップ
の設定をしています．「costmap_2d」パッケージ[†]を使用します．9.6 節で後述するように，大域
的な経路計画に用いるグローバルコストマップと，局所的な動作計画に用いるローカルコストマッ
プの 2 種類があります．

グローバル・ローカルコストマップ共通の設定

　二つのコストマップで共通する設定を，以下の例のように書きます．ここでは，ロボットの形状や
障害物情報として使うセンサの設定をしています．ファイルは「chapter9/fourth_robot_2dnav/
config/costmap/costmap_common.yaml」にあります．

ソースコード 9-3　costmap_common.yaml

```
1  obstacle_range: 2.5
2  raytrace_range: 10.0
3  # footprint: [[x0, y0], [x1, y1], … [xn, yn]]
4  footprint: [[0.30, 0.25], [0.30, -0.25], [-0.50, -0.25], [-0.50, 0.25]]
5  # robot_radius: ir_of_robot
6  inflation_radius: 1.0
7  # observation_sources: scan_name cloud_name
8  observation_sources: base_scan
9  # scan_name: {sensor_frame: frame_name, data_type: LaserScan, topic: topic_name,
     marking: true, clearing: true}
10 # cloud_name: {sensor_frame: frame_name, data_type: PointCloud2, topic: topic_name,
     marking: true, clearing: true}
11 base_scan: {
12   sensor_frame: front_lrf_link,
13   data_type: LaserScan,
14   topic: front/scan,
15   marking: true,
16   clearing: true,
17   max_obstacle_height: 1.0,
18   min_obstacle_height: -0.15,
19   expected_update_rate: 1.0,
20   observation_persistence: 0.0
21 }
```

　この設定の意味は，次のとおりです．「obstacle_range」は，障害物としてコストマップに反映する
最大距離を設定しています．設定した距離以内の物体を，障害物として扱います．「raytrace_range」
は，レイトレーシング（レイキャスティング）によって自由空間かどうかを判定する最大距離を
設定しています．この範囲内でレーザスキャンなどのビームが通過した領域は，障害物のない自
由空間と判定します．「footprint」は，ロボットの外形を設定しています．多角形の角の座標を，

[†] http://wiki.ros.org/costmap_2d

時計回り／反時計回りで記述します．ロボットが円形の場合，「robot_radius」での半径の指定も可能です．座標系の原点は，ロボットの移動中心です．「inflation_radius」は，障害物からの距離に応じたコストをゼロに打ち切る閾値を設定しています．回避の際に障害物から離れる間隔の最大値だと考えればよいでしょう．続いて「observation_sources」では，障害物を測定するセンサのリストを任意の名前で定義しています．上記の例では「base_scan」という名前でセンサを定義して，「sensor_frame」でセンサ座標系，「data_type」でメッセージ型，「topic」でトピック名，「marking」と「clearing」でセンサデータを障害物や自由空間の判定に使うかを設定しています．そのほかの詳細なパラメータの意味は，ROS Wiki で確認できます．

グローバルコストマップの設定

次に，グローバルコストマップの設定です．以下の例のように書きます．ファイルは「chapter9/fourth_robot_2dnav/config/costmap/global_costmap.yaml」にあります．

ソースコード 9-4　global_costmap.yaml

```
1  global_costmap:
2    global_frame: map
3    robot_base_frame: base_footprint
4    update_frequency: 1.0
5    static_map: true
```

「global_frame」でコストマップ座標系を，「robot_base_frame」でロボット座標系を設定しています．「update_frequency」は，コストマップを更新する周期を [Hz] の単位で設定しています．「static_map」は，事前に生成した地図に基づいてコストマップを初期化するかどうかを設定しています．

ローカルコストマップの設定

続いて，ローカルコストマップの設定です．以下の例のように書きます．ファイルは「chapter9/fourth_robot_2dnav/config/costmap/local_costmap_params.yaml」にあります．

ソースコード 9-5　local_costmap_params.yaml

```
1   local_costmap:
2     global_frame: odom
3     robot_base_frame: base_footprint
4     update_frequency: 10.0
5     publish_frequency: 10.0
6     static_map: false
7     rolling_window: true
8     width: 7.0
9     height: 7.0
10    resolution: 0.20
```

「global_frame」「robot_base_frame」「update_frequency」「static_map」は，グローバルコストマップと同様の項目です．「publish_frequency」は，可視化用にコストマップを配信する周期を [Hz] の単位で設定しています．グローバルコストマップも可視化したい場合には，そちらにも

記述しましょう.「rolling_window」は,ロボットが移動してもロボットを中心とした範囲のコストマップを扱うように設定しています.ロボットの移動に伴い,コストマップも一緒に移動します(並進のみ).「width」と「height」でコストマップのサイズを,「resolution」で 1 セルの解像度を [m] の単位で設定しています.

コストマップのパラメータ設定における注意点

重要な点として,グローバルコストマップは地図「map」座標系(自己位置推定の基準となる座標系)だったのに対して,ローカルコストマップはオドメトリ「odom」座標系に設定しています.これは,障害物情報の管理の都合です.地図座標系でのロボット位置は,位置の修正に伴って不連続にジャンプします.このため,ロボット位置に従って障害物を配置していくと,ジャンプに応じて障害物が実際よりも広がってしまいます.結果として,本来はロボットが走行できる狭路が,走行できないと誤って判定されてしまいます.一方で,オドメトリ座標系でのロボット位置(オドメトリによる推定位置)は,累積誤差は大きくなりますが,位置のジャンプは発生せず局所的には正確です.よって,ロボットの近傍の障害物情報を管理するローカルコストマップは,オドメトリ座標系が適しています.

経路・動作計画の設定

次に,経路・動作計画の設定を行います.9.6 節で後述するように,大域的な経路計画と局所的な動作計画があり,順番に説明します.まずは大域的な経路計画の設定です.ここでは,経路計画に用いる「navfn」パッケージ[†1]を調整しています.既存の地図(グローバルコストマップ)を用いて経路計画する設定を行います.ファイルは「chapter9/fourth_robot_2dnav/config/planner/global/navfn_planner.yaml」にあります.

ソースコード 9-6　navfn_planner.yaml

```
1  base_global_planner: navfn/NavfnROS
2  NavfnROS:
3    # Robot configuration parameters
4    default_tolerance: 1.0
```

「base_global_planner」で,「navfn/NavfnROS」というプランナを選択しています.また「default_tolerance」で,ゴール地点までの許容距離を設定しています.

続いて局所的な動作計画の設定を,セットアップページの「Base Local Planner Configuration」を参考に,以下の例のように書きます.ここでは,動作計画に用いる「base_local_planner」パッケージ[†2]を調整しています.速度コマンドの計画に関する設定を行います.ファイルは「chapter9/fourth_robot_2dnav/config/planner/local/trajectory_planner.yaml」にあります.

ソースコード 9-7　trajectory_planner.yaml

```
1  base_local_planner: base_local_planner/TrajectoryPlannerROS
2  TrajectoryPlannerROS:
```

[†1] http://wiki.ros.org/navfn

[†2] http://wiki.ros.org/base_local_planner

```
3     max_vel_x: 0.825
4     min_vel_x: -0.5
5     max_rotational_vel: 0.2
6     min_in_place_rotational_vel: 1.04
7
8     acc_lim_x: 2.0
9     acc_lim_y: 0.0
10    acc_lim_theta: 4.0
11
12    holonomic_robot: false
```

「base_local_planner」で，「base_local_planner/TrajectoryPlannerRos」というプランナを選択しています．「max_vel_x」「min_vel_x」は，最大／最小の並進速度を [m/s] の単位で設定しています．「max_rotation_vel」は，最大の回転角速度を [rad/s] の単位で設定しています．また「min_in_place_rotational_vel」は，超信地旋回（その場旋回）における最小の回転角速度を [rad/s] の単位で設定しています．続いて，「acc_lim_x」「acc_lim_y」「acc_lim_theta」は，動作計画のアルゴリズムで使用する加速度のリミットを $[m/s^2]$ と $[rad/s^2]$ の単位で設定しています．最後に「holonomic_robot」は，ロボットの移動系がホロノミック系かどうかを設定しています．差動駆動の場合はノンホロノミック系のため「false」と記述しましょう．

ここまでの設定で，「navigation」メタパッケージの最低限の設定ができました．しかし，各項目にはここで言及しなかったパラメータも多く，より詳細な設定が可能です．Wiki[1]の各パッケージの説明を参考に，すべてのパラメータの説明を一読して調整することをお勧めします．

また，コストマップの設定に関しては，ROS Hydro 以降では LayeredCostmap という仕組みが導入されています[2]．本章ではセットアップページにならって従来の書式（pre-hydro parameter style）で設定しましたが，新しい書式ではさらなるカスタマイズが可能です．Wiki[3]のチュートリアルや，「turtlebot_navigation」パッケージ[4]に含まれる YAML ファイルが参考になります．

9.3.2　起動ファイルの作成

続いて，セットアップページの「Creating a Launch File for the Navigation Stack」では，設定した YAML ファイル群を用いて「navigation」メタパッケージを起動する launch ファイルを作成しています．以下の例のように書きます．ファイルは「chapter9/fourth_robot_2dnav/launch/navigation.launch」にあります．

ソースコード 9-8　navigation.launch

```
1  <launch>
2    <master auto="start"/>
3    <!-- MAP SERVER -->
4    <arg name="map_file" default="$(find fourth_robot_2dnav)/map/my_map.yaml"/>
5    <node name="map_server" pkg="map_server" type="map_server"
```

[1] http://wiki.ros.org/navigation
[2] http://wiki.ros.org/costmap_2d/hydro
[3] http://wiki.ros.org/costmap_2d/Tutorials/Configuring Layered Costmaps
[4] http://wiki.ros.org/turtlebot_navigation

```
      args="$(arg map_file)">
 6        <param name="frame_id" value="/map" />
 7      </node>
 8
 9      <!-- AMCL -->
10      <include file="$(find fourth_robot_2dnav)/launch/amcl_diff.launch"/>
11
12      <!-- MOVE BASE -->
13      <node pkg="move_base" type="move_base" respawn="false" name="move_base"
          output="screen">
14        <!-- COST MAP -->
15        <rosparam file="$(find fourth_robot_2dnav)/config/costmap/costmap_common.yaml"
            command="load" ns="global_costmap" />
16        <rosparam file="$(find fourth_robot_2dnav)/config/costmap/costmap_common.yaml"
            command="load" ns="local_costmap" />
17        <rosparam file="$(find fourth_robot_2dnav)/config/costmap/local_costmap.yaml"
            command="load" />
18        <rosparam file="$(find fourth_robot_2dnav)/config/costmap/global_costmap.yaml"
            command="load" />
19
20        <!-- BASE GLOBAL PLANNER -->
21        <rosparam file="$(find fourth_robot_2dnav)/config/planner/global/
            navfn_planner.yaml" command="load" />
22        <!-- BASE LOCAL PLANNER -->
23        <rosparam file="$(find fourth_robot_2dnav)/config/planner/local/
            trajectory_planner.yaml" command="load" />
24        <!-- RECOVERY -->
25        <rosparam file="$(find fourth_robot_2dnav)/config/planner/
            recovery_behaviors.yaml" command="load"/>
26
27        <!-- MOVE BASE -->
28        <param name="controller_frequency" value="5.0" />
29        <param name="controller_patience" value="15.0" />
30        <param name="max_planning_retries" value="10" />
31        <param name="oscillation_timeout" value="10.0" />
32        <param name="clearing_rotation_allowed" value="true" />
33
34        <!-- remap cmd_vel and odom topics -->
35        <remap from="cmd_vel" to="/diff_drive_controller/cmd_vel"/>
36        <remap from="odom" to="/diff_drive_controller/odom"/>
37      </node>
38
39      <node name="rviz" pkg="rviz" type="rviz" required="true"
          args="-d $(find fourth_robot_2dnav)/rviz/navigation.rviz" />
40    </launch>
```

　ここでは，事前に生成した地図を配信する「map_server」ノード，自己位置推定をする「amcl」
ノード，移動タスクを実行する「move_base」ノードを起動するようにしています．速度コマン
ドとオドメトリのトピック名は，車体コントローラに合わせて修正するように注意してください．
上記の例では，「/diff_drive_controller/cmd_vel」と「/diff_drive_controller/odom」になって
います．

「amcl」の設定に，差動駆動のロボットの場合は「amcl_diff.launch」を使います．「fourth_robot」の例では，次のようなファイルとなっています．

ソースコード 9-9　amcl_diff.launch

```
1  <launch>
2    <node pkg="amcl" type="amcl" name="amcl" output="screen">
3      <remap from="scan" to="front/scan" />
4      <rosparam file="$(find fourth_robot_2dnav)/config/amcl/amcl_diff.yaml"
           command="load" />
5    </node>
6  </launch>
```

　一般に，「amcl」はデフォルトのパラメータでも比較的よく動作しますが，パラメータ調整をする際は「chapter9/fourth_robot_2dnav/config/amcl/amcl_diff.yaml」を編集しましょう．「amcl」ノードのパラメータ調整は，Wiki[†1]の説明が参考になります．また，9.5 節で後述するアルゴリズムの中身を理解しておくことも重要です．パラメータの調整には，アルゴリズムの理解が役立ちます．

9.3.3　自律走行の実行

　ついに，すべての準備が完了しました．「navigation」メタパッケージは，次のように実行します．まず，「roscore」を起動した状態で，センサ設置位置を配信するノード（9.1.2 項），センサノード（9.1.3 項），コントローラノード（9.1.4 項）を起動しておきます．この状態で，別のターミナルで以下のように起動することで，自律走行が実行されます．「navigation」が起動したら，「RViz」を起動しましょう．

```
$ roslaunch <robot_name>_2dnav navigation.launch map_file:=my_map.yaml
```

　「fourth_robot」を Gazebo 上で動作させる場合には，以下のように実行します．まず，Gazebo を起動します．次に下記コマンドにより，センサ設置位置を配信するノード，センサノード，コントローラノードをまとめて起動します．

```
$ roslaunch fourth_robot_gazebo fourth_robot_with_husky_playworld.launch
```

　続いて，本節で作成した「navigation」の launch ファイルを起動します．このファイルを実行することで，図 9-3 のように「RViz」も同時に起動されます．

```
$ roslaunch fourth_robot_2dnav navigation.launch
```

　可視化するトピックは，Wiki[†2]を参照してください．今回使用した「fourth_robot」の例では不要ですが，必要に応じて「RViz」のウィンドウ上にある「2D Pose Estimate」をクリックし

[†1] http://wiki.ros.org/amcl
[†2] http://wiki.ros.org/navigation/Tutorials/Using rviz with the Navigation Stack

図 9-3 RViz で「navigation」による自律走行を可視化した様子

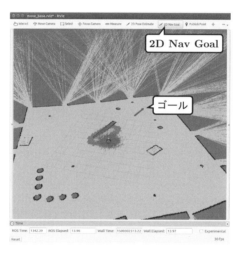

図 9-4 「navigation」のゴールを指定した様子

て，地図上でロボットが実際にいる位置を指定してください．この位置が，「amcl」による自己位置推定の初期位置になります．

次に，図 9-4 のように「2D Nav Goal」をクリックとドラッグして，自律走行のゴール（目標位置と方向）を指定しましょう．図 9-4 では，画面右上に表示された矢印がゴールを示しています．

これにより，「amcl」で自己位置推定を行いつつ，「move_base」でゴールまでの経路・動作計画をしてロボットが走行します．図 9-5 に，図 9-4 で設定したゴール位置にロボットが到達した様子を示します．

図 9-5 「fourth_robot」が「navigation」のゴール位置に到達した様子

自律走行のゴールを，自分のプログラムから指定することもできます．方法としては，「actionlib」を利用するか，「/move_base_simple/goal」トピックに配信する方法があります．詳細は，Wiki[†]の説明が参考になります．

以上の手順で，自律走行の機能をひととおり実行することができます．ここまでは，まずは各機能を実行することを目的に，手法の中身は説明していません．しかし，各手法のパラメータ調整をしたり，自分のプログラムからこれらの機能を利用するためには，アルゴリズムの中身を理解することが必要不可欠です．そこで以降では，ROS Wiki では説明が不足している，「navigation」と「slam_gmapping」の中身の詳細について説明します．

9.4　navigation と slam_gmapping のパッケージ構成

図 9-6 に，「navigation」と「slam_gmapping」メタパッケージの構成を示します．この二つで，自律走行に必要な機能がひととおり提供されます．また ROS では，C++ や Python が主に使われますが，これらのパッケージは C++ で実装されています．

「navigation」メタパッケージは，既存地図での自己位置推定，障害物情報の管理，経路・動作計画の機能をもちます．ノード（実行ファイル）として，「map_server」「amcl」「move_base」などが提供されます．「map_server」は，既存地図を配信するノードです．「amcl」は，Particle Filter による自己位置推定を行うノードです．「move_base」は，移動タスクを実行するノードです．具体的には，「costmap_2d」がコストマップとして障害物情報を管理し，「nav_core」のインタフェースで計画を立てます．「nav_core」の実装は，動的に変更可能な仕組みになっています．

[†] http://wiki.ros.org/navigation/Tutorials/SendingSimpleGoals

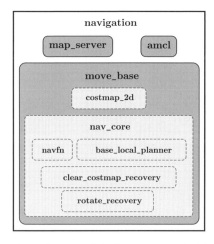
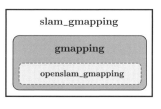
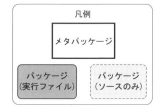

図 9-6 「navigation」と「slam_gmapping」メタパッケージの構成

「slam_gmapping」メタパッケージは，SLAM による地図生成機能をもちます．ノードとして，「gmapping」が提供されます．「gmapping」は，OpenSLAM[†1]で公開されている Rao-Blackwellized Particle Filter による SLAM の ROS ラッパーです．

9.5 自己位置推定，SLAM のアルゴリズム

「amcl」と「gmapping」では，Bayes Filter 系の手法が用いられています．ロボット位置や地図を，ベイズ推定に基づいて確率的に求めます．Bayes Filter の実装には，Extended Kalman Filter（EKF）や Histogram Filter（HF）などもありますが，ここではともに Particle Filter（PF）の系列が使われています．これらの Bayes Filter の詳細は，文献[†2]が詳しいです．

「amcl」のアルゴリズムは，PF による Monte Carlo Localization（MCL）です．図 9-7 に，MCL の概要を示します．ロボット位置の確率分布を，サンプリングした複数のパーティクルで近似します．処理手順は，次の 3 ステップです．

1. 時刻 $t-1$ の各パーティクルをオドメトリなどによる動作モデルで移動して，時刻 t の事前確率を予測．
2. レーザスキャンなどによる計測モデルで尤度を計算し，各パーティクルに重み付け．
3. 重みに基づいて各パーティクルをリサンプリング．

スキャンと地図が重なるパーティクルは尤度が大きくなり，多くの複製を残します．一方で，尤度が小さいパーティクルは消滅します．これにより，ロボット位置を修正（更新）して時刻 t の事後確率を求めます．

[†1] http://openslam.org/gmapping.html
[†2] Sebastian Thrun, Wolfram Burgard, and Dieter Fox: "Probabilistic Robotics", *The MIT Press*, 2005. （邦訳）上田隆一: "確率ロボティクス", マイナビ, 2007.

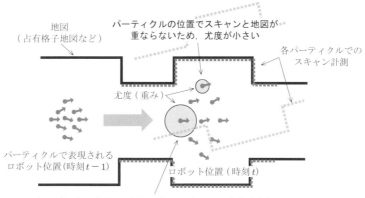

図 9-7 Particle Filter による Monte Carlo Localization

「amcl」には，地図形式として占有格子地図，動作モデルとしてオドメトリ動作モデル，計測モデルとしてビーム計測モデルと尤度場計測モデルが実装されています[†]．さらに，推定位置の不確かさに応じて，パーティクル数を適応的に調整する仕組みをもちます．KLD サンプリングを用いた Adaptive MCL という手法で，「amcl」の名前の由来にもなっています．また，真の位置のパーティクルを喪失する問題に対処するため，一部のパーティクルをランダムに配置する Augmented MCL も実装されています．

「gmapping」のアルゴリズムは，Rao-Blackwellized Particle Filter（RBPF）による Grid-Based SLAM です．RBPF は PF の一種ですが，SLAM においてはロボット位置を PF で，地図をほかの何らかのフィルタで推定するものだと捉えればよいでしょう．ここでは，各パーティクルが現在のロボット位置だけでなく過去の走行軌跡も保持できる性質を利用しています．すなわち，パーティクルごとの走行軌跡に基づいて，各パーティクルで独立に地図を推定します．パーティクルの数だけ，地図の仮説が生成されます．ランドマーク特徴地図を推定する場合は EKF が，占有格子地図を推定する場合は Binary Bayes Filter が用いられます．「gmapping」は後者に該当し，確率的な占有格子地図を求める Grid-Based SLAM です．

RBPF を用いた「gmapping」は，PF による MCL と類似する部分も多いですが，主に以下の点が異なります．まず，根本的に「gmapping」は SLAM 手法であり，地図を生成しながら自己位置推定を行います．とくに，パーティクルごとに地図を推定し，計測モデルで尤度を計算する際は各パーティクルがもつ地図を利用します．これは，RBPF による SLAM の一般的な性質です．一方で MCL は，既存の一つの地図での自己位置推定を行います．また「gmapping」の計測モデルは，単に尤度を計算するのではなく，パーティクルごとにスキャンマッチングを行います．これは，サンプリングする提案分布として動作モデルだけでなく計測モデルも利用すること

[†] これらの動作モデル，計測モデルなどの詳細は，p.194 の脚注にあげた書籍 "Probabilistic Robotics（確率ロボティクス）" に説明があります．

で，必要なパーティクル数を削減する FastSLAM 2.0 の工夫[1]を，Grid-Based SLAM に適用したものです．「amcl」には実装されていませんが，同様の工夫を自己位置推定に適用した Mixture MCL という手法も存在します．

PF や RBPF において，リサンプリング処理のタイミングを決定する指標として，各パーティクルの重みから計算する n_eff（Number of Effective Particles）とよばれるパラメータが知られています．n_eff は重みのバラつきに基づき，すべて等しい重みの場合に最大値（正規化した重みに対して全パーティクル数）をとります．リサンプリング処理を行うと，パーティクルの複製により共通の履歴をもつため，多様性が失われます．そこで，多様性を残すためには，各パーティクルの重みに偏りが生じ，n_eff が閾値を下回った際にリサンプリングするとよいでしょう．

表 9-1 に，自己位置推定と SLAM の手法を種類ごとに整理しました[2]．「amcl」の PF による MCL や，「gmapping」の RBPF による Grid-Based SLAM は，数ある手法のうちの一部にすぎません．これらの手法がどのような性質をもつかを意識することは重要です．とくに「gmapping」に関しては，広大な環境でセンサ視野が不足する場合などに，そのままでは性能が不十分なことも多いです．

表 9-1　自己位置推定と SLAM 手法の分類

	スキャンマッチング系		Bayes Filter 系	Graph-Based SLAM 系
性質	逐次最適化，オンライン		フィルタリング，オンライン	全体最適化，オフライン
手法の概要	点群を最適化計算で位置合わせ		事前確率と尤度を確率的に融合	ロボット位置やランドマーク位置（地図）を表すグラフを最適化
	詳細マッチング	大域マッチング		
	初期位置あり，ユークリッド空間で対応付け	初期位置なし，特徴量空間で対応付け		
手法の例	ICP, NDT など	Spin Image, FPFH, PPF, SHOT など	EKF, HF, PF, RBPF など	ポーズ調整，バンドル調整，完全 SLAM

9.6　経路・動作計画のアルゴリズム

「move_base」のアルゴリズムは，基本的に Global Dynamic Window Approach（Global DWA）とよばれる枠組みです．まず，大域的な経路計画でグローバルパスを求め，それに基づいて局所的な動作計画でローカルパス（走行速度）を求めるという，2 段階の手法です．それぞれの段階で，障害物を回避してゴールに到達する計画を立てます．この経路・動作計画は，占有格子地図の上で行われます．

---

[1] FastSLAM 1.0 には，この工夫は導入されていません．

[2] 原 祥尭: "自己位置推定・地図生成（SLAM）の全体像"，連載：SLAM とは何か，日経 Robotics，2016 年 5 月号，pp. 14–16，2016.

まず,「costmap_2d」パッケージが,レーザスキャンなどを用いて二次元／三次元の占有格子地図を生成します.ここでの占有格子地図は,Grid-Based SLAM とは異なり,確率的ではありません.占有／自由／未知の 3 状態で障害物情報を管理します.また,計画の前処理として,占有格子地図に基づいて二次元コストマップを生成します.コストマップは格子地図の一種で,各セルが障害物からの距離に基づくコストをもちます.障害物に近いセルはコストが高くなります.また同時に,占有セルをロボットの大きさで膨張させた,(x, y) の 2 自由度コンフィグレーション空間になっています.これにより,コストマップ上でロボットを 1 点として扱えます.大域的な経路計画に用いるグローバルコストマップと,局所的な動作計画に用いるローカルコストマップの 2 種類をつくります.

続いて「nav_core」パッケージでは,経路・動作計画のインタフェース（C++ の純粋仮想関数）のみが定義されています.実装には複数のパッケージがあり,ROS の「pluginlib」という機能で実行時に切り替えることができます.

大域的な経路計画の実装には,「navfn」「global_planner」「carrot_planner」の三つのパッケージがあります.「navfn」は,ダイクストラ法で経路計画を行います.「global_planner」は,A* またはダイクストラ法で経路計画を行います.「carrot_planner」は,ゴールまで単純に直進する経路計画を行います.これらの大域的な経路計画は,グローバルコストマップ上で行われます.「navfn」と「global_planner」では,Navigation Function とよばれるポテンシャル場に基づき,グラフ探索で経路を計画します.ゴールまでの距離と,障害物からの距離に基づくコストの両方を考慮することで,できるだけ最短な経路で,かつ障害物から離れたグローバルパスを求めます.この段階ではロボットの方向を考慮せず,ロボットが円形だと仮定した経路が計画されます.したがってグローバルパスは,方向によっては障害物と衝突する可能性も残ります.

局所的な動作計画の実装には,「base_local_planner」「dwa_local_planner」の二つのパッケージがあります.ともに,基本は Dynamic Window Approach（DWA）による動作計画を行いますが,実装の詳細が異なります.図 9-8 に,DWA の概要を示します.局所的な動作計画は,ローカルコストマップ上で行われます.DWA は,ロボットのキネマティクス（運動モデル）を考慮

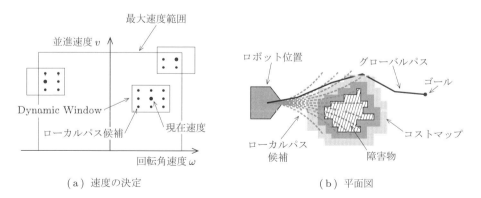

図 9-8　Dynamic Window Approach による動作計画

した軌跡で，かつ現在速度からダイナミクス（加速度）を考慮して実行可能な複数のローカルパス候補を，速度の空間でサンプリングします．これらの候補から，評価関数によりグローバルパスに追従しつつ，障害物を回避するローカルパス（走行速度）を求めます．ここでは，一般的にロボットの方向も考慮した評価により，動作が計画されます．

また，ロボットが動けないスタック状態からの復帰動作も，「nav_core」のインタフェースで定義されています．実装には，「clear_costmap_recovery」「rotate_recovery」「move_slow_and_clear」の三つのパッケージがあります．「clear_costmap_recovery」は，ロボット周辺のコストマップをクリアすることで，動けない状態から復帰を試みます．「rotate_recovery」は，ロボットが旋回して障害物を測定し直すことで復帰を試みます．「move_slow_and_clear」は，コストマップをクリアした後に低速で移動して復帰を試みます．

9.7 navigation，slam_gmapping ができないこと

「navigation」と「slam_gmapping」メタパッケージはさまざまな機能を提供しますが，できないことも多数あります．とくに自己位置推定とSLAMに関しては，表 9-1 に示したように，ほかにも多くの手法が存在します．これらのパッケージにない機能の例としては，以下が挙げられます．

- スキャンマッチング（単体）
- Graph-Based SLAM
- PF による三次元空間 6 自由度での自己位置推定
  （EKF は「robot_pose_ekf」パッケージで可能）
- SLAM による三次元空間の地図生成
- 段差などの三次元障害物検出
- 移動障害物の検出と追跡
- (x, y, θ) の 3 自由度コンフィグレーション空間表現
- 三次元空間 6 自由度での経路・動作計画

このような機能を利用したい場合，自分で新規に実装するか，ほかの既存パッケージを探して使用する必要があります．

SLAM に関しては，RBPF よりも Graph-Based SLAM のほうが性能がよく，現在の主流になっています．Graph-Based SLAM のシステム構築には，フロントエンドとバックエンドとよばれる複数の要素の統合が必要です[1]．最近の Graph-Based SLAM のパッケージとして，たとえば Google による「cartographer」[2]があります．

---

[1] 友納正裕: "移動ロボットの環境認識 — 地図構築と自己位置推定"，システム制御情報学会誌，vol. 60，no. 12，pp. 509–514，2016.

[2] Wolfgang Hess, Damon Kohler, Holger Rapp, and Daniel Andor: "Real-Time Loop Closure in 2D LIDAR SLAM", *Proc. of IEEE Int. Conf. on Robotics and Automation (ICRA)*, 2016. http://wiki.ros.org/cartographer

9.8 自律移動ロボットの開発例

著者は，つくばチャレンジ[1]において自律移動ロボットの開発を行っています．つくばチャレンジは，屋外歩道環境での 1 km 以上の自律走行実験の場であり，一般の人々がいる日常環境で行われます．2007 年から毎年開催され，2013 年以降は探索対象を発見する課題も追加されました．

表 9-2 に，つくばチャレンジでの ROS の利用状況を示します[2]．著者は 2009 年以降，何度か課題達成しましたが，当初は ROS を使用していませんでした．2014 年に初めて，ROS を用いたロボットで課題達成しました．ここでは，既存パッケージを活用してシステムを構築しています．なお同ロボットは，2015 年に雨天で課題達成がゼロのなか，探索対象の全発見を唯一達成しました．また 2016 年にも，唯一の課題達成を実現しています．

表 9-2 つくばチャレンジでの ROS の利用状況

	'07	'08	'09	'10	'11	'12	'13	'14	'15	'16
参加台数	33	50	72	70	69	36	47	54	56	62
うち，ROS	0	0	0	1	4	3	6	13	21	33
課題達成	3	1	5	7	6	5	3	4	0	1
うち，ROS	0	0	0	0	0	0	0	1	0	1

図 9-9 に，著者らが ROS を用いて開発した自律移動ロボットの外観を示します[3]．また図 9-10 に，自律走行時のシステム構成を示します．「navigation」と「slam_gmapping」メタパッケージを使用していますが，改造や新規パッケージの追加も行っています．

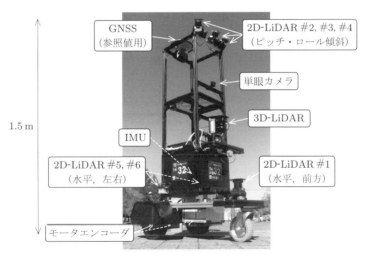

図 9-9 自律移動ロボット「Rossy」

[1] http://www.tsukubachallenge.jp/
[2] レポートなどに基づく独自集計であり，誤りを含む可能性があります．
[3] つくばチャレンジでの開発は，筑波大学の坪内孝司教授，西田貴亮氏，安藤大和氏らとともに行いました．ここに謝意を表します．

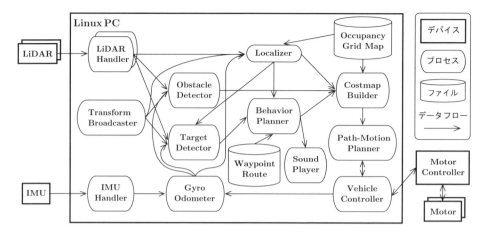

図 9-10 自律走行システムの構成

　追加した機能は，主に以下です．まず「gmapping」を改造することで，屋外の広大な環境でも，測定距離 30 m 程度の LiDAR で SLAM を実現しました[†]．また，RBPF の各パーティクルが走行軌跡を保持する性質を利用して，教示経路のウェイポイントも自動生成しています．図 9-11 に，生成した地図とウェイポイントの例を示します．次に，自己位置推定の基礎として，IMU（Inertial Measurement Unit，慣性計測装置）の自動キャリブレーション機能をもつジャイロ併用オドメトリを新規に実装しました．屋外の歩道には多様な物体が存在するため，段差などにも対応した三次元障害物検出も開発しました．図 9-12 に，障害物検出の様子を示します．ほかにも，探索対象の発見や，教示経路を走行しつつ探索対象に接近する行動計画も実装しました．音声再生による状態通知も実装し，有用でした．最終的には使用しませんでしたが，人混みに対処するため，高所のランドマークを利用する自己位置推定と SLAM も実装しました．

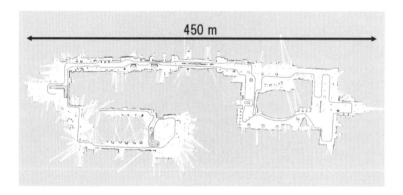

図 9-11 つくばチャレンジにおいて生成した地図とウェイポイント

[†] 原 祥堯, 坪内 孝司, 大島 章: "確率的に蓄積したスキャン形状により過去を考慮した Rao-Blackwellized Particle Filter SLAM", 日本機械学会論文集, vol. 82, no. 834, pp. 1–21 (DOI: 10.1299/transjsme.15-00421), 2016.

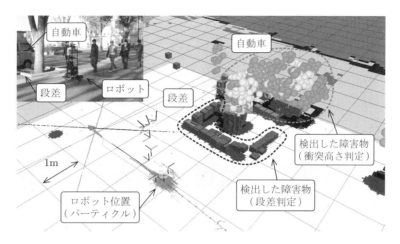

図 9-12 段差判定と衝突高さ判定による三次元障害物検出

　これらの開発により，つくばチャレンジでの課題達成を実現しました．ROSの既存パッケージをうまく活用するとともに，アルゴリズムの詳細を理解し，不足する機能を新たに実装してシステム全体を構築したことが秘訣です．ROSの自律走行機能の詳細については，文献[†1][†2]でも解説しています．また，自己位置推定とSLAMの一般的なアルゴリズムの説明は，文献[†3]の連載も参照していただければと思います．

[†1] 原 祥尭: "ROSの活用による屋外の歩行者空間に適応した自律移動ロボットの開発", 第94回ロボット工学セミナー講演資料, 2015. https://www.slideshare.net/hara-y/ros-slam-navigation-rsj-seminar
[†2] 原 祥尭: "ROSを用いた自律移動ロボットのシステム構築", 第99回ロボット工学セミナー講演資料, 2016. https://www.slideshare.net/hara-y/ros-nav-rsj-seminar
[†3] 原 祥尭: "自己位置推定・地図生成（SLAM）の全体像", 連載：SLAMとは何か, 日経Robotics, 2016年5月号, pp. 14–16, 2016.

第10章
ロボットの行動監視と制御

ロボットがタスクを実行する際には，さまざまなノードにリクエストが投げかけられ，その実行を待ち受けるという流れで動作が進行していきます．ロボットの機能が複雑化して，多くのノードの統合をする必要が発生した場合には，それらを統括し監視するための機能が活躍することになります．ここでは，さまざまなノードを統合するための種々の方法について説明します．

また，ロボットに実行させたい作業の移り変わりを図示した状態遷移図について説明します．これを使いこなせれば，ロボットの状態の監視だけでなく，どのような動作をロボットに順次させていくのかを設計することもできます．

10.1 中断可能なサーバプログラムの構成

10.1.1 actionlib とは？

ロボットの動作の途中で中断したり，実行の内容を詳細に検討したい場合があります．そのようなことを可能にするツールやインタフェースを提供するのが「actionlib」です．これを利用すると，ほかのノードでの関数の実行をリクエストしたり，その結果を返してもらうことができます．また，サービスの実行時間が長くかかる場合にその実行をキャンセルしたり，リクエストの実行状況をフィードバックすることも可能です．図 10-1 に概略を示します．クライアントとサーバの通信は，ROS メッセージを使って構成されている「ROS Action Protocol」によって実行

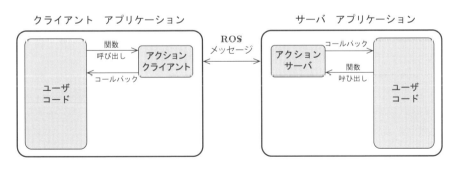

図 10-1 actionlib の概略

されます．具体的には，クライアントとサーバは「goal」「feedback」「result」の3種類のメッセージで通信します．

まず，「goal」がクライアントからサーバに送られます．これは，サーバで提供される機能によって達成される「目的」です．たとえば，ロボットの首関節を動かす「action」を考えてみます．その場合は，首関節の目標角度が「goal」に相当します．

「feedback」は，サーバにおける処理の進み具合を，クライアントを使っているユーザに知らせるためのメッセージです．サーバの実装次第ですが，アクションの実行中に複数回メッセージを送ることができます．サーバが周期的に「feedback」を送ることで，クライアントはサーバの処理が進んでいく状況を逐次確認することができます．たとえば，首関節を動かす「action」に対して，現在の首関節の角度が変化する様子を確認できます．

「result」は，「goal」の処理終了時にサーバからクライアントへ返される戻り値です．この値は「feedback」とは異なり，一つの「goal」に対して1回しか送信されません．たとえば，首関節の最終角度が送られてきます．

クライアントとサーバの通信に使われる「ROS Action Protocol」は，ROSのトピックとして構成されています．つまり，名前空間の下は，「goal」「cancel」「status」「feedback」「result」の五つのトピックで構成されます．通常は，サーバとクライアントで同じ名前空間を指定することで，その下にある五つのトピックを相互に接続して利用します．

それぞれのトピックは以下のように利用します．

- **goal**: クライアントからサーバへ「goal」を送る．
- **cancel**: クライアントからサーバへ送られている「goal」をキャンセルする．
- **status**: クライアントへ現在送られている「goal」の状況を知らせる．
- **feedback**: クライアントへ「goal」の途中経過を知らせる「feedback」を送る．
- **result**: クライアントへ「goal」の実行結果を知らせる．

図10-2にトピックの接続を示します．

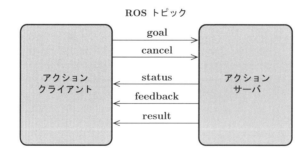

図10-2　actionlibの接続

10.1.2 SimpleActionClient/Server

多くのユーザが必要とする機能に限定して使いやすくした「SimpleActionClient」と「SimpleActionServer」が用意されています．以降では，これらの使い方について説明します．

SimpleActionClient

「SimpleActionClient」はオリジナルの状態遷移を，「Pending」「Active」「Done」の3状態だけに簡略化したクライアント処理を提供するクラスです．ロボットのほとんどの動作は，複雑な途中の状態遷移は気にせずに，送られたゴールが処理中であるか，処理が終了したかが知りたいだけなので，それだけを実行するように簡略化されています．

また，「SimpleActionClient」は一度に一つのゴールしか送ることができません．新しいゴールを送ると，以前のゴールについては，キャンセルも含めて何も処理が行われなくなるので注意してください．

SimpleActionServer

クライアントと同じくサーバについても，ほとんどの場合，一つのゴールだけを処理し，新しいゴールを受け付けるときには，以前のゴールを中止する処理で十分です．「SimpleActionServer」は，簡略化された方法でゴールの処理を行うクラスです．

10.1.3 action 定義ファイル

「action」でやり取りするメッセージの定義は，メッセージやサービスと同様に「.action」の拡張子をもったファイルに記述され，「action」ディレクトリに置かれます．アクションファイルには，アクションで実行される関数の引数「goal」，実行された関数の結果「result」，実行途中の状況を知らせる「feedback」のそれぞれの型の定義が，三つのハイフンで区切られて記述されています．

たとえば，以下は「actionlib_tutorials」パッケージにある「Averaging」アクションの定義ファイルです．これは整数型の「samples」を引数とする「action」です．「feedback」は，現在のサンプル数，サンプルデータ，平均，標準偏差です．

ソースコード 10-1　action ファイル　Averaging.action

```
 1  #goal definition
 2  int32 samples
 3  ---
 4  #result definition
 5  float32 mean
 6  float32 std_dev
 7  ---
 8  #feedback
 9  int32 sample
10  float32 data
11  float32 mean
12  float32 std_dev
```

206 第10章 ロボットの行動監視と制御

このアクションに期待される動作は,「goal」として与える「samples」の回数のサンプリング
を行って,平均と標準偏差を返すことです.また,サンプルごとに,現在までサンプル回数とサ
ンプルデータ,平均と標準偏差の途中経過を「feedback」として送ることが期待されます.

10.2 サンプルプログラム

10.2.1 actionlib サーバ

実際に「actionlib」を使ったプログラムの書き方を説明します.ソースコード10-2に「actionlib」
サーバのサンプルを示します.これは,「actionlib_tutorials」パッケージの「Averaging.action」
に定義されているアクションの実装例です.

ソースコード 10-2 actionlib サーバサンプル simple_server.py

```python
#!/usr/bin/env python
import rospy
import actionlib
from actionlib import SimpleActionServer
from actionlib_tutorials.msg import AveragingAction
import random

class AveragingSVR(object):
  def __init__(self):
    self._action = SimpleActionServer('averaging',
                                      AveragingAction,
                                      execute_cb = self.execute_cb,
                                      auto_start = False)
    self._action.register_preempt_callback(self.preempt_cb)
    self._action.start()

  def std_dev(self, lst):
    ave = sum(lst)/len(lst)
    return sum([x*x for x in lst])/len(lst) - ave**2

  def preempt_cb(self):
    rospy.loginfo('preempt callback')
    self._action.set_preempted(text='message for preempt')

  def execute_cb(self, goal):
    rospy.loginfo('execute callback: %s'%(goal))
    feedback = AveragingAction().action_feedback.feedback
    result = AveragingAction().action_result.result
    ## execute loop
    rate = rospy.Rate(1/(0.01 + 0.99*random.random()))
    samples = []
    for i in range(goal.samples):
      sample = random.random()
      samples.append(sample)
      feedback.sample = i
      feedback.data = sample
```

```
37        feedback.mean = sum(samples)/len(samples)
38        feedback.std_dev = self.std_dev(samples)
39        self._action.publish_feedback(feedback)
40        rate.sleep()
41      if(not self._action.is_active()):
42        rospy.loginfo('not active')
43        return
44      ## sending result
45      result.mean = sum(samples)/len(samples)
46      result.std_dev = self.std_dev(samples)
47      rospy.loginfo('result: %s'%(result))
48      if (result.mean > 0.5):
49        self._action.set_succeeded(result = result, text='message for succeeded')
50      else:
51        self._action.set_aborted(result = result, text='message for aborted')
52
53 if __name__ == '__main__':
54    rospy.init_node('action_average')
55    AveragingSVR()
56    rospy.spin()
```

「AveragingSVR」クラスは「actionlib」を取り扱うクラスとして定義されており，このクラスにコールバック関数なども定義するようになっています．クラスのコンストラクタに「SimpleActionServer」クラスのインスタンスをつくり，「execute_cb」と「preempt_cb」を設定しています．アクションには，名前空間（以下の例では「averaging」）と「action」の種類（以下の例では「AveragingAction」）を指定する必要があります．

simple_server.py（抜粋）

```
9     def __init__(self):
10      self._action = SimpleActionServer('averaging',
11                                        AveragingAction,
12                                        execute_cb = self.execute_cb,
13                                        auto_start = False)
14      self._action.register_preempt_callback(self.preempt_cb)
15      self._action.start()
```

「preempt_cb」は，現在実行中のゴールがキャンセルされたときに呼ばれるコールバック関数です．この例では，キャンセルを受けたことを表示して，「goal」を「preempted」として終了しています．

simple_server.py（抜粋）

```
21    dof proompt_cb(self):
22      rospy.loginfo('preempt callback')
23      self._action.set_preempted(text='message for preempt')
```

「execute_cb」は，クライアントから「goal」が送られ，それを受け取ったときに呼ばれるコールバック関数です．このコールバック関数の中に処理を書いて「goal」を終了させます．以下の例では，ゴールに示された回数について，ランダムな数のサンプルをとり，「feedback」をパブリッシュしています．

208 第 10 章 ロボットの行動監視と制御

simple_server.py（抜粋）

```
29      ## execute loop
30      rate = rospy.Rate(1/(0.01 + 0.99*random.random()))
31      samples = []
32      for i in range(goal.samples):
33        sample = random.random()
34        samples.append(sample)
35        feedback.sample = i
36        feedback.data = sample
37        feedback.mean = sum(samples)/len(samples)
38        feedback.std_dev = self.std_dev(samples)
39        self._action.publish_feedback(feedback)
40        rate.sleep()
41      if(not self._action.is_active()):
42        rospy.loginfo('not active')
43        return
```

「goal」の終了は，「set_succeeded」または，「set_aborted」とすることで，成功または失敗として終了させることができます．今回の例では，平均が 0.5 以上を成功，それ以外を失敗として，成功と失敗が半数となるようにしています（実際は，与えられた目標に対して達成したら成功，そうでなければ失敗を返すようにします）．

simple_server.py（抜粋）

```
44      ## sending result
45      result.mean = sum(samples)/len(samples)
46      result.std_dev = self.std_dev(samples)
47      rospy.loginfo('result: %s'%(result))
48      if (result.mean > 0.5):
49        self._action.set_succeeded(result = result, text='message for succeeded')
50      else:
51        self._action.set_aborted(result = result, text='message for aborted')
```

ソースコード 10-3 は同じく，「actionlib」サーバのサンプルです．このサンプルでは「execute_cb」を設定せずに「goal_cb」を設定しています．これらのコールバックは同時に設定することができません．「goal_cb」は「goal」を受けたときに呼ばれるコールバック関数で，受けたゴールの処理をするかどうかを決めています．「execute_cb」と違って，そのコールバック内で処理を終える必要がなく，ほかのプログラムやメッセージを受けたコールバックによって処理を行うことができます．

ソースコード 10-3 actionlib サーバサンプル simple_server2.py

```
1  #!/usr/bin/env python
2  import rospy
3  import actionlib
4  from actionlib import SimpleActionServer
5  from actionlib_tutorials.msg import AveragingAction
6  from std_msgs.msg import Float32
7
8  class ActionSVR2(object):
```

10.2 サンプルプログラム **209**

```python
 9    def __init__(self):
10      self._action = SimpleActionServer('averaging',
11                                        AveragingAction,
12                                        auto_start = False)
13      self._action.register_preempt_callback(self.preempt_cb)
14      self._action.register_goal_callback(self.goal_cb)
15      self.reset_numbers()
16      rospy.Subscriber('number', Float32, self.execute_loop)
17      self._action.start()
18
19    def std_dev(self, lst):
20      ave = sum(lst)/len(lst)
21      return sum([x*x for x in lst])/len(lst) - ave**2
22
23    def goal_cb(self):
24      self._goal = self._action.accept_new_goal()
25      rospy.loginfo('goal callback %s'%(self._goal))
26
27    def preempt_cb(self):
28      rospy.loginfo('preempt callback')
29      self.reset_numbers()
30      self._action.set_preempted(text='message for preempt')
31
32    def reset_numbers(self):
33      self._samples = []
34
35    def execute_loop(self, msg):
36      if (not self._action.is_active()):
37        return
38      self._samples.append(msg.data)
39      feedback = AveragingAction().action_feedback.feedback
40      feedback.sample = len(self._samples)
41      feedback.data = msg.data
42      feedback.mean = sum(self._samples)/len(self._samples)
43      feedback.std_dev = self.std_dev(self._samples)
44      self._action.publish_feedback(feedback)
45      ## sending result
46      if(len(self._samples) >= self._goal.samples):
47          result = AveragingAction().action_result.result
48          result.mean = sum(self._samples)/len(self._samples)
49          result.std_dev = self.std_dev(self._samples)
50          rospy.loginfo('result: %s'%(result))
51          self.reset_numbers()
52          if (result.mean > 0.5):
53            self._action.set_succeeded(result=result,
54                                       text='message for succeeded')
55          else:
56            self._action.set_aborted(result=result,
57                                     text='message for aborted')
58
59 if __name__ == '__main__':
60   rospy.init_node('action_average')
61   ActionSVR2()
62   rospy.spin()
```

210 第 10 章 ロボットの行動監視と制御

　同じく，「AveragingSVR2」クラスは「actionlib」を取り扱うクラスとして定義されており，このクラスにコールバック関数なども定義するようになっています．ここで「goal_cb」と「preempt_cb」を設定しています．

　この例では，「goal」を受けた後は，「number」トピックを受けたコールバック内で「goal」の処理が進んでいくようにしています．

simple_server2.py（抜粋）

```
 9    def __init__(self):
10      self._action = SimpleActionServer('averaging',
11                                        AveragingAction,
12                                        auto_start = False)
13      self._action.register_preempt_callback(self.preempt_cb)
14      self._action.register_goal_callback(self.goal_cb)
15      self.reset_numbers()
16      rospy.Subscriber('number', Float32, self.execute_loop)
17      self._action.start()
```

　「goal_cb」は，「goal」を受け取ったときに呼ばれるコールバック関数です．この例では，受けた「goal」をそのまま新しい「goal」として設定しています．

simple_server2.py（抜粋）

```
23    def goal_cb(self):
24      self._goal = self._action.accept_new_goal()
25      rospy.loginfo('goal callback %s'%(self._goal))
```

10.2.2　actionlib クライアント

　次に，ソースコード 10-4 が「actionlib」クライアントという場合のサンプルを見ていきましょう．

ソースコード 10-4　actionlib クライアントサンプル　simple_client.py

```
 1  #!/usr/bin/env python
 2  import rospy
 3  import actionlib
 4  from actionlib_tutorials.msg import AveragingAction
 5
 6  def feedback_callback(msg):
 7    rospy.loginfo('feedback %s'%(msg))
 8
 9  if __name__ == '__main__':
10    rospy.init_node('call_action') ## initialize node
11    ## creating simple action client
12    act = actionlib.SimpleActionClient('averaging',
13                                       AveragingAction)
14    rospy.loginfo('waiting server') ## waiting server
15    act.wait_for_server(rospy.Duration(5))
16    rospy.loginfo('send goal')
17    goal = AveragingAction().action_goal.goal
18    goal.samples = 10 ## number of samples
19    act.send_goal(goal, feedback_cb = feedback_callback)
```

```
20    rospy.loginfo('waiting result')
21    ret = act.wait_for_result(rospy.Duration(5))
22    if(ret):
23      rospy.loginfo('get result: %s'%(act.get_result()))
24      rospy.loginfo('result state: %s'%(actionlib.GoalStatus.to_string(act.
          get_state())))
25      rospy.loginfo('result text: ' + act.get_goal_status_text())
26    else:
27      rospy.loginfo('cancel')
28      act.cancel_goal()
29      # act.cancel_all_goals() ## cancel including another goal
30    rospy.spin()
```

クライアントについてもサーバを同じように，名前空間と「action」の種類を指定します．まず，サーバが立ち上がっているか確認のために待つ処理があります．

simple_client.py（抜粋）

```
12    act = actionlib.SimpleActionClient('averaging',
13                                        AveragingAction)
14    rospy.loginfo('waiting server') ## waiting server
15    act.wait_for_server(rospy.Duration(5))
```

「goal」は以下のように送ります．また，そのときに「feedback」が送られてきたときのコールバック関数を設定することができます．

simple_client.py（抜粋）

```
17    goal = AveragingAction().action_goal.goal
18    goal.samples = 10 ## number of samples
19    act.send_goal(goal, feedback_cb = feedback_callback)
```

コールバック関数は，「action」の「feedback」に定義されたメッセージ型を引数にした関数です．

simple_client.py（抜粋）

```
6  def feedback_callback(msg):
7    rospy.loginfo('feedback %s'%(msg))
```

「goal」を送った後は，結果が帰ってくるのを待ちます．帰ってきた結果について，ステータス（成功，失敗，中断）と，状況を説明するテキストを見ることができます．

また，このサンプルでは，時間がかかりすぎた場合は「goal」をキャンセルするようになっています．

simple_client.py（抜粋）

```
21    ret = act.wait_for_result(rospy.Duration(5))
22    if(ret):
23      rospy.loginfo('get result: %s'%(act.get_result()))
24      rospy.loginfo('result state: %s'%(actionlib.GoalStatus.to_string(act.
          get_state())))
```

```
25     rospy.loginfo('result text: ' + act.get_goal_status_text())
26  else:
27     rospy.loginfo('cancel')
28     act.cancel_goal()
29     # act.cancel_all_goals() ## cancel including another goal
```

　ここまでで説明したサーバのサンプルとクライアントのサンプルを起動し，クライアントからサーバに「goal」が送られ，サーバでの途中経過と処理結果がクライアントに帰ってくるか確認してみてください．「simple_server2.py」を利用する際には，サンプルコードに同梱された「ten_times_publisher.py」も起動してください．

10.3　状態遷移を用いたロボットの動作記述

　ロボットに複雑なタスクを実行させる場合には，状況に応じて動作内容を次々に変更するための複雑なプログラムを構築する必要があります．ロボットに実行させたい作業の移り変わりを図示したものを「状態遷移図」とよびます．これは，ロボットの複雑な作業をプログラムするときに大変役に立ちます．また，プログラムの動作をわかりやすくするためだけではなく，ほかの作業を考慮するときにも，その一部の改編を行えば，状態遷移の大部分を再利用することもできるかもしれません．これらの理由から，ロボットプログラムの動作の設計には状態遷移図が活躍します．

　さらに，設計段階だけではなく，ロボットプログラムの実行中にも状態遷移図を利用すれば，ロボットが現在どの状態にいるのかを，視覚的に確認することが容易になります．これらのような要求に応えるためのパッケージが「smach」です．本節では「smach」で記述するロボット行動プログラミングについて説明します．

10.3.1　smach による状態遷移ベースのプログラムの自動実行

　「smach」は複雑なロボットの動作を簡易に構築することができる階層化されたステートマシン（状態機械）を提供します．Python による簡便な記述で，ステートマシンを手早く構築できます．また，簡単な構造をもつステートマシンを設計・デバッグ・構築し，それらを組み合わせることで，大きく複雑なステートマシンの構築を行うことができます．さらに，ステートマシンの構造や状態遷移の状況，データの受け渡しをビジュアライズする仕組みを備えています．

　「smach」では，ステート（状態）が線でつなぎ合わされたグラフが準備されます．このグラフの中で，あるステートに応じたプログラムが実行されると，その結果に応じて準備されているステートに次々と遷移していくことでプログラムが実行されていきます．このグラフの中で，各ステートが受け渡しできるデータとしてユーザデータを定義することができます．状態遷移時にステート間でデータの受け渡しを行うことができます．

　プログラミング環境として，「シンプルなステート」（実行に呼ばれる関数と出力先が定義されている）に加えて，「コールバック関数を定義してそれを呼ぶステート（CBState）」「ROS のアクションを呼ぶステート（SimpleActionState）」「ROS のサービスを呼ぶステート（ServiceState）」などが用意されています．ユーザデータを使って「action」や「service」を簡単な記述で呼ぶこ

10.3 状態遷移を用いたロボットの動作記述 **213**

とができるようになっていたり，同じ遷移先やユーザデータの入出力をもっているステートを簡単に記述できるようになっています．

また，複数のステートをまとめて一つのステートとして動作させるための「コンテナ」という仕組みがあります．「StateMachine」コンテナは，階層構造をつくるときに用いるコンテナです．「Concurrence」コンテナは，複数のステートの同時実行を行うコンテナです．ほかに「Sequence」コンテナや「Iterator」コンテナなどがあります．

10.3.2 smach のサンプルプログラム

サンプルを使って「smach」の概要を説明しましょう．階層化されたステートマシンのサンプルファイルを，「chapter10/smach_sample/script/smach_sample.py」として提供しています．これは，ランダムに遷移先を変えながら状態を変化させていくプログラムです．以降，「smach_sample.py」のうちの重要な項目について説明を行います．

ステートは「smach」の「State」クラスを継承しています．「outcomes」に渡した文字列のリストが遷移先の選択肢です．このステートに遷移してくると，「execute」関数が呼ばれます．ここに，このステートで実行するプログラムを記述します．「outcomes」で指定した文字列を戻り値として選択することで，分岐した状態遷移を実行します．

ソースコード 10-5 smach_sample.py（抜粋）

```
 8  class ISTATE(smach.State):
 9    def __init__(self):
10      smach.State.__init__(self, outcomes=['to_A'])
11
12    def execute(self, userdata):
13      rospy.loginfo('Executing int state ISTATE')
14      rospy.sleep(1)
15      return 'to_A'
```

まず ROS ノードを立ち上げて，ステートマシンクラスのインスタンスをつくります．このときに「outcomes」に渡した文字列がこのステートマシンの終了状態です．

smach_sample.py（抜粋）

```
101  if __name__ == '__main__':
102    rospy.init_node('action_average')
103    sm = smach.StateMachine(outcomes=['succeed', 'failed'])
```

ステートマシンに，ステートの名前，ステートのインスタンス，遷移先を与えることでステートを追加しています．遷移先は，ステートで指定した「outcomes」が，どのステートに接続されるかを表した「outcome」とステート名のペアを格納した辞書オブジェクトです．

smach_sample.py（抜粋）

```
105    with sm:
106      smach.StateMachine.add('ISTATE', ISTATE(),
107                             transitions={'to_A':'ASTATE'})
```

214   第 10 章　ロボットの行動監視と制御

ネスト（入れ子）されたステートマシンを実現するには，「StateMachine」コンテナを用います．この例では「sm_sub」がステートマシンクラスのインスタンスで，通常のステートマシンと同じようにステートを追加してステートマシンを構築します．

構築したサブステートマシンは，ほかのステート同じように上位のステートに加えることができます．ここでの遷移先は「sm_sub」の「outcome」と遷移先のステート名のペアを格納した辞書オブジェクトです．例を見てもらえればわかるように，ステートとサブステートマシンは同じように上位ステートマシンに加えられています．これが「StateMachine」コンテナのはたらきです．

smach_sample.py（抜粋）

```
109    sm_sub = smach.StateMachine(outcomes=['to_B', 'to_C'])
110    with sm_sub:
111      smach.StateMachine.add('astate', astate(),
112                             transitions={'to_b':'bstate',
113                                           'to_c':'cstate'})
114
115    smach.StateMachine.add('ASTATE', sm_sub,
116                           transitions={'to_B':'BSTATE',
117                                         'to_C':'CSTATE'})
```

以下は，可視化を行うための設定です．ステートマシンを「IntrospectionServer クラス」に設定することで，状態遷移の構造を「viewer」に送ることができます．状態が遷移すると，「viewer」で状態が更新されます．

smach_sample.py（抜粋）

```
134    sis = smach_ros.IntrospectionServer('server_name', sm, '/ROOT')
135    sis.start()
```

最後に，ステートマシンを実行しています．戻り値として，ステートマシンに設定した「outcomes」のいずれかが返ってきます．

smach_sample.py（抜粋）

```
138    result = sm.execute()
```

本書のサンプルコードを GitHub からクローンしている場合は，下記コマンドで状態遷移プログラムを実行可能です．

```
$ rosrun smach_sample smach_sample.py
```

また，可視化を行うには，状態遷移プログラムとは別に「viewer」を立ち上げる必要があります．「viewer」は以下で立ち上げることができます．

```
$ rosrun smach_viewer smach_viewer.py
```

「viewer」を立ち上げ，ステートマシンを実行しているときの表示を図 10-3 に示します．上位のステートマシンは，「ISTATE」「ASTATE」「BSTATE」「CSTATE」「DSTATE」という五つのステートです．「ASTATE」は三つのサブステートをもったステートマシンとして構成されており，サブステートの出力が上位ステートマシンと接続されていることがわかります．

プログラムを実行すると，ランダムに状態が遷移する様子が「viewer」で確認することができるでしょう．これをロボットの動作などに適用することで，ロボットの動作プログラムを構築することができます．

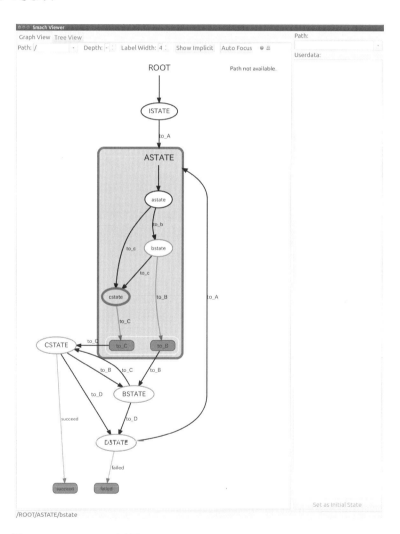

図 10-3　smach_viewer の表示

10.3.3 smach を使ってロボットを動かす

「smach」を使ってロボットを動かす例を紹介します．ここでは，シミュレーション環境内で動作する PR2 ロボットを動かしてみます．まずは，以下のコマンドでシミュレーション環境を立ち上げます．

```
$ roslaunch pr2_gazebo pr2_empty_world.launch
```

立ち上がった環境は床とロボットだけなので，テーブルとコップなどのオブジェクトを以下の「launch」を実行することで配置します．

ソースコード 10-6　spawn_object.launch

```
 1  <launch>
 2    <param name="table_sdf" textfile="$(find smach_sample)/sdf/table/model-1_4.sdf" />
 3    <node name="$(anon spawn1)" pkg="gazebo_ros" type="spawn_model" output="screen"
 4      args="-sdf -param table_sdf -model table_model -x 1.6 -z -0.4 -Y 1.570" />
 5    <include file="$(find timed_roslaunch)/launch/timed_roslaunch.launch">
 6      <arg name="time" value="1" />
 7      <arg name="pkg" value="smach_sample" />
 8      <arg name="file" value="spawn_beer_cup.launch" />
 9    </include>
10  </launch>
```

すると，図 10-4 のように，ロボットの前のテーブルにビールとコップが置かれている状況になります．このサンプルでは「timed_roslaunch[†]」を使用してビールとコップの設置時間を遅らせることで，安定したシミュレーション環境の構築ができる工夫がされています．

この環境で，ロボットが机の前に移動し，コップをつかんでもとの位置に戻るというタスクを「smach」を用いて構成したときの状態遷移図が図 10-5 です．大きく「MOVE_FORWARD」

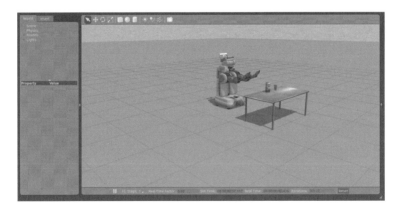

図 10-4　Gazebo 内の PR2 動作環境

[†] https://github.com/MoriKen254/timed_roslaunch

10.3 状態遷移を用いたロボットの動作記述　217

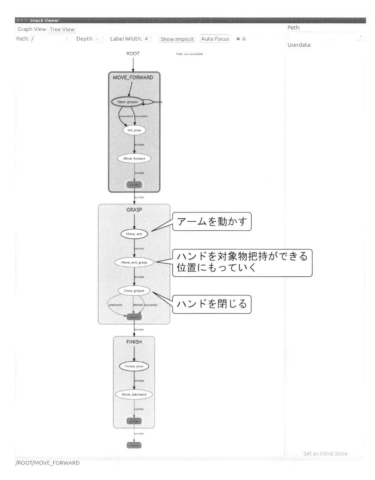

図 10-5　smach を用いたタスク記述

「GRASP」「FINISH」の三つの動作として記述され，それぞれの動作が細かな動きに分割されて下位のグラフに記述されています．たとえば，動作「GRASP」は，アームを動かす，ハンドを対象物把持ができる位置にもっていく，ハンドを閉じるとなどの細かなロボットへの指示から構成されています．実際のロボットに用いる場合には，把持対象の認識動作も必要になるでしょう．

このタスクを構築するプログラムを「chapter10/smach_sample/script/smach_pr2.py」として提供しています．詳細内容はプログラムを参照してください．次のコマンドによって実際に動作させてみると，その動作を観察できるでしょう．

```
$ rosrun smach_sample smach_pr2.py
```

第11章
プラグインの開発

　ここまで，ROSのさまざまな既存パッケージを利用する方法を見てきました．しかし，必ずしも既存パッケージが手元のオリジナルのロボットに適しているとは限りません．たとえば，自律移動ロボットを制御するためのコントローラとして「diff_drive_controller」というパッケージが提供されています．しかし，これは独立二輪（あるいは独立四輪）ロボットにのみ適用可能なコントローラであり，自動車などに採用されるアッカーマンステアリング機構に適用することができません[†1]．このような場合は，「pluginlib」というROS専用のプラグイン[†2]の仕組みを活用することで，自分で専用のコントローラを開発することができます．

　ここで重要なことは，ROSのさまざまなパッケージが「pluginlib」に対応しているということです．「pluginlib」を使いこなすことさえできれば，ユニークな機構や，未発表の手法を備えたロボットをROSに対応させることができるようになります．パッケージがないからと嘆くことなく，「ないものは自分でつくる」ことができるようになるのです．

　本章では，その「pluginlib」の概要と，それを利用した独自のプラグインを開発する手順を，ごく簡単な計算を行うシンプルなサンプルコードを用いて解説します．一度，自分で実装する経験をすれば，「pluginlib」への理解が格段に深まり，より自在にROSを活用できるようになるはずです．

11.1　pluginlib とは？

　「pluginlib」とは，ROSが公式に提供しているプラグインのフレームワークであり，ROSパッケージ内のプラグインを動的にロード／アンロードする機能を備えています．「pluginlib」はC++のライブラリであり，プラグインを実装したり，プログラムからプラグインをロードする際にはC++を用いることになります．プラグインはクラス形式で定義されており，実行時はランタイムライブラリ形式[†3]のファイルから動的にロードされます．これにより，プラグインを利用するクライアント側のプログラムから完全に独立した形態でプラグインの実体を提供することができ，この性質こそがプラグインの拡張性を支える強力な特長といえます．

[†1] 著者が開発した公式の「ros_controller」である「ackermann_steering_controller」でも「pluginlib」を活用しています．https://github.com/ros-controls/ros_controllers/tree/kinetic-devel/ackermann_steering_controller

[†2] 差し替え可能なアプリケーション・プログラムの一部のことです．プログラムの利用者がプログラムの機能を拡張できるようにするための機能です．

[†3] shared object（.so），dynamically linked library（.dll）がこれに該当します．

11.2　pluginlib の活用例

ここで「pluginlib」の使用例を，前述の「diff_drive_controller」とその関連するプログラムの構成を見ながら確認してみましょう．図 11-1 にその構成図を示します．

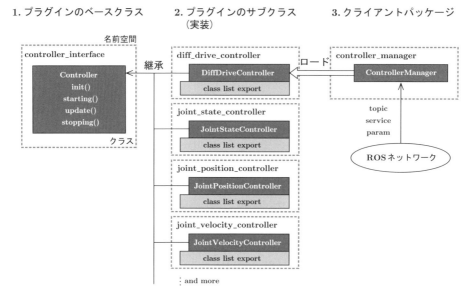

図 11-1　diff_drive_controller における pluginlib の活用例

図 11-1 には「pluginlib」に関連するクラスが記載されていますが，これらは，プラグインのベースクラス，そのベースクラスを継承したサブクラス，サブクラスで実装された処理を呼び出すクライアントパッケージの三つに大別されます．以下に，これら各要素の位置づけや挙動についての説明を示します．

1. プラグインのベースクラス
   - 「controller_interface::Controller」クラスが一例です．
   - 拡張可能な処理は仮想メソッドとして宣言（あるいは定義）されています．
   - 本クラスでの仮想メソッドは，「init()」「starting()」「update()」「stopping()」となります．
2. 上記ベースクラスを継承したサブクラス
   - 「diff_drive_controller::DiffDriveController」クラスが一例です．
   - 拡張可能な処理は，仮想メソッド（init(), starting(), update(), stopping()）をオーバーライドして定義します．
   - そのほか，ROS が提供するコントローラ（「JointStateController」「JointPositionController」など）もこのクラス群に含まれています．

3. 拡張処理が実装されたサブクラスを呼び出すクライアントパッケージ
- 「controller_manager::ControllerManager」クラスが一例です．
- 「pluginlib」をロードする専用のインタフェースクラスを用います．
- ここでは，さまざまな拡張コントローラのなかから，「DiffDriveController」のロードを選択した場合の挙動を白抜きの矢印で表現しています．
- 設定値や指令値は，ROS ネットワークを介して与えることとなります．

これが「pluginlib」にかかわるクラスの基本構造です．この構造さえ押さえておけば，ほかのいかなる「pluginlib」の実装も同様に理解することができます．

11.3 本章で作成する pluginlib_arrayutil の概要

ここでは，「pluginlib_arrayutil」というプラグインパッケージを作成します．このプラグインは，配列に格納された値を処理するユーティリティの集合とします．ユーティリティの中身は，配列の要素の和を算出する「Sum」クラス，同じく平均を算出する「Ave」クラス，同じく最大値を出力する「Max」クラス，同じく最小値を出力する「Min」クラスの計四つのクラスとします．

「pluginlib_arrayutil」の構成図を図 11-2 に示します．「diff_drive_controller」を扱った図 11-1 と同様の構造をもつことを意識した構成にしました．

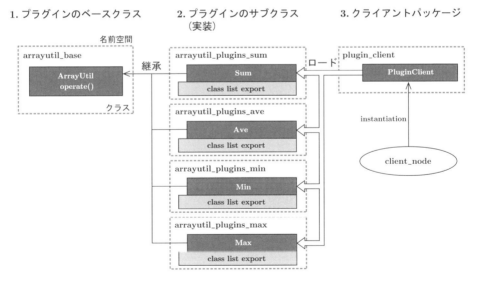

図 11-2　本章で作成する pluginlib_arrayutil における pluginlib の活用例

「diff_drive_controller」の場合と同様に，プラグインのベースクラス，そのベースクラスを継承したサブクラス，サブクラスで実装された処理を呼び出すクライアントパッケージの三つに大別されます．ここでも同様に，これら各要素の位置づけや挙動についての説明を記述します．

1. プラグインのベースクラス
   - 「arrayutil_base::ArrayUtil」クラスがこれに該当します.
   - 拡張可能な処理は,仮想メソッドとして宣言(あるいは定義)されています.
   - 本クラスでの仮想メソッドは,「operate()」となります.
2. 上記ベースクラスを継承したサブクラス
   - 「arrayutil_plugins::Sum」「arrayutil_plugins::Ave」「arrayutil_plugins::Max」「arrayutil_plugins::Min」などのクラスがその例です.
   - 拡張可能な処理は,仮想メソッドである「operate()」をオーバーライドして定義します.
3. 拡張処理が実装されたサブクラスを呼び出すクライアントパッケージ
   - 「plugin_client::PluginClient」クラスが一例です.
   - 「pluginlib」をロードする専用のインタフェースクラスを用います.
   - ここでは,「pluginlib_arrayutil」の提供する四つのクラス(「Sum」「Ave」「Max」「Min」)をすべてロードすることを白抜きの矢印で表現しています.

これ以降,「pluginlib_arrayutil」のプラグインと,それを利用するクライアント側のパッケージを開発していきましょう.

11.4 pluginlib_arrayutil **の開発**

本節では,「pluginlib_arrayutil」を実際に開発する方法を説明します.プラグインパッケージ(pluginlib_arrayutil),クライアントパッケージ(pluginlib_arrayutil_client)の順で開発していきます.前者は図 11-2 におけるベースクラスとサブクラスが包含されたパッケージであり,後者はプラグインのロードおよび処理を実行するクラスとノードが実装されたパッケージです.

プラグインを含むパッケージと,それを利用するパッケージを分離することで,より実際の利用例に近い構成となることを狙っています.ただし,先の例で述べた「diff_drive_controller」の例では,さらにプラグイン側のベースクラスとサブクラスも分割して,それぞれ別パッケージとして配布されています.サブクラスは,ベースクラスをもとに任意の処理を追加するような拡張ができるので,本来は「diff_drive_controller」の利用例に即した構成にするのが,利便性を高めるうえで望ましい方法です.しかし,パッケージを分割しすぎると,ソースコード以外の設定(package.xml など)に気を配る必要が生じます.本節では,メインテーマであるプラグイン自体の開発に注力するため,あえてシンプルな構成のサンプルコードを作成しています.読者のロボットで実際に利用する際には,その点を理解しておいてください.

11.4.1 pluginlib_arrayutil プラグインパッケージの作成

初めに,プラグインパッケージの雛形を作成します.<> で囲まれている箇所は,ROS ワークスペースのディレクトリに置き換えてください.

```
$ cd <catkin_ws>/src
$ catkin_create_pkg pluginlib_arrayutil pluginlib roscpp
```

このパッケージ内に，ベースクラスとサブクラスを作成していきます．完成後のファイル構成を次に示します．

```
pluginlib_arrayutil
      ├─── CMakeLists.txt
      ├─── package.xml
      ├─── arrayutil_plugins.xml // プラグイン記述ファイル
      ├─── include
      │       └─── pluginlib_arrayutil
      │               ├─── arrayutil_base.h
      │               ├─── ave.h
      │               ├─── max.h
      │               ├─── min.h
      │               └─── sum.h
      └─── src
              ├─── arrayutil_base.cpp
              ├─── ave.cpp
              ├─── max.cpp
              ├─── min.cpp
              └─── sum.cpp
```

11.4.2 pluginlib のベースクラス ArrayUtil の作成

本節における「pluginlib」のベースクラス「ArrayUtil」の作成で必要な項目は次の2項目です．

- ヘッダファイルの作成
- 実装ファイルの作成

以降で，これらの項目について順に説明します．

ArrayUtil のヘッダファイルの作成

まず，ベースクラスのヘッダファイルである「arrayutil_base.h」を作成します．ファイルの所在は「pluginlib_arrayutil/include/pluginlib_arrayutil/arrayutil_base.h」です．ここでは，ベースクラスである「ArrayUtil」クラスの宣言を行います．

ソースコード 11-1 arrayutil_base.h

```
1  #include <vector>
2
3  namespace arrayutil_base
4  {
5    class ArrayUtil
6    {
7    public:
8      void setArray(const std::vector<double> array);
9      void setArray(const double *array, const int size);
```

```
10      virtual double operate() = 0;
11      virtual ~ArrayUtil(){}
12
13  protected:
14      ArrayUtil(){}
15      std::vector<double> vec_;
16    };
17 };
```

ここで重要な点は，次の「operate()」の宣言です．

arrayutil_base.h（抜粋）

```
10      virtual double operate() = 0;
```

　ベースクラスでは，「operate()」に関する一切の挙動を定義しておらず，宣言部で「=0」と記述することで純粋仮想メソッドとしており，継承したクラス側でオーバーライドによる実装が必ず要求されるようにしています[†1]．具体的な実装は後述のサブクラスの開発の項で行います．

ArrayUtil の実装ファイルの作成

　続いて，実装コードである「arrayutil_base.cpp」を作成します．ファイルの所在は「pluginlib_arrayutil/src/arrayutil_base.cpp」です．ベースクラスでは，サブクラス側で共通で使用される処理を実装します．今回作成する「ArrayUtil」クラスの場合は，メンバ変数となる配列の要素を設定する「setArray()」メソッドのみを定義します．引数の異なる「setArray()」がオーバーロード[†2]されていますが，引数と配列がレガシーの配列か，vector 型の配列かの違いです．

ソースコード 11-2　arrayutil_base.cpp

```
1 #include <ros/ros.h>
2 #include <pluginlib_arrayutil/arrayutil_base.h>
3
4 namespace arrayutil_base
5 {
6   void ArrayUtil::setArray(const std::vector<double> vec)
7   {
8     if(vec.size() <= 0)
9     {
10       ROS_ERROR("input array is empty when setting");
11       return;
12     }
13
14     if(vec_.size() > 0)
15       vec_.clear();
16
```

[†1] C++ ではサブクラスを作成する際に，純粋仮想メソッドがオーバーライドされないとコンパイルが通らない仕様になっています．

[†2] 同一名称を有する関数やメソッドなどを複数定義し，利用時にプログラムの文脈に応じて複数の動作を行わせる仕組みです．オーバーライドと言葉は似ていますが，明確に異なる仕組みですので注意してください．

```
17      vec_ = vec;
18    }
19
20    void ArrayUtil::setArray(const double *array, const int size)
21    {
22      if(!array)
23      {
24        ROS_ERROR("input array is empty when setting");
25        return;
26      }
27
28      if(vec_.size() > 0)
29        vec_.clear();
30
31      for(int i = 0; i < size; ++i)
32        vec_.push_back(array[i]);
33    }
34  }
```

11.4.3　pluginlib のサブクラスの作成

　次に,「pluginlib」のサブクラスを作成します.サブクラスは前述した「Sum」クラス,「Ave」
クラス,「Max」クラス,「Min」クラスの四つのクラスを作成します.
　本節における「pluginlib」のサブクラスの作成に必要な項目を以下に示します.

- ヘッダファイルの作成
- 実装ファイルの作成
- プラグイン記述ファイルの作成
- 「package.xml」を用いた ROS パッケージシステムへの登録
- 「CMakeLists.txt」の編集

これらの項目について順に説明します.
　なお,ここでは,主として「Sum」クラスを例にとって解説を行います.ほかのクラスとの違
いは名前空間名,クラス名,「operate()」メソッドの実装内容だけですので,詳しくはサンプル
コードを参照してください.

「Sum」クラスのヘッダファイルの作成

　まず,「Sum」クラスのヘッダファイルである「sum.h」を作成します.ファイルは
「pluginlib_arrayutil/include/pluginlib_arrayutil/sum.h」にあります.クラスの宣言のみです
が,ここで重要なことは,オーバーライドする「operate()」メソッドの宣言を行っていること
です.

ソースコード 11-3　sum.h

```
1  #ifndef PLUGINLIB_ARRAYUTIL_SUM_H_
2  #define PLUGINLIB_ARRAYUTIL_SUM_H_
3
```

```
 4  #include <pluginlib_arrayutil/arrayutil_base.h>
 5
 6  namespace arrayutil_plugins_sum
 7  {
 8    class Sum : public arrayutil_base::ArrayUtil
 9    {
10    public:
11      Sum();
12      double operate();
13    };
14  }
15
16  #endif
```

「Sum」クラスの実装ファイルの作成

続いて，「Sum」クラスの実装ファイルである「sum.cpp」を確認します．「operate()」メソッドが実装されていることがわかります．

ソースコード 11-4　sum.cpp

```
 1  #include <ros/ros.h>
 2  #include <pluginlib/class_list_macros.h>
 3  #include <pluginlib_arrayutil/sum.h>
 4
 5  namespace arrayutil_plugins_sum
 6  {
 7    Sum::Sum(){}
 8
 9    double Sum::operate()
10    {
11      if (vec_.size() <= 0)
12      {
13        ROS_ERROR("array is empty when operation is attempted");
14        return -1;
15      }
16
17      double sum = 0;
18      for (std::vector<double>::iterator it = vec_.begin() ; it != vec_.end(); ++it)
19      {
20        sum += *it;
21      }
22
23      return(sum);
24    }
25  }
26
27  PLUGINLIB_EXPORT_CLASS(arrayutil_plugins::Sum, arrayutil_base::ArrayUtil)
```

ここで大切な項目は2点です．1点目は，メンバ変数「vec_」内の合計を算出する処理が記述されている点です．これが「Ave」クラスであれば平均を算出する処理，「Min」クラスであれば最小値を返す処理が記述されることになります．「Sum」クラスのコードには，以下の部分が該当します．

sum.cpp（抜粋）

```
17    double sum = 0;
18    for (std::vector<double>::iterator it = vec_.begin() ; it != vec_.end(); ++it)
19    {
20      sum += *it;
21    }
```

2点目は，「PLUGINLIB_EXPORT_CLASS」マクロが挿入されている点です．なお，本マクロは cpp ファイル内の任意の行に挿入可能ですが，最終行に配置するのが一般的です．このマクロを記述することで，ここで定義されたクラスを「pluginlib」に準拠したプラグインとしてエクスポートすることができ，ほかのノードから動的にロードできるようになります．

sum.cpp（抜粋）

```
27  PLUGINLIB_EXPORT_CLASS(arrayutil_plugins::Sum, arrayutil_base::ArrayUtil)
```

「PLUGINLIB_EXPORT_CLASS」マクロの引数には，プラグインとして出力するクラス名と，そのベースクラス名を入力する必要があります．

プラグイン記述ファイルの作成

ソースコードの記述が終わったら，プラグイン記述ファイル（Plugin Description File）を作成する必要があります．プラグイン記述ファイルは，「pluginlib_arrayutil」パッケージ内で定義された各プラグインに関する情報（プラグインクラスの名称，プラグインクラスおよびベースクラスの型など）を記述します．ROS システムは，このファイルの情報をもとにパッケージ名とプラグインのクラス名を紐付けてくれるので，クライアント側は ROS システムに問い合わせることで，動的にプラグインをロードできるようになるのです．

このサンプルにおけるファイルは「pluginlib_arrayutil/arrayutil_plugins.xml」にあります．このファイルによって「Sum」「Ave」「Min」「Max」の情報を登録しています．

ソースコード 11-5　arrayutil_plugins.xml

```
1  <library path="lib/libpluginlib_arrayutil">
2    <class name="pluginlib_arrayutil/Sum" type="arrayutil_plugins_sum::Sum"
         base_class_type="arrayutil_base::ArrayUtil">
3      <description>This is a sum plugin.</description>
4    </class>
5    <class name="pluginlib_arrayutil/Ave" type="arrayutil_plugins_ave..Ave"
         base_class_type="arrayutil_base::ArrayUtil">
6      <description>This is a ave plugin.</description>
7    </class>
8    <class name="pluginlib_arrayutil/Min" type="arrayutil_plugins_min::Min"
         base_class_type="arrayutil_base::ArrayUtil">
9      <description>This is a min plugin.</description>
10   </class>
11   <class name="pluginlib_arrayutil/Max" type="arrayutil_plugins_max::Max"
         base_class_type="arrayutil_base::ArrayUtil">
12     <description>This is a max plugin.</description>
13   </class>
```

228 第11章 プラグインの開発

```
14 </library>
```

「package.xml」を用いた ROS パッケージシステムへの登録

前述したプラグイン記述ファイルは，ただ書くだけでよいわけではなく，どのファイルが自パッケージのプラグイン記述ファイルに該当するのかを，ROS システム側に通知する必要があります．そこで，パッケージの設定を統括する「package.xml」にプラグイン記述ファイルの場所を指定します．

このサンプルにおけるファイルは「pluginlib_arrayutil/package.xml」にあります．「package.xml」のうち，プラグイン記述ファイルを指定するタグを抜粋したコードを，以下に示します．

ソースコード 11-6　package.xml（抜粋）

```
17   <export>
18    <pluginlib_arrayutil plugin="${prefix}/arrayutil_plugins.xml" />
19   </export>
```

「CMakeLists.txt」の編集

プラグイン作成に関して，これが最後の項目です．「CMakeLists.txt」に，下記のようにプラグインのコードを追加します．

ソースコード 11-7　CMakeLists.txt への追記

```
21 add_library(${PROJECT_NAME} src/arrayutil_base.cpp src/sum.cpp src/ave.cpp src/
      min.cpp src/max.cpp)
22 target_link_libraries(${PROJECT_NAME} ${catkin_LIBRARIES})
```

11.4.4　プラグインのリストの確認

ここまでの項目で作成したプラグインが，ROS システムに正しく登録されているかどうかを確認します．ますはパッケージをビルドします．

```
$ cd <catkin_ws>/src
$ catkin_make
```

ビルドが正常に完了したら，下記コマンドで「pluginlib_arrayutil」パッケージ内のプラグインを問い合わせます．

```
$ rospack plugins --attrib=plugin pluginlib_arrayutil
```

図 11-3 のような出力が得られれば成功です．「pluginlib_arrayutil」パッケージ内のプラグイン記述ファイルへのパスが表示されます．

```
pluginlib_arrayutil   <catkin_ws>/src/pluginlib_arrayutil/arrayutil_plugins.xml
```

図 11-3 「pluginlib_arrayutil」に含まれる「pluginlib」の問い合わせ結果

11.5 pluginlib_arrayutil_client の開発

続いて，「pluginlib_arrayutil」パッケージで作成したプラグインをロード・演算する「pluginlib_arrayutil_client」パッケージを作成します．「pluginlib_arrayutil_client」は，プラグインをロードする「PluginlibArrayutilClient」クラスと，そのクラスを利用する「client_node」ノードを包含しています．

11.5.1 pluginlib_arrayutil_client クライアントパッケージの作成

まずはパッケージの雛形を作成します．＜＞で囲まれている箇所は ROS ワークスペースのディレクトリに置き換えてください．

```
$ cd <catkin_ws>/src
$ catkin_create_pkg pluginlib_arrayutil_client pluginlib roscpp
```

このパッケージ内に，クライアントクラスとノードを作成していきます．完成後のファイル構成を以下に示します．

```
pluginlib_arrayutil_client
        ├──── CMakeLists.txt
        ├──── package.xml
        ├──── include
        │          └──── pluginlib_arrayutil_client
        │                      └──── pluginlib_arrayutil_client.h
        ├──── src
        │          ├──── pluginlib_arrayutil_client.cpp
        │          └──── client_node.cpp
        └──── launch
                   └──── pluginlib_arrayutil_client.launch
```

本節におけるクライアントパッケージの作成で必要な項目は，次のとおりです．

- プラグインロードクラス「PluginlibArrayutilClient」の作成
  - ヘッダファイルの作成
  - 実装ファイルの作成
- プラグインロードのノード「client_node」の実装ファイルの作成
- プラグインロードパッケージの設定ファイルの編集
  - 「package.xml」の編集
  - 「CMakeLists.txt」の編集

230 第11章 プラグインの開発

以下，これらの項目について順に説明します．

11.5.2 PluginlibArrayutilClient の作成

PluginlibArrayutilClient のヘッダファイルの作成

「PluginlibArrayutilClient」のヘッダファイルである「pluginlib_arrayutil_client.h」を作成します．ファイルの所在は「pluginlib_arrayutil_client/include/pluginlib_arrayutil_client/pluginlib_arrayutil_client.h」です．ここでは各メソッドの宣言のみを行います．各メソッドの詳細は実装ファイルの項で説明します．

ソースコード 11-8 pluginlib_arrayutil_client.h

```
 1  #ifndef
        PLUGINLIB_ARRAYUTIL_CLIENT_PLUGINLIB_ARRAYUTIL_CLIENT_H_
 2  #define
        PLUGINLIB_ARRAYUTIL_CLIENT_PLUGINLIB_ARRAYUTIL_CLIENT_H_
 3
 4  #include <boost/shared_ptr.hpp>
 5
 6  #include <pluginlib/class_loader.h>
 7  #include <pluginlib_arrayutil/arrayutil_base.h>
 8
 9  namespace pluginlib_arrayutil_client
10  {
11    const double ARRAY[] = {1.7, 2.3, 3.2, 4.8}; // プラグインに入力する配列
12    const int ARRAY_SIZE = 4; // 入力配列のサイズ
13    const std::string PLUGIN_NAME[] = {
14      "pluginlib_arrayutil/Sum", "pluginlib_arrayutil/Ave",
15      "pluginlib_arrayutil/Min", "pluginlib_arrayutil/Max"
16    }; // ロード対象のプラグイン名(パッケージ名/クラス名)
17    const int PLUGIN_SIZE = 4; // ロード対象のプラグイン数
18
19    class PluginlibArrayutilClient
20    {
21      typedef boost::shared_ptr<arrayutil_base::ArrayUtil> LoaderPtr;
22
23    public:
24      PluginlibArrayutilClient() :
25        arrayutil_loader_("pluginlib_arrayutil", "arrayutil_base::ArrayUtil"),
26        vec_(ARRAY, ARRAY + ARRAY_SIZE)
27      { };
28
29      void run(); // プラグインのロードと演算を実行するメソッド
30
31    private:
32
33      void loadAllPlugins(); // プラグインをロードするメソッド
34      void operateAllPlugins(); // ロードしたプラグインの演算を実行するメソッド
35
36      std::vector<double> vec_;
37      pluginlib::ClassLoader<arrayutil_base::ArrayUtil> arrayutil_loader_;
38      std::vector<LoaderPtr> plugin_instances_;
39    };
```

```
40 }
41
42 #endif
```

この宣言部で注目すべき点は，プラグインに入力する配列やプラグイン名を定義している部分です．実装コードでこれらのパラメータを利用します．

pluginlib_arrayutil_client.h（抜粋）

```
11   const double ARRAY[] = {1.7, 2.3, 3.2, 4.8}; // プラグインに入力する配列
12   const int ARRAY_SIZE = 4; // 入力配列のサイズ
13   const std::string PLUGIN_NAME[] = {
14     "pluginlib_arrayutil/Sum", "pluginlib_arrayutil/Ave",
15     "pluginlib_arrayutil/Min", "pluginlib_arrayutil/Max"
16   }; // ロード対象のプラグイン名(パッケージ名/クラス名)
17   const int PLUGIN_SIZE = 4; // ロード対象のプラグイン数
```

そして，ROS システムに登録されたプラグインを呼び出すプラグインローダのクラスのインスタンスである「arrayutil_loader_」と，ロードしたプラグインのインスタンスの集合を格納する配列である「plugin_instances_」を宣言します．

pluginlib_arrayutil_client.h（抜粋）

```
37     pluginlib::ClassLoader<arrayutil_base::ArrayUtil> arrayutil_loader_;
38     std::vector<LoaderPtr> plugin_instances_;
```

PluginlibArrayutilClient の実装ファイルの作成

「PluginlibArrayutilClient」の実装ファイルである「pluginlib_arrayutil_client.cpp」を作成します．ファイルは「pluginlib_arrayutil_client/src/pluginlib_arrayutil_client.cpp」にあります．ここでは，メソッド「run()」「loadAllPlugins()」「operateAllPlugins()」を定義します．「loadAllPlugins()」はプラグインをロードするメソッド，「operateAllPlugins()」はロードしたプラグインの演算を実行するメソッド，「run()」はそれら二つのメソッド順に実行するメソッドです．このうち「run()」メソッドのみが「public」のスコープを有しており，後述の「client_node」から呼び出すことができます．

ソースコード 11-9　pluginlib_arrayutil_client.cpp

```
1 #include <pluginlib arrayutil client/pluginlib arrayutil client.h>
2
3 namespace pluginlib_arrayutil_client
4 {
5   void PluginlibArrayutilClient::run()
6   {
7     loadAllPlugins();
8     operateAllPlugins();
9   }
10
11   void PluginlibArrayutilClient::loadAllPlugins()
12   {
```

232 第11章 プラグインの開発

```
13    // create plugin instances
14    for(int i = 0; i < PLUGIN_SIZE; ++i)
15      plugin_instances_.push_back(arrayutil_loader_.createInstance(PLUGIN_NAME[i]));
16
17    // set array values for each plugin
18    for (std::vector<LoaderPtr>::iterator it = plugin_instances_.begin();
         it != plugin_instances_.end(); ++it)
19      (*it)->setArray(vec_);
20  }
21
22  void PluginlibArrayutilClient::operateAllPlugins()
23  {
24    for (std::vector<LoaderPtr>::iterator it = plugin_instances_.begin();
         it != plugin_instances_.end(); ++it)
25    {
26      // compute index just for grabbing the current loaded plugin name
27      int index = std::distance(plugin_instances_.begin(), it);
28
29      // execute the operation according to the current loaded plugin (
         Sum, Ave, Min, Max)
30      double result = (*it)->operate();
31      ROS_INFO_STREAM(PLUGIN_NAME[index] << ": " << std::fixed << std::
         setprecision(2) << std::setw(5) << result);
32    }
33  }
34 }
```

「loadAllPlugins()」メソッドで重要な処理は，「arrayutil_loader_」によってプラグインのクラスのインスタンスを作成することです．このサンプルでは，作成したインスタンスを即座に「plugin_instances_」に格納しています．

pluginlib_arrayutil_client.cpp（抜粋）

```
14    for(int i = 0; i < PLUGIN_SIZE; ++i)
15      plugin_instances_.push_back(arrayutil_loader_.createInstance(PLUGIN_NAME[i]));
```

ここでは，各プラグインに「pluginlib_arrayutil_client.h」で定義した配列を設定していきます．

pluginlib_arrayutil_client.cpp（抜粋）

```
18    for (std::vector<LoaderPtr>::iterator it = plugin_instances_.begin();
         it != plugin_instances_.end(); ++it)
19      (*it)->setArray(vec_);
```

「operateAllPlugins()」で重要な処理は，先にインスタンス化されたプラグインの配列について，イテレータによって演算処理を繰り返します．ひとたび各プラグインのインスタンスを作成してしまえば，これ以降はイテレータで「operate()」処理を繰り返すことで，その実装を意識することなく各プラグインの演算（合計，平均，最小，最大）を順に実行できます．ここでは，そ

の性質†を利用しています.

pluginlib_arrayutil_client.cpp（抜粋）

```
30        double result = (*it)->operate();
```

11.5.3 client_node の実装ファイルの作成

「PluginlibArrayutilClient」を利用する ROS のノードを作成します.ファイルは「pluginlib_arrayutil_client/src/client_node.cpp」にあります.こちらでは,前述した「PluginlibArrayutilClient」クラスの「run()」メソッドを呼ぶだけなので,下記のような短いコードで完了します.このノードは,プラグインの演算を指定した周期で繰り返し出力するプログラムです.

ソースコード 11-10　client_node.cpp

```
1  #include <pluginlib_arrayutil_client/pluginlib_arrayutil_client.h>
2  #include <ros/ros.h>
3
4  int main()
5  {
6    try
7    {
8      ros::init(argc, argv, "client_node");
9      ros::NodeHandle n;
10     ros::Rate loop_rate(1);
11     int loop_count = 0;
12
13     while (ros::ok())
14     {
15       ROS_INFO_STREAM("Loop count: " << ++loop_count);
16
17       pluginlib_arrayutil_client::PluginlibArrayutilClient client;
18       client.run();
19
20       ros::spinOnce();
21       loop_rate.sleep();
22     }
23   }
24   catch(pluginlib::PluginlibException& ex)
25   {
26     ROS_ERROR_STREAM("The plugin failed to load for some reason. Error: "
27         << ex.what());
28   }
29
30   return 0;
31 }
```

---

†この性質をポリモーフィズム（多態性）とよびます.インスタンスの型に応じて関数ポインタを動的に切り替えるため,同一メソッド名にもかかわらず処理の内容を切り替えることができます.これはオブジェクト指向のプログラムの利便性を支える強力な特性です.

234 第 11 章　プラグインの開発

このサンプルでは，ROS のメッセージに対するコールバックを定義していないので，「while (ros::ok())」によるループ内で「run()」メソッドを呼ぶようにしました．

「package.xml」の編集

「client_node」の「package.xml」で，プラグインの依存関係を入力します．「pluginlib_arrayutil」がビルド時と実行時に依存することを，「<depend>」タグで指定します．

ソースコード 11-11　package.xml（抜粋）

```
14    <depend>pluginlib_arrayutil</depend>
```

なお，「<depend>」タグは，ROS のパッケージマニフェストの「Format 2」で利用可能です[†]．「package.xml」にて，下記のように「<package>」タグの設定をすることで有効になります．

package.xml（抜粋）

```
 2  <package format="2">
```

11.5.4　client_node の動作確認

最後に，「client_node」の動作確認をします．

```
$ catkin_make
```

ビルドに成功したら，下記のコマンドを実行します．

```
$ cd <catkin_ws>/src
$ source devel/setup.bash
$ roslaunch pluginlib_arrayutil_client pluginlib_arrayutil_client.launch
```

図 11-4 のように，プラグインの演算結果が繰り返し出力されれば，正常に動作しています．

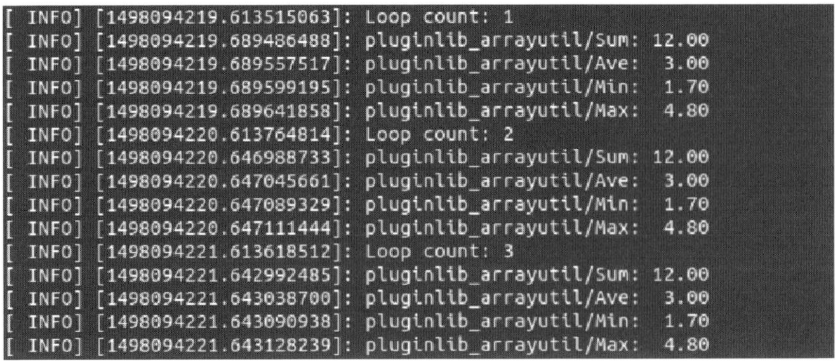

```
[ INFO] [1498094219.613515063]: Loop count: 1
[ INFO] [1498094219.689486488]: pluginlib_arrayutil/Sum: 12.00
[ INFO] [1498094219.689557517]: pluginlib_arrayutil/Ave:  3.00
[ INFO] [1498094219.689599195]: pluginlib_arrayutil/Min:  1.70
[ INFO] [1498094219.689641858]: pluginlib_arrayutil/Max:  4.80
[ INFO] [1498094220.613764814]: Loop count: 2
[ INFO] [1498094220.646988733]: pluginlib_arrayutil/Sum: 12.00
[ INFO] [1498094220.647045661]: pluginlib_arrayutil/Ave:  3.00
[ INFO] [1498094220.647089329]: pluginlib_arrayutil/Min:  1.70
[ INFO] [1498094220.647111444]: pluginlib_arrayutil/Max:  4.80
[ INFO] [1498094221.613618512]: Loop count: 3
[ INFO] [1498094221.642992485]: pluginlib_arrayutil/Sum: 12.00
[ INFO] [1498094221.643038700]: pluginlib_arrayutil/Ave:  3.00
[ INFO] [1498094221.643090938]: pluginlib_arrayutil/Min:  1.70
[ INFO] [1498094221.643128239]: pluginlib_arrayutil/Max:  4.80
```

図 11-4　client_node の実行結果

[†] 本書執筆時点では「Format 2」が推奨となっています．依存関係の記述がかなり整理されるので，お勧めです．

以上で，簡単なプラグインの作成は終了です．ベースクラス，サブクラス，クライアントを実際に作成することで，「pluginlib」の理解が深まったのではないでしょうか．ここまで作成できれば，ほかのプラグインを作成することは決して難しいことではありません．第9章で説明したナビゲーションパッケージ「move_base」にも自作プラグインを適用できます[†]．次は，ぜひ読者自身のロボットに合わせたプラグインを作成してみてください．

[†] たとえば，著者の開発したプラグインは https://github.com/CIR-KIT/steer_drive_ros/tree/kinetic-devel/stepback_and_steerturn_recovery で公開されています．

第12章
テストコードの作成

　ソフトウェアの仕様にない挙動や，バグを発見するための手段として，ソフトウェアテストというものがあります．また，ソフトウェアテストのために，規定した機能を果たすかどうかを試すためのテストコードという仕組みがあります．テストコードを作成しておけば，もとのプログラムの変更に伴うバグの発生を容易に検出することができるようになり，ソフトウェア開発を効率化したり，その品質を確保したりできます．

　ROS ではテストコードの仕組みとして「rostest」が提供されています．本章では，第 11 章で作成したプラグインパッケージ「pluginlib_arrayutil」を題材にして，実際にテストコードを作成しながら「rostest」を解説していきます．

12.1　rostest とは？

　「rostest」は，お馴染みの「roslaunch」の拡張です．「roslaunch」と同様の方法でシステムのセットアップ（複数のノードの起動，パラメータの設定など）を行ったうえで，テストが実行できるような仕組みになっています．その概念を図 12-1 に示します．

　テストコード自体は，サードパーティの単体テストのフレームワーク（C++ では「gtest」，Python であれば「unittest」）を利用しています．

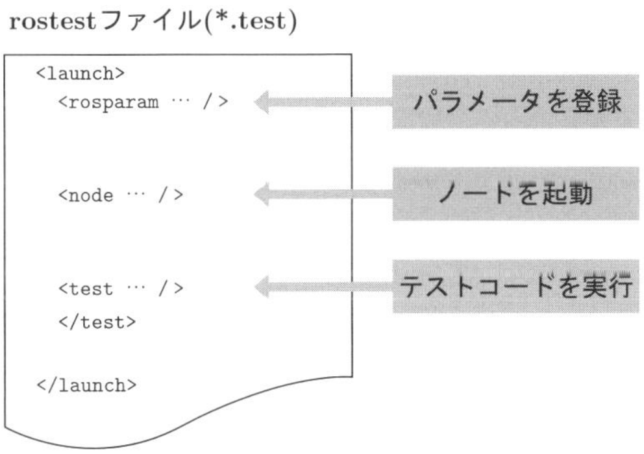

図 12-1 rostest の概念図

238　第 12 章　テストコードの作成

12.2　本章で作成するテストコードの概要

　本章では，前章で扱った「pluginlib_arrayutil」パッケージ内のサブクラスである「Sum」「Ave」「Min」「Max」に関する単体テストコードを作成していきます．具体的には，各クラスでオーバーライドされた「operate()」メソッドが規定どおりの演算を行うかを確認する単体テストを C++ の「gtest」に基づいて作成します．

　さらに，上記プラグインと同様の計算を行う Python のコードを格納した「arrayutil_python」パッケージ†を用意しましたので，それに対して「unittest」に基づいたテストコードも作成してみましょう．

　いずれの場合も，「rostest」に基づいた「roslaunch」形式ファイルの作成や「CMakeLists.txt」での設定が必要になるので，そちらもあわせて作成していきましょう．

12.3　C++ の gtest を利用したテストコードの作成

　まずは，「gtest」を利用したテストコードを作成します．前述の「pluginlib_arrayutil」パッケージにテスト関連のコードを追加し，設定ファイルを編集します．主な手順は以下のとおりです．

- 「gtest」による単体テストの実装ファイルの作成
- 「rostest」ファイルの作成
- 「package.xml」の編集
- 「CMakeLists.txt」の編集

　これらの項目を順に説明します．参考として，全項目完成後のファイル構成を以下に示します．

```
pluginlib_arrayutil
    ├── CMakeLists.txt
    ├── package.xml
    ├── arrayutil_plugins.xml
    ├── include
    │   └── 省略
    ├── src
    │   └── 省略
    └── test // テスト関連ファイル格納ディレクトリ
        ├── pluginlib_arrayutil_test.cpp // 単体テスト実行用ノード実装ファイル
        └── pluginlib_arrayutil.test // rostestファイル
```

12.3.1　gtest による単体テストの実装ファイルの作成

　まずは単体テストの実装ファイルを作成します．ファイルは「pluginlib_arrayutil/test/pluginlib_arrayutil_test.cpp」にあります．このテストコードでは，「pluginlib_arrayutil」パッ

---

† 「arrayutil_python」は「pluginlib」に基づくプラグインではありません．「pluginlib」は Python に対応していません．

ケージ内のサブクラスである「Sum」「Ave」「Min」「Max」の「operate()」メソッドの演算の
妥当性を試験するため，四つのテストケースを用意しています．

ソースコード 12-1 pluginlib_arrayutil_test.cpp

```cpp
1  #include <boost/shared_ptr.hpp>
2  #include <gtest/gtest.h>
3
4  #include <ros/ros.h>
5  #include <pluginlib/class_loader.h>
6  #include <pluginlib_arrayutil/arrayutil_base.h>
7
8  const double array[] = {1.7, 2.3, 3.2, 4.8};
9  const int ARRAY_SIZE = 4;
10 const double ANSWER_SUM = 12.0;
11 const double ANSWER_AVE = 3.0;
12 const double ANSWER_MIN = 1.7;
13 const double ANSWER_MAX = 4.8;
14 const std::vector<double> vec(array, array + ARRAY_SIZE);
15
16 // TEST CASES
17 TEST(PluginlibArrayutilSubTest, testSum)
18 {
19   pluginlib::ClassLoader<arrayutil_base::ArrayUtil> arrayutil_loader(
         "pluginlib_arrayutil", "arrayutil_base::ArrayUtil");
20   boost::shared_ptr<arrayutil_base::ArrayUtil> sum = arrayutil_loader.createInstance(
         "pluginlib_arrayutil/Sum");
21
22   sum->setArray(vec);
23   double result = sum->operate();
24
25   EXPECT_EQ(result, ANSWER_SUM);
26 }
27
28 TEST(PluginlibArrayutilSubTest, testAve)
29 {
30   pluginlib::ClassLoader<arrayutil_base::ArrayUtil> arrayutil_loader(
         "pluginlib_arrayutil", "arrayutil_base::ArrayUtil");
31   boost::shared_ptr<arrayutil_base::ArrayUtil> ave = arrayutil_loader.createInstance(
         "pluginlib_arrayutil/Ave");
32
33   ave->setArray(vec);
34   double result = ave->operate();
35
36   EXPECT_EQ(result, ANSWER_AVE);
37 }
38
39 TEST(PluginlibArrayutilSubTest, testMin)
40 {
41   pluginlib::ClassLoader<arrayutil_base::ArrayUtil> arrayutil_loader(
         "pluginlib_arrayutil", "arrayutil_base::ArrayUtil");
42   boost::shared_ptr<arrayutil_base::ArrayUtil> min = arrayutil_loader.createInstance(
         "pluginlib_arrayutil/Min");
43
44   min->setArray(vec);
```

```
45   double result = min->operate();
46
47   EXPECT_EQ(result, ANSWER_MIN);
48 }
49
50 TEST(PluginlibArrayutilSubTest, testMax)
51 {
52   pluginlib::ClassLoader<arrayutil_base::ArrayUtil> arrayutil_loader(
         "pluginlib_arrayutil", "arrayutil_base::ArrayUtil");
53   boost::shared_ptr<arrayutil_base::ArrayUtil> max = arrayutil_loader.createInstance(
         "pluginlib_arrayutil/Max");
54
55   max->setArray(vec);
56   double result = max->operate();
57
58   EXPECT_EQ(result, ANSWER_MAX);
59 }
60
61 int main(int argc, char** argv)
62 {
63   testing::InitGoogleTest(&argc, argv);
64   ros::init(argc, argv, "pluginlib_arrayutil_test");
65
66   ros::AsyncSpinner spinner(1);
67   spinner.start();
68   int ret = RUN_ALL_TESTS();
69   spinner.stop();
70   ros::shutdown();
71
72   return ret;
73 }
```

テストケースの実装

ここでは，「Sum」クラスのテストケースに着目して解説をします．単体テストコードで重要な点は，あらかじめテスト対象のメソッドに期待される問題と正解を用意しておき，実際にテスト対象が演算した結果の答え合わせを行うことで，その演算の妥当性を評価するということです．

「Sum」クラスについてこれを実行する部分を抜粋すると，以下のとおりです．

pluginlib_arrayutil_test.cpp（抜粋）

```
25   EXPECT_EQ(result, ANSWER_SUM);
```

「EXPECT_EQ」は，与えた二つの数値型の引数が一致するかを評価する「gtest」のマクロです．第一引数「result」が「Sum」クラスの「operate()」メソッドによる演算結果，第二引数「ANSWER_SUM」があらかじめ設定した期待される答えです．これらが一致していれば，テストは成功となります[†]．

「result」は直前の「operate()」メソッドの戻り値，すなわち「Sum」クラスのインスタンスに

[†] 「EXPECT_EQ」以外にもさまざまな評価ができるマクロがあります．詳細は「gtest」の仕様を参照してください．https://github.com/google/googletest

入力した配列の合計値が格納されています.

pluginlib_arrayutil_test.cpp（抜粋）

```
22    sum->setArray(vec);
23    double result = sum->operate();
```

この処理の直前でプラグインの「Sum」クラスを「pluginlib」の仕組みを使ってインスタンス化していますが，その詳細は第11章「プラグインの開発」を参照ください．ここでは，「operate()」メソッドで演算を行っているという点が重要です.

さて，演算される値を設定する動的配列「vec」は，冒頭の配列「array」をもとに定義されています.

pluginlib_arrayutil_test.cpp（抜粋）

```
 8  const double array[] = {1.7, 2.3, 3.2, 4.8};
```

また，期待される正解「ANSWER_SUM」も冒頭で定義されています．配列「array」内のすべての値の和，すなわち「$1.7+2.3+3.2+4.8=12.0$」を，これに設定します．「operate()」メソッドに，事前に計算した期待される正解を入れておく点が重要です.

pluginlib_arrayutil_test.cpp（抜粋）

```
10  const double ANSWER_SUM = 12.0;
```

上記の一連の処理を「TEST」マクロによって指定した範囲で実行すれば，一つのテストケースが完成します．「TEST」マクロの第一引数は「テストスイート」[†]，第二引数は「テストケース」の名称となります．「テストケース」の名称はユニークなものに設定します.

pluginlib_arrayutil_test.cpp（抜粋）

```
17  TEST(PluginlibArrayutilSubTest, testSum)
```

この処理を，「Ave」「Min」「Max」についても同様に行い，それぞれについてテストケースとして定義したものが，今回作成したテストコードになります.

テストを実行するノードの実装

続いて，テストを実行するノードを実装します.

pluginlib_arrayutil_test.cpp（抜粋）

```
61  int main(int argc, char** argv)
62  {
63    testing::InitGoogleTest(&argc, argv);
64    ros::init(argc, argv, "pluginlib_arrayutil_test");
65
```

[†] 複数のテストケースをまとめてカテゴライズしたものです．テスト対象のコンポーネントやテストの種別によって分類を行う際に用いられます．今回のサンプル内ではテストスイートを切り替える必要性がないので，すべてのテストケースで同一の「PluginlibArrayutilSubTest」を指定しています.

242 第 12 章 テストコードの作成

```
66   ros::AsyncSpinner spinner(1);
67   spinner.start();
68   int ret = RUN_ALL_TESTS();
69   spinner.stop();
70   ros::shutdown();
71
72   return ret;
73 }
```

　ここでもっとも重要な点は，「RUN_ALL_TESTS」マクロを利用してテストケースを実行している点です．また，今回のように，ROS システムで 1 回のみ処理を実行すればよい場合には，「ros::AsyncSpinner」の「start()」と「stop()」で囲まれた範囲で処理を行う方法が有効です．「ros::spin()」や while ループ内で「ros::spinOnce()」を利用するのとはまた異なる方法なので，ここで押さえておくとノードの用途によっては便利な場合もあるでしょう．

pluginlib_arrayutil_test.cpp（抜粋）

```
67   spinner.start();
68   int ret = RUN_ALL_TESTS();
69   spinner.stop();
```

　これにて，単体テストの実装ファイルの作成は完了です．

12.3.2　rostest ファイルの作成

　次に，ROS システムにおけるテスト環境のセットアップとテストの実行を司る「rostest」の設定ファイルを作成します．ファイルは「pluginlib_arrayutil/test/pluginlib_arrayutil.test」にあります．このファイルは「roslaunch」のフォーマットを踏襲していますが，テストに関連した設定ファイルの場合には拡張子を「.test」にすることが一般的です．

ソースコード 12-2　pluginlib_arrayutil.test

```
1 <launch>
2   <!-- Plugin test -->
3   <test test-name="pluginlib_arrayutil_test"
4     pkg="pluginlib_arrayutil"
5     type="pluginlib_arrayutil_test"
6     time-limit="5.0">
7   </test>
8 </launch>
```

　通常の「roslaunch」と異なる点は，「<test>」タグ内でテストのノードに関する情報を指定する点です．さらに，「time-limit」属性では，タイムアウトの時間を指定することができます．

12.3.3　package.xml の編集

　「rostest」を使用するには，「package.xml」にてパッケージの依存関係を定義する必要があります．以下のように，「<test_depend>」タグを利用します．

ソースコード 12-3　package.xml（抜粋）

```
15    <test_depend>rostest</test_depend>
```

この設定は，後述する「CMakeLists.txt」で「add_rostest_gtest」関数を利用するために必要です．

12.3.4　CMakeLists.txt の編集

作成したテストコードのビルド条件を設定するため，「CMakeLists.txt」に以下のコードを追加するよう編集します．

ソースコード 12-4　CMakeLists.txt への追加

```
39  if (CATKIN_ENABLE_TESTING)
40    find_package(catkin REQUIRED COMPONENTS
41      rostest
42      pluginlib
43      roscpp
44      pluginlib_arrayutil
45    )
46
47    add_rostest_gtest(${PROJECT_NAME}_test
48      test/pluginlib_arrayutil.test
49      test/pluginlib_arrayutil_test.cpp)
50    target_link_libraries(${PROJECT_NAME}_test ${catkin_LIBRARIES})
51  endif()
```

「${PROJECT_NAME}」の部分は，「CMakeLists.txt」の冒頭で設定した「pluginlib_arrayutil」で置換されます．

CMakeLists.txt（抜粋）

```
 2  project(pluginlib_arrayutil)
```

まずここで重要な点は，「find_package」関数で「rostest」と「pluginlib_arrayutil」が追加されている点，「add_rostest_gtest」関数で先に作成した「pluginlib_arrayutil.test」と「pluginlib_arrayutil_test.cpp」が設定されている点です．

12.3.5　テストの実行

ここまで作成したテストを実行してみましょう．まずはもとのコードをビルドします．<> で囲まれている箇所は，ROS ワークスペースのディレクトリに置き換えてください．

```
$ cd <catkin_ws>/src
$ catkin_make
```

ビルドが通ったら，テストコードをビルドおよび実行します．

244 第12章 テストコードの作成

```
$ catkin_make run_tests
```

このとき，図12-2のようなテスト結果が表示されるはずです．すべてのテストが成功していることが確認できます．

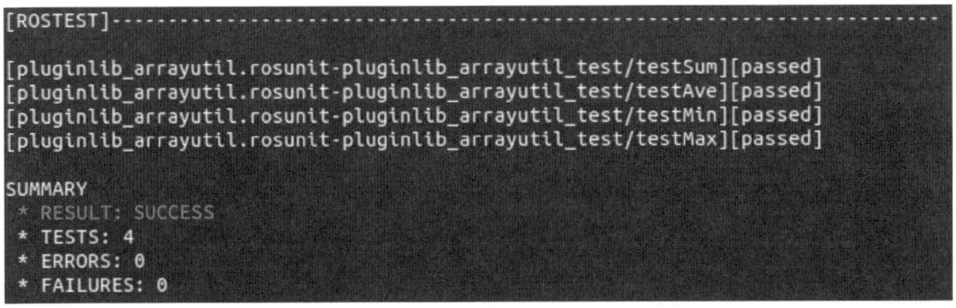

```
[ROSTEST]------------------------------------------------------------
[pluginlib_arrayutil.rosunit-pluginlib_arrayutil_test/testSum][passed]
[pluginlib_arrayutil.rosunit-pluginlib_arrayutil_test/testAve][passed]
[pluginlib_arrayutil.rosunit-pluginlib_arrayutil_test/testMin][passed]
[pluginlib_arrayutil.rosunit-pluginlib_arrayutil_test/testMax][passed]

SUMMARY
 * RESULT: SUCCESS
 * TESTS: 4
 * ERRORS: 0
 * FAILURES: 0
```

図 12-2 「pluginlib_arrayutil」に関する「catkin_make run_tests」の出力結果

直前の「run_tests」の結果の概要は，「catkin_test_results」コマンドで確認できます．

```
$ catkin_test_results
```

図12-3のような出力が得られるはずです．

```
Summary: 5 tests, 0 errors, 0 failures, 0 skipped
```

図 12-3 「pluginlib_arrayutil」に関する「catkin_test_results」の出力結果

なお，「catkin_test_results」は，テストに失敗したら非ゼロの値を返します．

テスト数が5となっていますが，前述した四つのテストケースより1大きい値になります．テストケースを一つも定義しなくても，常に「AllTests」という名のテストスイートが自動で定義され，これがテストの成否にかかわらず1とカウントされる仕様になっているようです．

12.4　Python の unittest を利用したテストコードの作成

続いて，「unittest」を利用したテストコードを作成します．

本節における主な作業手順は以下のとおりです．

- 「arrayutil_python」パッケージの Python スクリプトの作成
- 「unittest」による単体テストのスクリプトの作成
- 「rostest」ファイルの作成
- 「package.xml」の編集
- 「CMakeLists.txt」の編集

前述の「gtest」の場合と手順はほぼ同様ですが，主に Python ではコンパイルが不要であった
り，テストコードの実装概念が異なるという点で設定項目に違いがあります．以下では，上記の
項目を順に解説していきます．

参考に，すべてのコードが完成した段階でのファイル構成を以下に示します．

```
arrayutil_python
        ├─── CMakeLists.txt
        ├─── package.xml
        ├─── script // Pythonスクリプト格納ディレクトリ
        │       ├─── arrayutil_python_base.py // ベースクラスの実装スクリプト
        │       └─── arrayutil_python_sub.py // サブクラスの実装スクリプト
        └─── test // テスト関連ファイル格納ディレクトリ
            ├─── arrayutil_python_test.py // テストケースおよび実行ノード実装ファイル
            └─── arrayutil_python.test // rostestファイル
```

12.4.1　arrayutil_python パッケージの Python スクリプトの作成

前述の「pluginlib_arrayutil」パッケージと同様の計算を行う Python スクリプトを作成しま
す．ただし，「pluginlib」は Python には対応していないので，プラグインではない単純なスク
リプトを作成します．ここでは，本章のテーマである「rostest」を利用したテストコードの作成
と，先に扱った「gtest」のサンプルと対比できる点を重視することにします．

ベースクラスの作成

「pluginlib_arrayutil」のベースクラスを模擬する Python スクリプトを作成します．ファイル
の所在は「arrayutil_python/script/arrayutil_python_base.py」です．

ソースコード 12-5　arrayutil_python_base.py

```python
1  #!/usr/bin/env python
2  from abc import abstractmethod
3
4
5  class ArrayUtil:
6    def __init__(self):
7      self.array_ = None
8
9    def setArray(self, array):
10     self.array_ = array
11
12   @abstractmethod
13   def operate(self):
14     raise NotImplementedError()
```

「abstractmethod」デコレータを使用し，「operate()」メソッドを仮想化しています．

246 第12章 テストコードの作成

サブクラスの作成

「pluginlib_arrayutil」のサブクラス「Sum」「Ave」「Min」「Max」を模擬する Python スクリプトを作成します．ファイルは「arrayutil_python/script/arrayutil_python_sub.py」にあります．ここではプラグインにする必要もなく，コードもシンプルなので，単一のファイルですべてのクラスの定義を行います．

ソースコード 12-6　arrayutil_python_sub.py

```python
#!/usr/bin/env python
import arrayutil_python_base as base


class Sum(base.ArrayUtil):
  def operate(self):
    return sum(self.array_)

class Ave(base.ArrayUtil):
  def operate(self):
    return sum(self.array_) / len(self.array_)

class Max(base.ArrayUtil):
  def operate(self):
    return max(self.array_)

class Min(base.ArrayUtil):
  def operate(self):
    return min(self.array_)
```

各クラスで「operate()」メソッドをオーバーライドしています．

12.4.2　unittest による単体テストのスクリプトの作成

前述のサブクラスの挙動をテストするスクリプトを作成します．ファイルは「arrayutil_python/test/arrayutil_python_test.py」にあります．

「unittest」では，各テストケースとそれらをまとめたテストスイートについて，それぞれクラスを定義する仕様になっています．これは，マクロでテストケースを定義する「gtest」と異なる仕様です．

ソースコード 12-7　arrayutil_python_test.py

```python
#!/usr/bin/env python
import sys
import os
import unittest
import rostest
sys.path.append(os.path.dirname(os.path.abspath(__file__)) + '/../script')
import arrayutil_python_sub as sub

test_array = [1.7, 2.3, 3.2, 4.8]
answer_sum = 12.0
answer_ave = 3.0
```

12.4 Python の unittest を利用したテストコードの作成　**247**

```
12  answer_min = 1.7
13  answer_max = 4.8
14
15
16  class ArrayUtilTestSum(unittest.TestCase):
17    def run_test(self):
18      sum_instance = sub.Sum()
19      sum_instance.setArray(self.test_array)
20      result = sum_instance.operate()
21      self.assertEquals(result, self.answer_sum)
22
23  class ArrayUtilTestAve(unittest.TestCase):
24    def run_test(self):
25      ave_instance = sub.Ave()
26      ave_instance.setArray(self.test_array)
27      result = ave_instance.operate()
28      self.assertEquals(result, self.answer_ave)
29
30  class ArrayUtilTestMin(unittest.TestCase):
31    def run_test(self):
32      min_instance = sub.Min()
33      min_instance.setArray(self.test_array)
34      result = min_instance.operate()
35      self.assertEquals(result, self.answer_min)
36
37  class ArrayUtilTestMax(unittest.TestCase):
38    def run_test(self):
39      max_instance = sub.Max()
40      max_instance.setArray(self.test_array)
41      result = max_instance.operate()
42      self.assertEquals(result, self.answer_max)
43
44  class ArrayUtilTestSuite(unittest.TestSuite):
45    def __init__(self):
46      super(ArrayUtilTestSuite, self).__init__()
47      self.addTest(ArrayUtilTestSum())
48      self.addTest(ArrayUtilTestAve())
49      self.addTest(ArrayUtilTestMin())
50      self.addTest(ArrayUtilTestMax())
51
52
53  if __name__ == '__main__':
54    rostest.rosrun('arrayutil_python', 'arrayutil_python_test',
          'arrayutil_python_testcases.ArrayUtilTestSuite')
```

テストケースの実装

　各テストクラスは「unittest.TestCase」を継承しており，このクラスがテストケースと対応しています．このクラス内で新規に定義されたメソッドがテスト時に実行されるので，「run_test()」メソッドでテストを実装しています．

　そのメソッドで評価を実施するルーチンは「assertEquals()」です．これは前述の「gtest」における「EXPECT_EQ」マクロと同義です．本メソッドの第一引数である「result」には，各サ

248 第 12 章　テストコードの作成

ブクラスのインスタンスの「operate()」の演算結果が格納され，その第二引数は冒頭で定義した
期待される結果の値となっています．

arrayutil_python_test.py（抜粋）

```
20     result = sum_instance.operate()
21     self.assertEquals(result, self.answer_sum)
```

テスト対象の配列も，冒頭で定義しています．

arrayutil_python_test.py（抜粋）

```
 9  test_array = [1.7, 2.3, 3.2, 4.8]
10  answer_sum = 12.0
11  answer_ave = 3.0
12  answer_min = 1.7
13  answer_max = 4.8
```

テストスイートの定義

さらに，各テストケースクラスをまとめたテストスイートは，「unittest.TestSuite」を継
承した「ArrayUtilTestSuite」クラスで定義します．「ArrayUtilTestSuite」クラスの内部で
「addTest()」メソッドによって各テストケースクラスのインスタンスを追加します．

arrayutil_python_test.py（抜粋）

```
47     self.addTest(ArrayUtilTestSum())
48     self.addTest(ArrayUtilTestAve())
49     self.addTest(ArrayUtilTestMin())
50     self.addTest(ArrayUtilTestMax())
```

テストを実行するノードの実装

テストを実行するノード部を実装します．先の「gtest」とは異なり，ノード内で ROS の実行
コードを「rosrun()」メソッドのみで容易に実装することが可能です．

arrayutil_python_test.py（抜粋）

```
53  if __name__ == '__main__':
54    rostest.rosrun('arrayutil_python', 'arrayutil_python_test',
          'arrayutil_python_testcases.ArrayUtilTestSuite')
```

「rosrun()」メソッドの引数には，パッケージ名，テスト名，テストスイートクラスを指定し
ます．

12.4.3　rostest ファイルの作成

次に，前述の「gtest」と同様に「rostest」ファイルを作成します．
ファイルの所在は「/arrayutil_python/test/arrayutil_python.test」です．

ソースコード 12-8 arrayutil_python.test

```
1  <launch>
2    <!-- Plugin test -->
3    <test test-name="arrayutil_python_test"
4      pkg="arrayutil_python"
5      type="arrayutil_python_test.py"
6      time-limit="5.0">
7    </test>
8  </launch>
```

12.4.4 package.xml の編集

ここでも先の「gtest」の場合と同様に，「<test_depend>」タグを設定します．

ファイルの所在は「/arrayutil_python/package.xml」です．

ソースコード 12-9 package.xml（抜粋）

```
14  <test_depend>rostest</test_depend>
```

12.4.5 CMakeLists.txt の編集

「CMakeLists.txt」を編集して，以下のコードを追加します．

ソースコード 12-10 CMakeLists.txt への追記

```
39  if (CATKIN_ENABLE_TESTING)
40    find_package(rostest)
41    add_rostest(test/arrayutil_python.test)
42  endif()
```

「gtest」の場合と異なり，「add_rostest」関数で「arrayutil_python.test」を指定するだけでパッケージにテストを追加できます．

12.4.6 テストの実行

「gtest」のときと同様に，テストを実行してみましょう．まずは Python スクリプトに「chmod」コマンドで実行権限を与えます．

```
$ cd <catkin_ws>/src/arrayutil_python
$ chmod +x script/arrayutil_python_base.py \
  script/arrayutil_python_sub.py \
  test/arrayutil_python_test.py
```

そして，以下のコマンドでテストコードを実行できます．

```
$ catkin_make run_tests
```

この際に，図 12-4 のようなテスト結果が表示されるはずです．「arrayutil_python」に関する

```
[ROSTEST]------------------------------------------------------------

[arrayutil_python.rosunit-arrayutil_python_test/runTest][passed]
[arrayutil_python.rosunit-arrayutil_python_test/runTest][passed]
[arrayutil_python.rosunit-arrayutil_python_test/runTest][passed]
[arrayutil_python.rosunit-arrayutil_python_test/runTest][passed]

SUMMARY
 * RESULT: SUCCESS
 * TESTS: 4
 * ERRORS: 0
 * FAILURES: 0
```

図 12-4 「arrayutil_python」に関する「catkin_make run_tests」の出力結果

すべてのテストが成功していることが確認できます.

「gtest」のときと同様に,「catkin_test_results」コマンドで確認してみましょう. ただし, 同じ
ワークスペースにテストが含まれる複数のパッケージが存在するので, ここでは「arrayutil_python」
に含まれるテストの結果のみを出力してみます.「catkin_test_results」に以下のコマンドのよう
なパスを付与することで, テスト結果の出力対象を指定できます.

```
$ catkin_test_results build/test_results/arrayutil_python/
```

図 12-5 のような出力が得られるはずです. エラー終了や失敗したテストが存在せず, すべての
テストが成功したことが確認できます.

```
Summary: 5 tests, 0 errors, 0 failures, 0 skipped
```

図 12-5 「arrayutil_python」に関する「catkin_test_results」の出力結果

テスト数が 5 となっている理由は,「pluginlib_arrayutil」パッケージの項での説明と同じ理由
です.

なお, ここでパッケージを指定せずに「catkin_test_results」を実行すると, 同一ワークスペース内に
存在する全テストの結果が出力されます. ここでは,「pluginlib_arrayutil」と「arrayutil_python」
の二つのパッケージに含まれるテストの結果が表示される例を示します (図 12-6). 10 個のテス
トが正常終了したことがわかります.

```
$ catkin_test_results
```

```
Summary: 10 tests, 0 errors, 0 failures, 0 skipped
```

図 12-6 「pluginlib_arrayutil」と「arrayutil_python」に関する「catkin_test_results」の出力結果

本章では「rostest」によるテストを解説しました. C++ では「gtest」, Python では「unittest」
という各言語を代表するテスト用フレームワークを利用したテストコードを対比させながら実装
しました. ぜひ, 読者自身の ROS コードにテストを追加してみてください.

第13章
Travis CI との連携

ソフトウェア開発において，その品質を向上させるキーワードに CI（Continuous Integration）があります．これは，ビルドやテストなどの処理を自動で実行することにより，ソフトウェアの不具合やデグレードなどを早期に発見できるようにする仕組みです．CI を実現するツールはさまざまありますが，GitHub と連携が可能な「Travis CI」が広く使われており，ROS のプログラムに対して標準的に使用されています．とくに，ROS-Industrial で提供されている CI 連携パッケージ「industrial_ci」を活用することで，簡単な設定で CI を導入することができます．

本章では，「industrial_ci」により，GitHub に登録された ROS のプログラムと Travis CI を連携させる方法について，具体的なサンプルプログラムを利用して説明します．

13.1 Travis CI とは？

Travis CI は，GitHub と連携した自動テスト実行サービスです．Travis CI では，テストがサービス提供側のサーバ上で実施されるため，導入が容易です．これは，自前でテスト環境を構築する必要がある「Jenkins」などの CI ツールと異なる大きな特長です[†]．

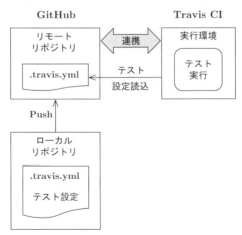

図 13-1　Travis CI による自動テスト実行の概念図

[†] ROS のパッケージ管理を統括する「Build Farm」では「Jenkins」を利用することで，CI に加えバイナリパッケージの配布や解析などまで自動で行われています．

より具体的には，事前に GitHub のリポジトリと Travis CI を連携するよう設定し，そのリポジトリに専用の設定ファイル（.travis.yml）を格納しておけば，対象のリポジトリにプッシュするたびに，自動でビルドとテストが実行されます．その概念図を図 13-1 に示します．

13.2　industrial_ci とは？

「industrial_ci」は，いかなる ROS パッケージに対しても共通で利用できるテスト設定と環境が凝縮されたパッケージです[†1]．「rosdep」「ビルド」「テスト」の基本的な処理を順番に実行することはもちろん，「wstool」「事前・事後スクリプトの登録」などのオプション設定も，「.travis.yml」を介して非常に簡単に行うことができます．このほかに，さまざまなパラメータをきめ細かく切り替えることができます．詳細は GitHub の「industrial_ci」リポジトリに記載された README を参照してください[†2]．

さらに，「ROS バージョン」を設定によって切り替えられることも，非常に便利な機能といえます[†3]．この機能は，仮想環境である「Docker」[†4]を採用することで実現されています．それぞれの環境を構築するために必要なイメージファイルは，「Docker Hub」[†5]から取得しています．その概念図を図 13-2 に示します．

なお，「industrial_ci」では，ビルドツールとして「catkin_tools」[†6]を採用しています．「catkin_tools」によるビルドコマンドは「catkin build」ですが，その内部のビルドコマンド

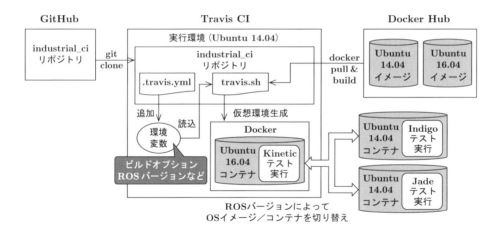

図 13-2　「industrial_ci」による自動テスト実行の概念図

[†1] ROS-Industrial が主体となって提供している，テスト，CI，開発に関する一連の環境の一つが「industrial_ci」という位置づけになっています．
[†2] https://github.com/ros-industrial/industrial_ci
[†3] 本書執筆段階では，Hydro, Indigo, Jade, Kinetic, Lunar, Melodic に対応しています．
[†4] 必要最低限の要素で構成された軽量イメージである「コンテナ」を活用した仮想化ツール．
[†5] 「Docker」イメージファイルを共有するウェブサービス．
[†6] 「catkin」を便利に利用するためのコマンドラインツール．

は「catkin_make」ではなく,「catkin_make_isolated」です.「catkin_make_isolated」では各パッケージを独立に構成してビルドを実行するため,「package.xml」や「CMakeLists.txt」でパッケージの依存関係を正確に記述しないとビルドが通りません.この機能によって適切な設定ファイルの作成が促されるので,その結果として,より多くのユーザ環境で配布パッケージが動作することが担保されます.

13.3 pluginlib_arrayutil_ci パッケージと industrial_ci の連携

13.3.1 ROS パッケージの作成

これまでに作成した「pluginlib_arrayutil」と「pluginlib_arrayutil_client」パッケージを利用して,「industrial_ci」と連携する方法を解説します.これらのパッケージについて,それぞれ別のリポジトリで Travis CI によるテストを実行するケースを想定し,「pluginlib_arrayutil_ci」と「pluginlib_arrayutil_client_ci」としてリポジトリを公開しています[†1].ローカルで参考にしたい場合は,以下のコマンドでクローンしてください.

```
$ cd <catkin_ws>/src
$ git clone \
  https://github.com/Nishida-Lab/pluginlib_arrayutil_ci.git
$ git clone \
  https://github.com/Nishida-Lab/pluginlib_arrayutil_client_ci.git
```

13.3.2 GitHub と Travis CI の連携

Travis CI を有効にするためには,「GitHub」と連携する必要があります.すでに読者の GitHub アカウントで,「pluginlib_arrayutil_ci」に相当するパッケージを格納したリポジトリが存在していることを前提に説明を行います.

アカウントの連携

まず,Travis CI のホームページ[†2]にアクセスすると,図 13-3 の画面が表示されます.この画面右上の「Sign in with GitHub」と書かれたボタンをクリックします.Travis CI へのログインは GitHub アカウントを利用します.

次に,図 13-4 のように GitHub 上の Travis CI 連携に関する認証ページが表示されるので,連携する GitHub アカウントが表示されていることを確認して,下方の「Authorize application」ボタンをクリックします.

「Getting Started」画面が表示されれば,Travis CI へのログインは成功です.

[†1] 各パッケージをわざわざ別リポジトリにした理由は,「industrial_ci」において依存パッケージを「wstool」で取得するサンプルを作成したかったためです.詳細は後述します.

[†2] https://travis-ci.org/

図 13-3 「Travis CI」のホームページ

図 13-4 GitHub 上の Travis CI 連携に関する認証ページ

リポジトリの連携

続いて，自動テストを実行したい GitHub リポジトリを Travis CI と連携させるための設定を行います．

ログイン後の Travis CI のページの右上にアカウント名が記載されていますが，そこから「Accounts」ボタンをクリックすると GitHub リポジトリの一覧が表示されます．その中から，Travis CI による自動テストを実行したいリポジトリについて，横にあるスライドバーを左側に

フリックすることで，連携を有効にすることができます（図13-5）．ここでは，本章で作成した「pluginlib_arrayutil_ci」パッケージを有効にします．

連携させた直後は，まだ一度もテストが実行されていない状態ですので，ステータスは何も表示されません．このリポジトリに「.travis.yml」を格納し，リモートリポジトリにプッシュすれば自動テストが実行されます．次節では，その「.travis.yml」の設定方法について述べます．

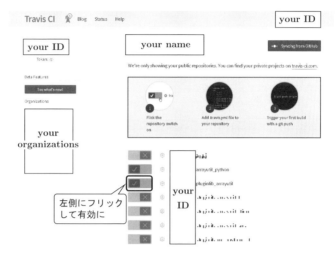

図13-5　Travis CI 上の連携対象リポジトリ設定ページ

13.3.3　.travis.yml ファイルの作成

前節で Travis CI と連携させた「pluginlib_arrayutil_ci」リポジトリ内に，「.travis.yml」ファイルを作成します．このとき，以下のようなファイル構成になります．

```
pluginlib_arrayutil_ci
    ├── CMakeLists.txt
    ├── package.xml
    ├── arrayutil_plugins.xml
    ├── .travis.yml // Travis CI 設定ファイル
    ├── include
    │   └── 省略
    ├── src
    │   └── 省略
    └── test
        └── 省略
```

作成した「.travis.yml」を以下のように編集します．ごくシンプルな項目だけを反映させた設定ファイルになっています．

ソースコード 13-1 .travis.yml

```
 1  # This config file for Travis CI utilizes ros-industrial/industrial_ci package.
 2  # For more info for the package, see https://github.com/ros-industrial/
        industrial_ci/blob/master/README.rst
 3  sudo: required
 4  dist: trusty
 5  services:
 6    - docker
 7  language: generic
 8  compiler:
 9    - gcc
10  notifications:
11    email:
12      on_success: change
13      on_failure: always
14  env:
15    global:
16      - CATKIN_PARALLEL_TEST_JOBS=-p1
17      - ROS_PARALLEL_TEST_JOBS=-j1
18    matrix:
19      - ROS_DISTRO="indigo" ROS_REPOSITORY_PATH=http://packages.ros.org/ros/ubuntu
20      - ROS_DISTRO="jade" ROS_REPOSITORY_PATH=http://packages.ros.org/ros/ubuntu
21      - ROS_DISTRO="kinetic" ROS_REPOSITORY_PATH=http://packages.ros.org/ros/ubuntu
22    install:
23      - git clone https://github.com/ros-industrial/industrial_ci.git .ci_config
24    script:
25      - source .ci_config/travis.sh
```

　各ハッシュキーは Travis CI の仕様に準拠しています．「industrial_ci」では，ハッシュキー「env」以下で定義された環境変数をもとにテストが実行されるようになっています．そこで，ここでは「industrial_ci」との連携でとくに重要となる「env」下のキーに着目して説明していきます．

- global: グローバルに設定する環境変数です．後述する「matrix」キーで定義された複数の環境で共通に反映させたい変数はここで定義します．このサンプルでは，テスト時の並列実行ジョブ数を定義します．ここでは 1 としています[†1]．
- matrix: キー内に定義された配列ごとにジョブを生成します．ジョブごとに ROS のバージョンを切り替えたり，細かく設定を調整したい場合にはここを編集します．
  - ROS_DISTRO: ROS のバージョンを設定します．このサンプルでは，indigo, jade, kinetic を指定しており，それぞれ独立したジョブとしてテストが実行されます．
  - ROS_REPOSITORY_PATH: ROS のバイナリファイルの取得先リポジトリを指定します．ここでは標準のリリース版のリポジトリ[†2]を指定しています．

[†1] ビルド対象のプログラムが膨大な場合，並列実行数を多くしすぎると Travis CI 側のサーバでメモリなどのリソース不足が発生し，テストが完了できない場合があります．並列実行数を 1 にしておけば，処理に時間はかかりますが，リソース不足のリスクは最小限に抑えられます．

[†2] 「ros-shadow-fixed」というリリース前のテンポラリ修正版のリポジトリを選択することも可能です．詳細は「industrial_ci」の仕様を参照してください．

- install: テスト環境構築に必要なアプリケーションのインストールを記述する部分です．ここでは，仮想環境を構築するために必要な情報が格納されている「industrial_ci」のリポジトリをクローンすることが，インストールに相当します．
- script: 実際に行うテストに関する処理を記述する部分です．「industrial_ci」リポジトリ内の「travis.sh」を実行することがこれに相当します．

このように編集したファイルを保存すれば完了です．たったこれだけの設定で「Travis CI」との連携ができるのですから，使わない手はありません．

なお，「global」キーや「matrix」キーで定義した環境変数はここに記されたもの以外にも多数存在するので，読者自身の ROS パッケージの要求に合わせて適宜追加してください．詳細は，「industrial_ci」の「GitHub」リポジトリを参照してください．

13.3.4　Travis CI でのテスト実行および結果の確認

いよいよ Travis CI に自動テストを実行させます．

まずは「.travis.yml」の編集内容を保存し，コミットしたものをリモートリポジトリにプッシュします．すると，Travis CI 側のコンソール画面（https://travis-ci.org/＜ユーザー名＞/＜リポジトリ名＞）にテストの進捗や結果に関するステータスが表示されます．テストが成功すれば，図 13-6 のように「build passing」というステータスが表示され，緑色を基調とした画面となります．

図 13-6　テストが成功した場合の Travis CI 上のコンソール画面

Travis CI でのテストのスクリーン出力を確認してみましょう．図 13-6 の「Build Jobs」の一つをクリックすると，図 13-7 のようなテストの実行ログを確認できます．ここでは，「pluginlib_arrayutil_ci」のすべてのサブクラスのテストが成功したことが示されています．

もしテストが失敗した場合は「build failing」というステータスが表示され，赤色を基調とした画面となります（図 13-8）．

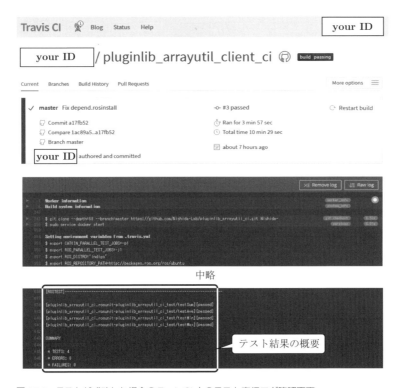

図 13-7　テストが成功した場合の Travis CI 上のテスト実行ログ確認画面

図 13-8　テストが失敗した場合の Travis CI 上のコンソール画面

　先ほどと同様にテストの実行ログを確認すると，エラーが発生した箇所が確認できます．大きな処理の単位でフォールドされており，それを展開することで詳細なエラーメッセージを閲覧できますので，デバッグに活用できます（図 13-9）．

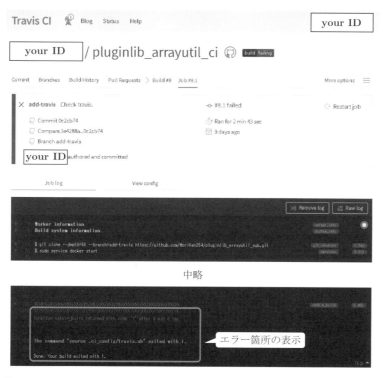

図13-9　テストが失敗した場合のTravis CI上のテスト実行ログ確認画面

13.4　industrial_ci のオプション機能

図13-2で示したように，「industrial_ci」では「Docker」コンテナ内でテストを実行しますが，この構成には Travis CI の親和性を低下させるという欠点があります．これを解決するためのオプション機能が「industrial_ci」には備えられているのですが，それを理解するためには Travis CI の仕様を理解する必要があります．

Travis CI では「.travis.yml」に以下のキーを使ってサーバ上で実行する処理を定義することで，テスト環境の構築を可能にしています．

1. before_install: アプリケーションインストール前に実行する処理
2. install: アプリケーションのインストール
3. before_script: テスト前に実行する処理
4. script: テスト処理
5. after_success or after_failure: テスト成功時または失敗時に実行する処理
6. after_script: テスト後に実行する処理

ところが，ここに記述した処理は Travis CI 上の実行環境自体には反映されますが，「industrial_ci」が構築した「Docker」コンテナの内部に反映されることはありません．したがって，そのコ

ンテナ内で類似の処理を実行しようとするなら，上記キー以外の方法で処理を定義する必要があります．

そこで，「industrial_ci」では前述した環境変数を介して，上記キーに相当する処理を実現する仕組みが提供されています．本節では，利用頻度が高いものについて解説します．

13.4.1 wstoolの設定

テスト対象のパッケージがほかのパッケージに依存しており，かつそれをソースコードからビルドして利用したい場合[†]には，「wstool」を利用して依存パッケージのリポジトリをクローンする必要があります．この場合に利用する環境変数は以下のとおりです．

1. UPSTREAM_WORKSPACE:「.rosinstall」ファイルの取得方法を指定します．「file」にした場合は実行環境内でのローカルファイルパスを，「URL」にした場合は「http」形式のアドレスを指定することを「industrial_ci」に通知します．
2. ROSINSTALL_FILENAME:「UPSTREAM_WORKSPACE」で「file」を指定した場合に参照される変数で，ここに具体的なローカルファイルパスを記入します．

これだけだとわかりにくいので，具体的な設定ファイルを見ながら理解してみましょう．本章で作成した「pluginlib_arrayutil_client_ci」パッケージを例にします．本パッケージは「pluginlib_arrayutil_ci」パッケージに依存しており，かつ「rosdep」によるバイナリの取得はできませんので，ソースコードからのビルドが必要です．

まず，「pluginlib_arrayutil_client_ci」のファイル構成を確認します．

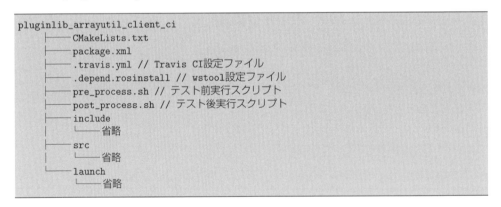

ここでTravis CI設定ファイルの「.travis.yml」と，「wstool」設定ファイルの「.depend.rosinstall」が重要です．それぞれ確認してみましょう．

ソースコード13-2 .travis.yml

```
1  # This config file for Travis CI utilizes ros-industrial/industrial_ci package.
2  # For more info for the package, see https://github.com/ros-industrial/
```

[†] たとえば，依存パッケージが「rosdep」で取得できない場合や，自前で作成したリポジトリに含まれるパッケージに依存している場合がこれに相当します．

```
            industrial_ci/blob/master/README.rst
 3  sudo: required
 4  dist: trusty
 5  services:
 6    - docker
 7  language: generic
 8  compiler:
 9    - gcc
10  notifications:
11    email:
12      on_success: change
13      on_failure: always
14  env:
15    global:
16      - CATKIN_PARALLEL_TEST_JOBS=-p1
17      - ROS_PARALLEL_TEST_JOBS=-j1
18      - UPSTREAM_WORKSPACE=file
19      - ROSINSTALL_FILENAME=.depend.rosinstall
20      - BEFORE_SCRIPT='./pre_process.sh'
21      - AFTER_SCRIPT='./post_process.sh'
22    matrix:
23      - ROS_DISTRO="indigo" ROS_REPOSITORY_PATH=http://packages.ros.org/ros/ubuntu
24      - ROS_DISTRO="jade" ROS_REPOSITORY_PATH=http://packages.ros.org/ros/ubuntu
25      - ROS_DISTRO="kinetic" ROS_REPOSITORY_PATH=http://packages.ros.org/ros/ubuntu
26  install:
27    - git clone https://github.com/ros-industrial/industrial_ci.git .ci_config
28  script:
29    - source .ci_config/travis.sh
```

「env」下の「global」キーに，「ROSINSTALL_FILENAME」と「UPSTREAM_WORKSPACE」が追加されていることが確認できます．「global」キーへの登録で，「matrix」キー以下の各テストすべてに反映されます．「UPSTREAM_WORKSPACE」で指定するファイルパスは「.travis.yml」が格納されている階層を起点とするので，「.depend.rosinstall」としています†.

次に，「.depend.rosinstall」を確認してみましょう．

ソースコード 13-3 .depend.rosinstall

```
1  - git:
2      local-name: pluginlib_arrayutil_ci
3      uri: https://github.com/Nishida-Lab/pluginlib_arrayutil_ci.git
4      version: master
```

「pluginlib_arrayutil_client_ci」パッケージが依存している「pluginlib_arrayutil_ci」パッケージのリポジトリに関する情報が格納されていることがわかります．以上の設定ファイルを「pluginlib_arrayutil_client_ci」に格納しておけば，後は「industrial_ci」が適切なタイミングで自動的に依存パッケージを取得してくれます．

---

† ROSのバージョンに応じて「.rosinstall」ファイルを切り替えたい場合は，「.rosinstall.kinetic」というように，ROSバージョン名を続けることで「industrial_ci」が自動で識別するという機能もあります．詳細は「industrial_ci」の仕様を参照してください．

262 第 13 章　Travis CI との連携

13.4.2　テスト前後に処理を実行させたい場合の設定

「Docker」コンテナ内におけるテストの前後で何らかの処理を実行させたい場合には，Travis
CI の「before_script」キーなどの設定は無効であることを前述しました．そこで，スクリプト
ファイルを登録することで，必要なインストールや環境のセットアップを行います．
「industrial_ci」では，代わりに下記の環境変数を利用します．

1. BEFORE_SCRIPT: テスト前に実行するスクリプトファイルを指定します．
2. AFTER_SCRIPT: テスト後に実行するスクリプトファイルを指定します．

このキーに，テスト前後で実行するスクリプトファイルを指定します．前述した「.travis.yml」
において，これらの環境変数に該当する部分を抜粋します．

.travis.yml（抜粋）

```
20    - BEFORE_SCRIPT='./pre_process.sh'
21    - AFTER_SCRIPT='./post_process.sh'
```

それぞれ「.travis.yml」が格納された場所がファイルパスの起点となっています．テスト前に
実行するスクリプトを「pre_process.sh」，テスト後に実行するスクリプトを「post_process.sh」
としています．各ファイルの内容を確認します．

ソースコード 13-4　pre_process.sh

```
1  #!/bin/sh
2  echo "This is pre process!"
3  echo "pwd"
4  pwd
5  echo "ls"
6  ls
7  echo "pre process has been done!"
```

ソースコード 13-5　post_process.sh

```
1  #!/bin/sh
2  echo "This is post process!"
3  echo "pwd"
4  pwd
5  echo "ls -al"
6  ls -al
7  echo "post process has been done!"
```

「pluginlib_arrayutil_client_ci」パッケージでは，テスト前後でスクリプトを実行する必要がない
ので，「echo」「pwd」「ls」といった単純なコマンドを実行するスクリプトとしています．「chmod」
コマンドでスクリプトに実行権限を与えるのを忘れないようにしましょう．

```
$ cd <catkin_ws>/src/pluginlib_arrayutil_client_ci
$ chmod +x pre_process.sh  post_process.sh
```

この変更を反映させたうえでリモートリポジトリにプッシュします。Travis CI でのテストが完了すれば、「pre_process.sh」と「post_process.sh」の実行結果が Travis CI 上で表示されますので、この例を図 13-10 に示します。

テスト前に「before_script」、テスト後に「after_script」の処理が追加されていることがわかります。フォールド部分を展開し、隠蔽された処理を表示した例を 13-11 に示します。

「pre_process.sh」と「post_process.sh」で記述したコマンドである「echo」「pwd」「ls」が正しく実行されていることが確認できます。

図 13-10 Travis CI 上でのテスト前後のスクリプト実行結果概要

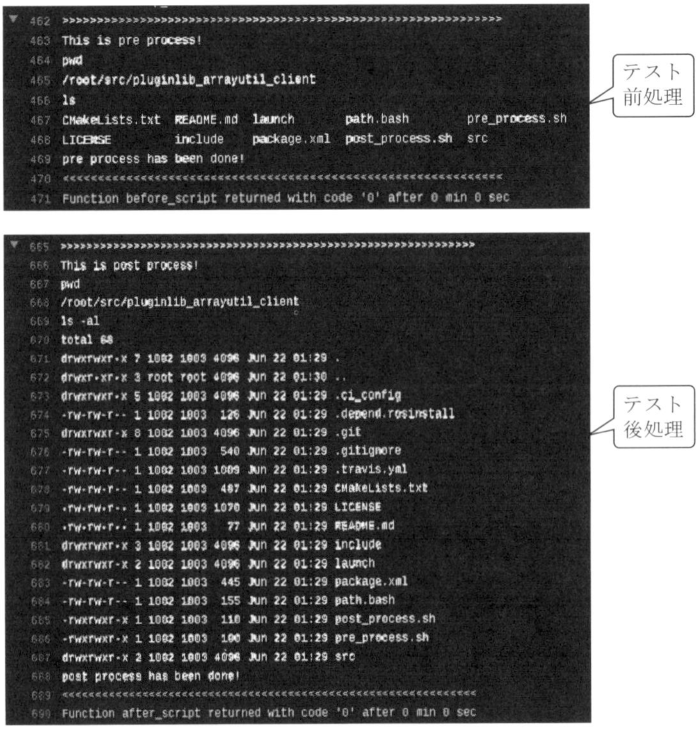

```
462  >>>>>>>>>>>>>>>>>>>>>>>>>>>>>>>>>>>>>>>>>>>>>>>>>>>>>>>>
463  This is pre process!
464  pwd
465  /root/src/pluginlib_arrayutil_client
466  ls
467  CMakeLists.txt  README.md   launch       path.bash       pre_process.sh
468  LICENSE         include     package.xml  post_process.sh src
469  pre process has been done!
470  <<<<<<<<<<<<<<<<<<<<<<<<<<<<<<<<<<<<<<<<<<<<<<<<<<<<<<<<
471  Function before_script returned with code '0' after 0 min 0 sec
```

テスト
前処理

```
665  >>>>>>>>>>>>>>>>>>>>>>>>>>>>>>>>>>>>>>>>>>>>>>>>>>>>>>>>
666  This is post process!
667  pwd
668  /root/src/pluginlib_arrayutil_client
669  ls -al
670  total 68
671  drwxrwxr-x 7 1002 1003 4096 Jun 22 01:29 .
672  drwxr-xr-x 3 root root 4096 Jun 22 01:30 ..
673  drwxrwxr-x 5 1002 1003 4096 Jun 22 01:29 .ci_config
674  -rw-rw-r-- 1 1002 1003  126 Jun 22 01:29 .depend.rosinstall
675  drwxrwxr-x 8 1002 1003 4096 Jun 22 01:29 .git
676  -rw-rw-r-- 1 1002 1003  540 Jun 22 01:29 .gitignore
677  -rw-rw-r-- 1 1002 1003 1009 Jun 22 01:29 .travis.yml
678  -rw-rw-r-- 1 1002 1003  487 Jun 22 01:29 CMakeLists.txt
679  -rw-rw-r-- 1 1002 1003 1070 Jun 22 01:29 LICENSE
680  -rw-rw-r-- 1 1002 1003   77 Jun 22 01:29 README.md
681  drwxrwxr-x 3 1002 1003 4096 Jun 22 01:29 include
682  drwxrwxr-x 2 1002 1003 4096 Jun 22 01:29 launch
683  -rw-rw-r-- 1 1002 1003  445 Jun 22 01:29 package.xml
684  -rw-rw-r-- 1 1002 1003  155 Jun 22 01:29 path.bash
685  -rwxrwxr-x 1 1002 1003  110 Jun 22 01:29 post_process.sh
686  -rwxrwxr-x 1 1002 1003  100 Jun 22 01:29 pre_process.sh
687  drwxrwxr-x 2 1002 1003 4096 Jun 22 01:29 src
     post process has been done!
     <<<<<<<<<<<<<<<<<<<<<<<<<<<<<<<<<<<<<<<<<<<<<<<<<<<<<<<<
690  Function after_script returned with code '0' after 0 min 0 sec
```

テスト
後処理

図 13-11　図 13-10 のテスト前後のスクリプト実行結果の内容を展開した様子

13.5　ローカルでの industrial_ci の利用

　ここまで,「industrial_ci」を用いて Travis CI と連携する方法を説明しましたが,「industrial_ci」
はローカルで使用することも可能です. 動作検証するためだけに, わざわざ毎回コミットとプッ
シュをするのが煩わしい場合には, この方法が便利です.

13.5.1　Docker のインストール

　まず, ローカルに「Docker」をインストールします. 「apt」から https 経由で利用できるよう
にするためのパッケージをインストールします.

```
$ sudo apt update
$ sudo apt install apt-transport-https \
  ca-certificates curl software-properties-common
```

「Docker」の公式の GPG 鍵[†]を追加します.

[†] GnuPG（GNU Privacy Guard）という暗号化ソフトで生成される公開鍵で, インターネット経由で入手でき
るパッケージの配布先の信頼性を確認するために利用されます.

```
$ curl -fsSL https://download.docker.com/linux/ubuntu/gpg | \
  sudo apt-key add -
```

そして，「Docker」の本体をインストールします†．

```
$ sudo apt install docker-ce
```

これ以降「industrial_ci」を「sudo」なしで実行するために，ユーザを docker というグループに登録しておきます．

```
$ sudo usermod -aG docker $USER
```

ここで，一度ログアウトをして再ログインします．

「Docker」の動作検証用「hello-world」イメージを実行します．

```
$ sudo service docker start
$ docker run hello-world
```

図 13-12 のような出力が表示されれば，インストールは成功です．

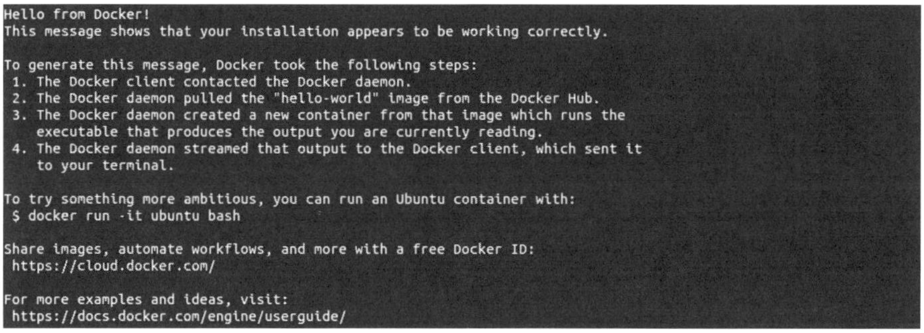

```
Hello from Docker!
This message shows that your installation appears to be working correctly.

To generate this message, Docker took the following steps:
 1. The Docker client contacted the Docker daemon.
 2. The Docker daemon pulled the "hello-world" image from the Docker Hub.
 3. The Docker daemon created a new container from that image which runs the
    executable that produces the output you are currently reading.
 4. The Docker daemon streamed that output to the Docker client, which sent it
    to your terminal.

To try something more ambitious, you can run an Ubuntu container with:
 $ docker run -it ubuntu bash

Share images, automate workflows, and more with a free Docker ID:
 https://cloud.docker.com/

For more examples and ideas, visit:
 https://docs.docker.com/engine/userguide/
```

図 13-12 Docker の「hello-world」イメージ実行時のコンソール出力

13.5.2 industrial_ci の実行

「Docker」がインストールできたら，「industrial_ci」をローカルにクローンし，ビルドします．

```
$ cd <catkin_ws>/src
$ git clone https://github.com/ros-industrial/industrial_ci.git
$ cd <catkin_ws>
$ catkin_make
$ source devel/setup.bash
```

そして，「Docker」でテストを実行する対象となるパッケージのディレクトリ移動し，「industrial_ci」のコマンドを実行します．ここでは，前述において Travis CI 経由で検証した

---

† インストールに失敗する場合は，sudo apt install docker.io を実行してみてください．

266 第13章 Travis CI との連携

「pluginlib_arrayutil_client」を対象にします.

```
$ roscd pluginlib_arrayutil_client
$ rosrun industrial_ci run_ci \
  ROS_DISTRO=kinetic ROS_REPO=ros-shadow-fixed \
  UPSTREAM_WORKSPACE=file ROSINSTALL_FILENAME=.depend.rosinstall
```

　環境変数をスクリプトの引数として与えます. ここで示した引数は一例です. 読者自身が試し
たい内容に合わせて適宜変更してください. このスクリプトを実行後に「Travis CI」でのコン
ソールログと同様の処理が開始され, 図13-13 のような出力が表示されれば成功です.

図 13-13　ローカルでの「industrial_ci」実行時のコンソール出力（冒頭部抜粋）

　使用したことのない「Docker」イメージが必要な場合は, 初回だけその取得に時間がかかりま
すが, 2回目以降は取得時間のオーバーヘッドはなくなります.

　本章では「industrial_ci」を利用して ROS のパッケージを「Travis CI」上でテストする方法
を解説しました.「.travis.yml」を介して環境変数を定義するだけで, きめ細かいテスト設定が
でき,「Travis CI」や「Docker」の詳細な知識がなくても, 容易に CI を活用することができま
す. シンプルな構成でよければ, 10分もかけずに CI 環境を構築できるのは大変便利です. さら
に,「industrial_ci」をローカルにクローンすれば, わざわざプッシュすることなくテストができ
るので, 不要なコミットログを追加することなく, ちょっとしたコード変更時の検証に役立てる
ことも可能です. まだ CI を使ったことがない読者は, ぜひ読者自身の ROS パッケージを CI 対
応させてみてください.

第14章
MATLAB との統合

　ロボットの内部では多数のプログラムが動作していますが，ROS を導入して個々のプロセスをノードとして管理し，ノード間のデータの授受の方法を統一して扱うことができるようにすることで，個々のノードを資産として流用したり，ほかの開発者が作成したノードを手軽に統合できるというメリットがあります．このように，ROS は煩雑で大量のロボットシステムを統括し，素早いデバッグを可能にするための強力なフレームワークですが，基本的には Linux 環境で C++ 言語による開発が必要になります．C++ 言語での開発に慣れていない読者や，普段 Windows 環境で作業している読者，他言語とのインタフェースを必要とする読者，より効率的なアルゴリズム開発に適した開発環境を望む読者もいるでしょう．そのような読者の一つの選択肢として，MATLAB の利用があります．本章では，Windows 上で MATLAB と ROS と統合する方法について解説します．

14.1　MATLAB とは？

　MATLAB は MathWorks 社が提供するソフトウェアです．データ解析やアルゴリズム開発，アルゴリズムの配布・実装までを実現できる開発環境として，多くの科学者や研究者，技術者が利用しています．MATLAB 単体で数多くの組み込み関数を有していますが，特殊な技術領域に特化した処理が必要な場合には，オプション製品を追加することで機能を拡張できます．このオプション製品は「Toolbox」とよばれ，画像処理，統計解析，機械学習，制御理論など，ロボティクスの分野で用いられるさまざまなアプリケーションをカバーしています．MATLAB は行列演算を得意としており，Toolbox で提供される豊富な関数群と組み合わせて使うことで，非常に簡潔なコードで複雑な処理を実現できます．MATLAB についてさらに詳しく情報を得たい場合は，MathWorks 社が公開しているビデオ[†1]を確認してください．

14.2　ROS Toolbox とは？

　MATLAB と ROS を連携する「ROS Toolbox」[†2]が提供されています．これにより，MATLAB

[†1] http://jp.mathworks.com/videos/introduction-of-matlab-82365.html
[†2] MATLAB R2019a 以前まで Robotics System Toolbox とよばれていた Toolbox は，R2019b 以降はその役割に応じて Robotics System Toolbox，Navigation Toolbox，ROS Toolbox に分割されました．

にROSのIOインタフェースを追加することができます[†1].

　これにより，MATLABをROSノードとしてROSマスタに登録し，ほかのノードと通信することや，MATLABをROSマスタとして機能させることも可能です．この機能によって，MATLABがもつ豊富なライブラリや，インタプリタとよばれるアルゴリズム開発に適した環境を，そのままROSノードとしてロボットに移植することができます．また，MATLABは動作環境としてWindows, Mac, Linuxの三つのOSをサポートしており，そのいずれの環境からでもROSネットワークにアクセスが可能になります．図14-1は，Windows上で動作しているMATLABをROSノードとして接続する概念図です．

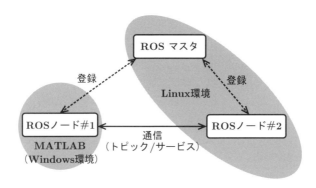

図 14-1　MATLABとROSの接続の概念図

14.3　Windows上でのMATLABとROSの連携

　本節では，Windows上でMATLABとROSを連携する方法を解説します．ここでは図14-1の構成を想定しており，Linux環境は仮想マシンとして用意するものとします．また，Windows上にMATLABがインストールされており，「ROS Toolbox」も含まれていることを前提とします．

14.3.1　仮想マシンのセットアップ

　まずは仮想マシンのセットアップを行います．その手順はMathWorks社の「ROS Toolbox[†2]」というウェブページに記載されていますので，それに従ってセットアップを行います[†3].

[†1] http://jp.mathworks.com/videos/overview-of-robotics-system-toolbox-an-introduction-of-robotics-related-solutions-provided-by-mathworks-100577.html
[†2] https://jp.mathworks.com/products/ros.html
[†3] メッセージ型の定義に変更が生じない限り，異なるバージョンでも利用できます．本章ではIndigoバージョンで解説しますが，Kineticバージョンでも同様に利用できます．メッセージ型の変更がある場合には，独自の定義を行うことができるサポートパッケージもあります．

VMware Workstation Player のインストール

まず，「VMware Workstation Player」をインストールします[†1]．無償版の利用にはメールアドレスの登録が必要です．

仮想マシンの取得・起動

仮想マシンのイメージも同じ場所（p. 268 の脚注 †2）からダウンロードできます[†2]．この仮想マシンのディストリビューションは「Kubuntu」です．「Ubuntu」とはカーネルなどの基本的な要素が共通で，デスクトップ環境が異なります．ROS は正常に動作します．仮想マシンは zip 形式で圧縮されているので，展開しておきます．

次に，「VMware Workstation Player」を起動し，「仮想マシンを開く」ボタンを押して，先程展開した仮想マシンを選択します．拡張子は「.vmx」です．

図 14-2 のように「ROS Indigo Gazebo v3」というイメージ名が表示されますので，それを選択した状態で「仮想マシンの再生」ボタンを押します．そのとき，仮想マシンが移動されたかコピーされたかを問われるダイアログが表示されることがありますが，「移動しました」を選択してください．

その後，仮想マシンのデスクトップ画面が表示されれば，起動成功です．

図 14-2 仮想マシンイメージの選択画面

[†1] 本書では「VMware Workstation 12 player」を用いましたが，2018 年 3 月現在，最新版は「VMware Workstation 14 player」です．

[†2] 2018 年 3 月現在では「ros_indigo_gazebo_linux_win_v3.zip」というファイルです．すでに ROS indigo がインストールされている OS イメージファイルです．

14.3.2　MATLAB から ROS への接続

ROS の起動

先ほど起動した仮想マシン内で ROS を起動します．図 14-3 のようにデスクトップにいくつかショートカットアイコンがあるので，このなかから「Gazebo Playground」という名前のアイコンをクリックします．

図 14-3　仮想マシン内デスクトップ上の「Gazebo Playground」アイコンの選択画面

すると，仮想マシン内で ROS マスタと Gazebo が起動します．Gazebo 内で TurtleBot と障害物が表示されているはずです（図 14-4）．

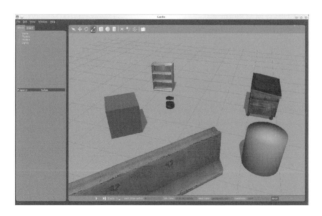

図 14-4　仮想マシン内での Gazebo の起動画面

MATLAB からの接続

「ROS Toolbox」が入っている MATLAB から, 仮想マシン内の ROS ネットワークに接続します.

まず, 仮想マシンの IP アドレスを確認します. 仮想マシンのデスクトップ上に IP アドレスが記載されているので, それを参照するか, あるいは「ifconfig」コマンドで, ROS マスタのIP アドレスを確認します. 今回ダウンロードした仮想マシンでは, デフォルトの IP アドレスが「192.168.146.128」となっているので, これをそのまま ROS マスタの IP アドレスとして用います.

次に, MATLAB の ROS マスタへの登録を行います. これは非常に簡単で, 以下のコマンドを MATLAB のコマンドウィンドウから実行するだけです[†].

```
>> rosinit('192.168.146.128')
Initializing global node /matlab_global_node_48374 with NodeURI
http://192.168.146.1:50842/
```

コマンド入力後に少し待って, 上記のようなメッセージが出力されれば成功です. Windows のホスト側では, IP アドレスとして「192.168.146.1」が割り振られています. ROS ネットワークに接続した後は, MATLAB 上で接続されているノードやトピックの一覧を確認したり, 実際にほかのノードとの通信を行うことができます. 例として, 次のコマンドも入力してトピックの一覧が表示されれば, ROS との通信は成功しています.

```
>> rostopic list
/camera/depth/camera_info
/camera/depth/image_raw
/camera/depth/points
/camera/parameter_descriptions
/camera/parameter_updates
/camera/rgb/camera_info
/camera/rgb/image_raw
/camera/rgb/image_raw/compressed
/camera/rgb/image_raw/compressed/parameter_descriptions
/camera/rgb/image_raw/compressed/parameter_updates
/clock
(以下省略)
```

また, 仮想マシン側からも MATLAB の存在を確認してみます. たとえば著者が実行した例では, 仮想マシン上のコンソールで次のコマンドを打つと, MATLAB が「/matlab_global_node_48374」という名のノードとして登録されていることが確認できました.

```
$ rosnode list
/bumper2pointcloud
/cmd_vel_mux
/depthimage_to_laserscan
```

[†] MATLAB のコマンド入力は, Linux のコンソールと区別するため, 背景を灰色としてます.

272 第 14 章 MATLAB との統合

```
/gazebo
/laserscan_nodelet_manager
/matlab_global_node_48374  (注: これが MATLAB のノード)
/mobile_base_nodelet_manager
/robot_state_publisher
/rosout
```

パブリッシュの例

接続が確認できたので，ROS の代表的な通信手段であるパブリッシュとサブスクライブの挙動を確認していきましょう．すでに ROS と MATLAB の通信は rosinit によって確立されているものとします（p. 271 参照）．

まずは，Gazebo 上の TurtleBot に速度指令値をパブリッシュしてみます．以下がスクリプトの例です．

ソースコード 14-1　publish_vel.m

```
1  %% Send Velocity command
2  velocity_x = 0.15;
3  velocity_y = 0.1;
4
5  % Create a publisher with topic name
6  robot = rospublisher('/mobile_base/commands/velocity');
7  % Create a message from the publisher
8  velmsg = rosmessage(robot);
9  % Set velocity values to the message
10 velmsg.Linear.X = velocity_x;
11 velmsg.Linear.Y = velocity_y;
12
13 % Send the message to ROS
14 send(robot, velmsg);
```

このコードによる処理は次のような流れです．

- トピック名をもとにパブリッシャを作成する．
- パブリッシュするメッセージを作成する．
- メッセージに値を設定する．
- メッセージを送信する．

このスクリプトを MATLAB から実行して，TurtleBot が動いたら，パブリッシュは成功です．うまくパブリッシュができない場合には，ウィルス対策ソフトやファイアウォールなどのネットワークを監視するプログラムが通信を阻害している場合があるようです．その場合は，一時的にそれらのソフトを終了してから再度パブリッシュを試みてください．ウィルス対策ソフトを終了した場合は，安全のためインターネットとの接続を切断することをお勧めします．

サブスクライブの例

次に，TurtleBot 上のカメラからの画像をサブスクライブしてみましょう．以下のコードがサンプルです．

ソースコード 14-2 subscribe_image.m

```
1  %% Subscribe image
2  % Search subscribing topic
3  if ismember('/camera/rgb/image_raw/compressed', rostopic('list'))
4    imsub = rossubscriber('/camera/rgb/image_raw/compressed');
5  end
6
7  % Subscribe image
8  img = receive(imsub);
9  % Create window and show the image
10 figure
11 imshow(readImage(img));
```

このコードの流れは次のとおりです．

- トピック名を検索し，存在すればそれをもとにサブスクライバを作成する．
- 画像トピックのメッセージを待ち受ける．
- メッセージがサブスクライブされたら，MATLAB のウィンドウを生成し，そこにサブスクライブした画像を表示する．

このスクリプトを実行することで，図 14-5 のようなウィンドウが表示されれば成功です．

受信した画像データは "img" 変数として MATLAB のワークスペースに展開されますので，ここまでできてしまえば，後は自由に MATLAB 上で受信した画像データを扱うことができます．

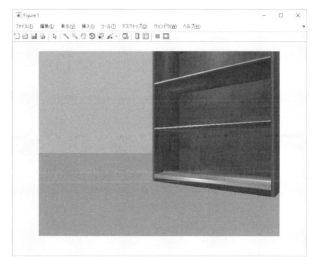

図 14-5 サブスクライブした画像トピックを表示させた様子

ロボティクスの分野では，取得した画像から特徴を抽出して機械学習のアルゴリズムで物体認識を行う，といった複雑な処理も頻繁に行われます．MATLABでは豊富なライブラリを対話型の環境でさまざまに組み合わせて試すことができますので，複雑な処理に対しても，効率的に最適解を探索することができます．

14.4　Simulinkとの連携

ここまでで，MATLABスクリプトによってROSと通信する方法について解説しました．一方で，言語での開発が難しいケース，たとえば複数のドメインを含むシステムを開発するようなケースでは，MATLAB言語よりもブロック線図の利用が適している場合があります．MathWorks社は，「Simulink」[†]というMATLABと統合されたブロック線図環境を提供しており，これを使ってノード開発を行うことも可能です．本節では，ブロック線図をベースとした開発方法について説明します．

14.4.1　ROSとの連携

SimulinkでのROSノード作成

「ROS Toolbox」はSimulinkによるROSノードの開発でも利用可能です．具体的には，メッセージをサブスクライブするためのSimulinkブロックと，パブリッシュするためのSimulinkブロックが提供されているので，ユーザは既存ブロックと結線するだけで，手軽にROSとの接続を使用できます．図14-6は，Simulink環境でメッセージ（画像データ）をサブスクライブして，画像処理をした結果をパブリッシュするノードを作成した例です．

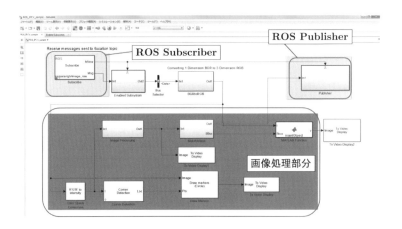

図14-6　SimulinkでROSノードを作成した例

[†] http://jp.mathworks.com/videos/introduction-simulink-2012-82337.html

モデルベースデザインへの適用

　ロボットシステムの開発過程には，複数のアプリケーションの組合せを試したり，センサ信号をフィードバックする制御系を構成したりというように，システムの構成をさまざまに試したい場面があります．システムの構成要素をモデル化してパソコン内に再現し，それらの組合せやパラメータを試行錯誤で調整する方法はモデルベースデザインとよばれ，ロボットの開発には欠かせません．Simulink は，連続時間システムや離散時間システムのモデル，環境の物理モデルなど，さまざまな種類のモデルのシステムシミュレーション環境を提供しますので，モデルベースデザインを実現する環境として広く利用されています．たとえば，制御ノードとして PID コントローラを開発する場合を考えてみましょう．制御ノードには必ず対になる制御対象のノードが存在しますが，PID によるフィードバック制御の場合，制御対象（プラント）である実機の応答がなければ，パラメータ調整が困難です．Simulink では，物理モデリングのためのオプション製品を使ってプラントモデルを作成できるので，モデルの応答を使った試行錯誤的なコントローラの調整ができます．

　ROS には，ロボットを 3D モデル化するための言語として URDF が提供されていますが，Simulink でプラントモデルを作成する場合にも，この URDF を読み込むことができます．Simulink にプラントモデルを用意できるのであれば，Simulink 内で完結する制御系を構築することも可能です．さらに，前述した Simulink ブロックを使って ROS ネットワークに接続し，開発したコントローラ部分を制御ノードとして追加できます（図 14-7）．実際の制御対象のハードウェアがない状態でも開発が進められることは，開発者にとって非常に大きなメリットです．

　ここでは主にコントローラの開発について紹介しましたが，画像処理，信号処理，通信といった複数のアプリケーションを Simulink 内で統合し，ROS ノードを開発することも可能です．

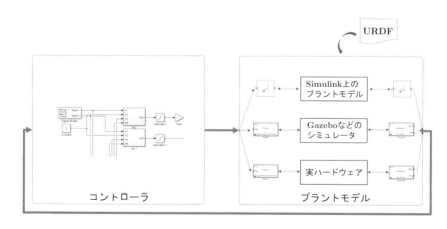

図 14-7　プラントモデルを使ったコントローラの設計の概念図

14.4.2 サンプル Simulink モデルの適用

「ROS Toolbox」には簡単なサンプルモデルが用意されているので，本項ではそれを使用して，前述で起動した Gazebo 内の TurtleBot を制御してみます．もし仮想マシン内の Gazebo を終了している場合は，再度起動した状態で以降の作業を開始してください．

モデルのセットアップ

まず，以下のコマンドを入力します．

```
>> robotROSFeedbackControlExample
```

すると，図 14-8 のようなモデルが表示されます．これは，TurtleBot のオドメトリ値「/odom」が指定した目標値に達するように速度指令値をパブリッシュするフィードバックコントローラです．

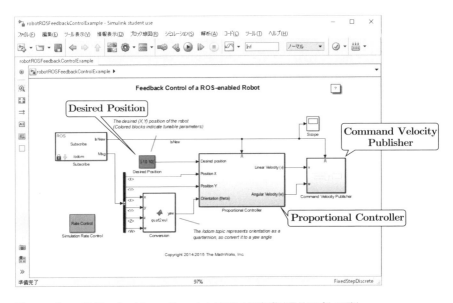

図 14-8 「robotROSFeedbackControlExample」コマンドで起動するサンプルモデル

これを実行する前に，対象の TurtleBot のモデルに合わせてパラメータをチューニングします．中央右側にある「Proportional Controller」をダブルクリックすると，図 14-9 のような内部のモデルが表示されます．

「Distance Threshold」（収束の閾値）と「Linear Velocity」（並進速度）は，デフォルト値だと大きすぎるので，たとえば，それぞれ 0.5 と 0.2 にしてみます．この値である必要はないので，読者自身で調整してみてください．

次に，再度図 14-8 の表示に戻り，右側にある「Command Velocity Publisher」をダブルク

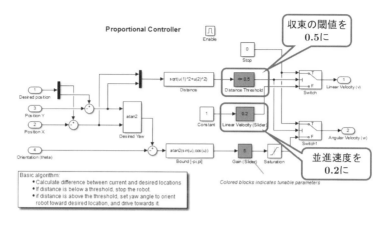

図 14-9 「Proportional Controller」のパラメータチューニング

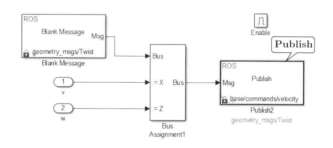

図 14-10 「Command Velocity Publisher」の内部モデル

リックすると，図 14-10 のモデルが表示されます．

このモデルの右側の「Publish」ブロックで，速度指令値をパブリッシュするトピック名を指定します．このブロックをダブルクリックすると図 14-11 のような画面が表示されるので，TurtleBot の仕様に合わせて次のようにトピックを選択し，「OK」を押します．

- Topic source: Select from ROS network
- Topic: /mobile_base/commands/velocity
- Message type: geometry_msgs/Twist

最後に，図 14-8 における「Desired Position」で，目標の x, y 座標を入力します．たとえば，初期値から近く，障害物に衝突しなさそうな [−1 −1] を設定します．

そして，Simulink のツールバー上の実行ボタンをクリックします．すると，仮想マシンの Gazebo の TurtleBot が動き出します．仮想マシンのコンソールで次のコマンドを入力しておくと，現在の「/odom」トピックの値が観察できます．

```
$ rostopic echo /odom
```

図 14-11 「Command Velocity Publisher」でパブリッシュするトピックの設定

14.4.3 Simulink からのコード生成

Simulink による ROS ノードの開発には，Simulink から C/C++ コードを生成する機能が利用できるというメリットがあります．本来，C/C++ 言語の知識がないと ROS ノードの開発は難しいですが，Simulink によって，スタンドアロンで実行可能な ROS ノードを生成することができます．生成した C/C++ コードは，Linux で動作している ROS 環境において，Simulink とは切り離してビルド・実行可能になりますから，Simulink を使っていないユーザとシェアすることができます．また，組み込みマイクロプロセッサなどに最適化された C/C++ コードの生成も可能であるため，シミュレーション環境から組み込み用途まで，途切れなく研究・開発作業を進めることができます．これらは，アルゴリズム開発から実装までをサポートしている開発環境ならではの機能です．この機能によって研究者・開発者の実装工数が大幅に削減されます．

これらの手順の詳細は，MathWorks 社のチュートリアルページで確認できます[†]．

本章では，MATLAB/Simulink と ROS の連携について紹介しました．複雑なアルゴリズムの開発や，複数のドメイン・アプリケーションを含むシステムレベルのシミュレーションの実施において，MATLAB/Simulink は非常に強力な環境です．モデルベースデザインを実現する環境として広く知られている MATLAB/Simulink が，ROS とのインタフェースをもったことは喜ばしいことです．有償ではありますが，Linux 環境や Python，C++ 言語に慣れていない読者も含め，MATLAB/Simulink で ROS ノード開発を行ってみるのもよいでしょう．なお，学生向け MATLAB ライセンスや，RoboCup などのコンテスト参加者に無料ソフトウェアの提供がなされる場合もあるので，調べてみるとよいでしょう．

---

† https://jp.mathworks.com/help/robotics/examples/generate-a-standalone-ros-node-from-simulink.html

第15章
システム統合（ロボットを使ってみよう）

　ここまで，ロボットシステムをプログラミングするためのさまざまな ROS の機能について見てきました．この章では，それらをすべて統合し，実際のオリジナルロボットを構成して動作させる例を紹介します．

　例として取り上げるロボットは，RoboCup@Home[†1]に参加するホームサービスロボット「Exi@（エクシア）」です．このロボットには，自律移動機能や，対象物を認識するカメラシステム，対象物を把持するロボットアームが搭載されています．また，音声で指令を与えることができる機能ももっています．これらの機能を実現するために，このロボットには複数台のパソコンが搭載されていますので，ROS によるソフトウェアの構成は複雑です．そこでこの章では，このような実際のロボットで活用されている，「複数台のパソコンをまたがってシステムを管理する方法」「デバイス・フレームワークの追加方法」「演算負荷管理の方法」などを説明します．読者は，実際のロボットの構築例を通して，ROS の強力な機能を実感することでしょう．

15.1　ロボットの構成

　ホームサービスロボット「Exi@」の外観を図 15-1 に示します．このロボットは，人間との共同作業を実現するために，画像や音声による人との対話機能を搭載しています．センサとして，カラー画像と深度画像を得る RGB-D カメラ，周囲のノイズを拾いにくいショットガンマイク，屋内環境で自律ナビゲーションを実現するために用いる LiDAR を搭載しています．また，オムニホイールを用いた全方位移動台車によって，屋内の狭所を円滑に移動できます．さらに，福祉機器としても利用できるロボットアームを搭載しています．計算機は，パソコンが 2 台（Ubuntu 14.04 と Windows 10）と，組み込み演算機（FPGA[†2]と組み込み CPU で構成した SoC[†3]）を搭載しています．

　次に，このロボットのソフトウェアの構成を図 15-2 に示します．画像や音声の処理ソフトウェア，各アクチュエータやセンサのコントローラなどを，ROS ノードとして実装しています．また，ROS 以外のフレームワークや，Windows で構築したプログラムを組み合わせて，全体のシステムを構成しています．

[†1] http://www.robocupathome.org/
[†2] Field Programmable Gate Array の略.
[†3] System on Chip の略. OS は Ubuntu 12.04.

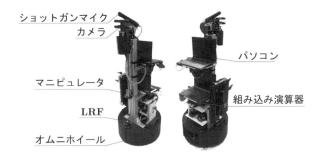

図 15-1　Exi@ のハードウェア外観

図 15-2　ロボットのソフトウェアの構成

　このロボットのソフトウェアは，現在，100 近い ROS ノードやそのほかのフレームワークなどから構成されており，大規模なシステムになっています．以下では，このような複雑で大規模なロボットシステムをどのように管理するかを説明します．

15.2　大規模なシステム構築例

　ロボットのシステム図を図 15-3 に示します．このなかで，画像や音声の知的処理は「Part Time Working Nodes」や「Full Time Working Nodes」が担当します．また，各アクチュエータやセンサのコントローラは，「Sensor/Actuator Drivers」として実装されています．
　ロボットはさまざまな領域の技術の集大成ですので，どのようなロボットも，最終的には図 15-3 に示すような大規模なシステムになるでしょう．以下では，このような大規模システム統合でも汎用的に利用できる三つの Tips を紹介します．

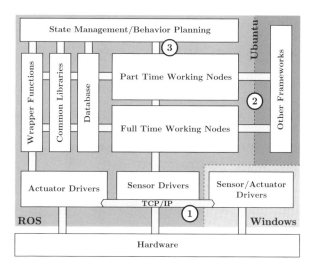

図 15-3　ロボットのシステム図

　以下で紹介する Tips はすべて，GitHub[†]にて公開・メンテナンスされているソースコードからの抜粋です．より実践的なシステム統合を行う場合は，こちらを参考にしてください．

15.3　Tips 1: 複数のパソコンに跨るシステムの管理

　システム統合の際には，図 15-3 ①のように，同一ネットワークに属する複数のパソコンで稼働する複数のプログラムを，一つのシステムとして稼働させたいという場面に遭遇します．ここでは，二つの場合に分けて，この問題の解決策を解説します．

15.3.1　ROS–ROS のシステム統合

　まず，複数のパソコンで ROS が稼働しており，それらを一つのシステムとして統合する例を紹介します．
　イーサネットで接続されたパソコンに対して，以下のコマンドでそれぞれのパソコンの IP アドレスを事前に調べます．

```
$ ifconfig
```

　上記のコマンドで出力される「inet addr」に続く IP アドレスをメモしておいてください．
　次に，ROS マスタを稼働するパソコンを 1 台決めてください．以降では，そのパソコンを「ホスト」とよび，ホストに接続するパソコンを「クライアント」とよびます．ここで，ホストの IP アドレスが「192.168.0.100」，クライアントの IP アドレスが「192.168.0.200」だと仮定します．

[†] https://github.com/hibikino-musashi-athome

282 第15章 システム統合（ロボットを使ってみよう）

　まずホストで，一つ目のターミナルに以下のコマンドを入力して，「roscore」を起動します．

```
$ roscore
```

　次に，二つ目のターミナルに以下のコマンドを入力して，ホストのIPアドレスを設定します．

```
$ export ROS_IP=192.168.0.100
```

　クライアントでは，以下のコマンドを一つ目のターミナルに入力して，ホストとクライアントのIPアドレスの設定を行います．

```
$ export ROS_MASTER_URI=http://192.168.0.100:11311
$ export ROS_IP=192.168.0.200
```

　これらの設定が終了した後は，それぞれのパソコンでROSノードを起動すると，それらが一つのROSシステムとして自動的に統合されます．

15.3.2　ROS – 非ROSのシステム統合

　Windowsなどで開発したプログラムをROSシステムに統合したい場合があります．たとえば，これまでにWindows環境でロボットを開発してきたけれど，新たにROSの便利な機能を導入したいと思い立ったとします．さらに，その環境が入っているノートパソコンを流用したいとします．そのような場合に便利なのが，ソケット通信[†1]により，Windows，Mac OS，Android，Linuxが混在する複数のパソコンを接続して利用する方法です．GitHub[†2]に，ROS Indigo，Windows 10 Visual Studio 2015で動作を確認したC++ソケット通信ライブラリを公開していますので，参考にしてください．

　ソケット通信では，サーバとクライアントを意識してシステムを設計する必要があります．サーバは，ホストと同様に，1台のパソコンで稼働させます．また，常に稼働している必要がありますので，機能ごとにスリープしたりしないパソコンをサーバとして設定します．また，クライアントは，サーバに対して接続と切断を繰り返すことを前提に構成します．

　Exi@では，図15-3右下に示した部分のWindowsパソコンに，マニピュレータ制御プログラム（Actuator Driversの一部）を実装しています．このパソコンに，ROSシステムから図15-3①を通じて，ソケット通信により制御量を送信しています．このシステムでは，(1) Windowsのマニピュレータ制御プラグラムを起動して，(2) ROSから制御量を送信しています．そのために，Windowsパソコンをサーバ，ROSパソコンをクライアントとしてシステム統合を行っています．

[†1] インターネットの通信プロトコルであるTCP/IPのインタフェースであり，これを用いた通信をソケット通信とよびます．

[†2] https://github.com/hibikino-musashi-athome/rosbook

15.4 Tips 2: デバイス・フレームワークの追加

最近，AIフレームワークのCaffe[†1]や，音声認識フレームワークのJulius[†2]など，無料でも高機能なフレームワークが注目を浴びています．これらのフレームワークをROSとともに利用することで，開発のコストや期間を抑えながら，ロボットに高度な知的処理を実装できます．

Pythonモジュールが公開されているフレームワークであれば，ROSシステムへの導入は簡単です．まずROSノードをPythonで記述し，利用したいフレームワークのPythonモジュールをインポートし，データ入出力のROSインタフェース（第3章参照）を記述するだけです．これにより，図15-3②に示したような，フレームワークとROSを結ぶインタフェースが構築され，自由な利用が可能になります．GitHub[†3]で，Caffe，Julius，CMU Sphinx[†4]などのフレームワークに対するROSラッパーノードを公開しているので，参考にしてください．

15.5 Tips 3: 演算負荷の管理

大規模システムでは，大量のROSノードが稼働し，CPUに大きな演算負荷が発生することがあります．このような状況では，各ROSノードのパフォーマンスの低下が懸念されます．とくに「tf」では時間管理が重要です．過剰な演算負荷が発生している状況では，正しく動作しないという報告もあります．

そこで，図15-3③のような，ステートマシン（第10章を参照）を使って，実行中のタスクに必要なROSノードのみを稼働させ，起動するROSノード数を制限することで，CPU負荷を軽減させる機能を追加します．これは，以下の三つの関数をステートマシン内に記述することで実現できます．

まず準備として，ステートマシンで必要なモジュールをインポートしましょう．

```
from subprocess import call
from subprocess import Popen
```

以下は，新しいROSノードを現在のプロセスで実行する関数です．これによって，ステートマシンの動作はブロックされ，新しいROSノードの処理が終わるまで動作を待ちます．つまり，新たな処理が直列に起動します．

```
call(['rosrun', '<hoge>\_pkg', '<huga>\_node'])
```

次の関数は，新しいROSノードを新しいプロセスで実行する関数です．これにより，ステートマシンの動作はブロックされず，新しいROSノードの処理が並列に実行されます．

[†1] http://caffe.berkeleyvision.org
[†2] http://julius.osdn.jp
[†3] https://github.com/hibikino-musashi-athome
[†4] https://cmusphinx.github.io

```
Popen(['rosrun', '<hoge>\_pkg', '<huga>\_node'])
```

最後に，ROS ノードを適切に終了させる関数です．

```
call(['rosnode', 'kill', '/<huga>\_node'])
```

索　引

●ソフトウェア／サービス

Bitbucket　18
Blender　76
Docker　252, 264
Gazebo　3, 9, 89
Git　1, 18
GitHub　1, 18
gtest　237
IKFast　8
MATLAB　11, 267
ODE　9, 92
OMPL　8
OpenCV　4, 115
OpenRAVE　8
OpenRTM　1
OpenSLAM　6
PCL　5, 143
ROS Toolbox　267
Simulink　274
Travis CI　251
Ubuntu　13
unittest　237, 244
VMware Workstation Player　269

● ROS パッケージ／ノード／プラグイン

actionlib　193, 203
amcl　190, 192–194, 196
base_local_planner　188, 197
carrot_planner　197
cartographer　198
clear_costmap_recovery　198
costmap_2d　186, 193, 197
dwa_local_planner　197
global_planner　197
gmapping　194–196, 200
hardware_interface　89
image_view　57, 58

industrial_ci　252
joy　180
map_saver　185
map_server　185, 190, 193
movc_base　190, 192, 193, 196
move_slow_and_clear　198
nav_core　193, 197, 198
navfn　188, 197
navigation　52, 177, 181, 185, 191, 193, 198, 199
pluginlib　197, 219
ros_control　89, 94
ros_controller　92
rosbag　52, 183
rosbash　30
roscpp　22
rosdep　16
rospy　22
rostest　248
rotate_recovery　198
rqt　47
rqt_graph　48
rqt_plot　48
RViz　3, 8, 50
slam_gmapping　177, 181, 183, 185, 194, 198, 199
smach　212
teleop_twist_joy　180
tf　50, 105, 178, 179
turtlebot_navigation　189
urg_node　179
usb_cam　57
wstool　252, 260
ypspur_ros　180

● ROS コマンド

catkin_make　21
roscd　30
roscore　32
roscp　31

rosd　31
rosed　31
roslaunch　33
rosls　31
rosmsg　36
rosnode　34
rospack　33
rosparam　37
rospd　30
rosrun　32
rosservice　36
rossrv　37
rostopic　34

●その他　ROS キーワード

2D Nav Goal　52
2D Pose Estimate　52
advertise　26
bag ファイル　52
catkin　21
joint　82
link　82
message　25
MoveIt!　8
node　24
package　22
parameter server　27
Publish Point　52
remap　28
ROS2　11
ROS Action Protocol　204
ROS Answers　17
ROS Discourse　18
ROS Index　18
ROS-Industrial　2, 10
ROS Japan Users Group　18
ROS master　27
ROS.org　17
ROS Wiki　4, 13, 17
ROS パッケージ　92

ROS マスタ　27
rviz ファイル　52
service　26
topic　25
URDF　9, 81
Xacro　86

●ハードウェア
FPGA　279
Kinect　60
Light Detection and Ranging
　（LiDAR）　62, 178
LRF　62
RGB-D カメラ　60, 178
TurtleBot2　65
USB カメラ　57
Xtion　60

●組織など
GitHub Organizations　18
OSRF　1
RoboCup@Home　279
Willow Garage 社　1

●手法／アルゴリズムなど
Bayes Filter　194
Binary Bayes Filter　195
Dynamic Window Approach
　（DWA）　197
Extended Kalman Filter（EKF）
　194, 195
Global Dynamic Window
　Approach（Global DWA）
　196
Graph-Based SLAM　198
Grid-Based SLAM　195, 196
Histogram Filter（HF）　194
Iterative Closest Point（ICP）
　152
Monte Carlo Localization
　（MCL）　194–196
Particle Filter（PF）　193, 194
Rao-Blackwellized Particle
　Filter（RBPF）　194, 195
Simultaneous Localization and
　Mapping（SLAM）　6, 181,
　194, 196, 198

英数
3D CAD　75
A*　197

AI フレームワーク　283
BSD ライセンス　4
C++/Python API
　Documentation　18
call　26
COLLADA　9, 76
cv::Mat　117
DDS　11
Differential Drive　178
geometry_msgs/Twist 型　49
n_{eff}（Number of Effective
　Particles）　185, 196
namespace　27
Omni-Directional　178
ORB　135
pcd　147
SimpleActionClient　205
SimpleActionServer　205
STL　76
Toolbox　267
UV 展開　77

あ行
アドバタイズ　25, 26
インスタンス化　107, 143
エコシステム　2
エッジ検出　126
オドメトリ　180, 200
オーバーロード　224
オプション要素　82
オープンソースソフトウェア　1
音声認識フレームワーク　283

か行
開発コミュニティ　4
開発・操作ツール　3
ガウシアンフィルタ　130
学習データ　138
画像エッジ　126, 128
仮想マシン　268
画素値　118
カメラキャリブレーション　140
カメラ中心　140
キーポイント　132
キャニーアルゴリズム　130
距離画像カメラ　178
クォータニオン　106, 157
クラスタリング　160
グローバルコストマップ　186,
　188, 197
計測モデル　185, 194, 195

経路計画　188, 196, 197
高機能ライブラリ　4
コストマップ　186, 197
コール　26
コンテナ　213

さ行
撮影時の時刻　123
差動駆動　178, 189
サービス　26
座標変換　104
サブスクライブ　25
サポートベクターマシン　136
サーボモータ　68
識別器の訓練　138
自己位置推定　181, 193, 196,
　198
ジョイパッド　64
状態遷移図　212
スキャンマッチング　185, 195,
　198
ステートマシン　212, 283
全方向移動　178
占有格子地図　195–197
ソケット通信　282
ソーベルオペレータ　128

た行
ダイクストラ法　197
タイムスタンプ　54
ダウンサンプリング　167
畳み込み演算　128
単体テストコード　240
地図生成　181, 194
通信ライブラリ　2
ディスクリプタ　132
テクスチャ編集　78
テストケース　241
テストコード　237
テストスイート　241, 248
デバッグ　55
動作計画　188, 196, 197
動作モデル　185, 194, 195
透視投影モデル　140
トピック　25

な行
名前空間　27
ノード　24
ノンホロノミック系　178, 189

は行

配信時刻　54
パッケージ　22
パブリッシュ　25
パラメータサーバ　27
必須要素　82
非ホロノミック系　178
ファイルシステム　21
ブロードキャスタ　105

平面クラスタリング　174
平面セグメンテーション　169
ポイントクラウド　5, 144
ホロノミック系　178, 189

ま行

ミドルウェア　1
メタパッケージ　5
メッセージ　25

ら行

ラスタスキャン　129
ラプラシアンフィルタ　130
リスナ　105
リマップ　28
レーザスキャナ　178
ローカルコストマップ　186,
　188, 197

著 者 略 歴

西田　健（にしだ・たけし）
九州工業大学大学院工学研究院機械知能工学研究系 准教授．博士（工学）．次世代産業用ロボット，人工知能，自動運転などの研究に従事．専門は確率システム制御理論．マテリアル・センシング・メカトロニクス・AI・制御理論．

森田　賢（もりた・まさる）
株式会社安川電機 開発員．九州工業大学大学院工学府機械知能工学専攻博士後期課程 在学中（兼務）．会社でシステムコントローラの開発を行う傍ら，大学院では西田准教授のもとで次世代産業用ロボット，人工知能，自動運転などの研究に従事．

岡田　浩之（おかだ・ひろゆき）
玉川大学工学部情報通信工学科 教授．博士（工学）．家庭用サービスロボットの開発に従事．RoboCup 世界大会 @Home League で 2008 年（中国），2010 年（シンガポール）と 2 度の優勝．

原　祥尭（はら・よしたか）
千葉工業大学未来ロボット技術研究センター（fuRo）主任研究員．博士（工学）．自己位置推定，地図生成，SLAM などの自律走行や，物体認識に関する研究に従事．つくばチャレンジにおいて，日立製作所，筑波大学，千葉工業大学の歴代チームで複数回の完走を達成．

山崎　公俊（やまさき・きみとし）
信州大学学術研究院工学系 准教授．博士（工学）．知能ロボットのためのセンサ情報処理，動作計画，作業計画の研究に従事．最近は，布や紐のような不定形物の操作の自動化に力を入れている．

田向　権（たむこう・はかる）
九州工業大学大学院生命体工学研究科人間知能システム工学専攻 准教授．博士（工学）．脳型計算機システム，ソフトコンピューティング，hw/sw 複合体，およびこれらの知能ロボット・自動車への応用に関する研究に従事．RoboCup 2017 世界大会 @Home Domestic Standard Platform League で優勝．

垣内　洋平（かきうち・ようへい）
東京大学大学院情報理工学系研究科知能機械情報学専攻 創造情報学専攻 特任准教授．博士（情報理工学）．

大川　一也（おおかわ・かずや）
千葉大学大学院工学研究院基幹工学専攻 准教授．博士（工学）．

齋藤　功（Isaac I.Y. Saito）
日本における ROS コントリビュータの第一人者であり，世界的に利用されているフォーラムのもっともアクティブな回答者の一人．

田中　良道（たなか・りょうどう）
九州工業大学大学院工学府機械知能工学専攻博士前期課程 在学中．

有田　裕太（ありた・ゆうた）
九州工業大学大学院工学府機械知能工学専攻博士前期課程 修了．

石田　裕太郎（いしだ・ゆうたろう）
九州工業大学大学院生命体工学研究科生命体工学専攻博士後期課程 在学中．RoboCup に 2004 年から参加．RoboCup 2017 世界大会 @Home Domestic Standard Platform League で優勝．

編集担当	藤原祐介(森北出版)
編集責任	富井　晃(森北出版)
組　　版	プレイン
印　　刷	日本制作センター
製　　本	同

実用ロボット開発のための
ROS プログラミング

© 西田　健・森田　賢・岡田浩之
　原　祥尭・山崎公俊・田向　権
　垣内洋平・大川一也・齋藤　功
　田中良道・有田裕太・石田裕太郎　*2018*

2018 年 10 月 17 日　　第 1 版第 1 刷発行　　【本書の無断転載を禁ず】
2019 年 10 月 23 日　　第 1 版第 3 刷発行

著　　　者	西田　健・森田　賢・岡田浩之・原　祥尭
	山崎公俊・田向　権・垣内洋平・大川一也
	齋藤　功・田中良道・有田裕太・石田裕太郎
発 行 者	森北博巳
発 行 所	森北出版株式会社

東京都千代田区富士見 1-4-11 （〒102-0071）
電話 03-3265-8341／FAX 03-3264-8709
https://www.morikita.co.jp/
日本書籍出版協会・自然科学書協会　会員
JCOPY　＜(一社)出版者著作権管理機構　委託出版物＞

落丁・乱丁本はお取替えいたします.

Printed in Japan／ISBN978-4-627-67581-0

MEMO

MEMO

MEMO